U0278780

“十三五”国家重点图书出版规划项目
湖北省公益学术著作出版专项资金资助项目
智能制造与机器人理论及技术研究丛书

总主编 丁 汉 孙容磊

可适应设计方法及应用

顾佩华 薛德意 彭庆金 张 健◎著

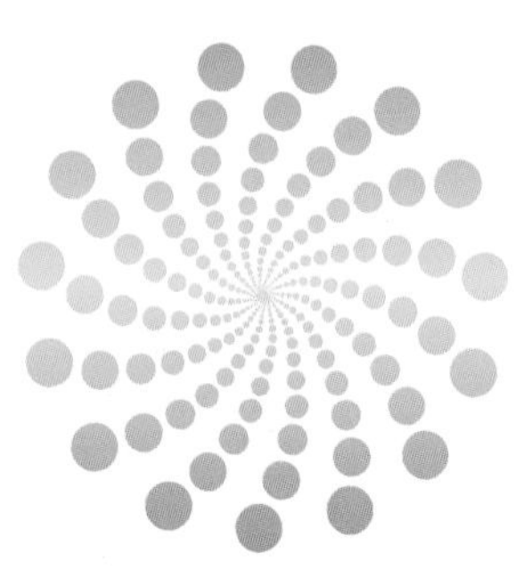

KESHIYING SHEJI FANGFA JI YINGYONG

华中科技大学出版社
http://press.hust.edu.cn
中国·武汉

内 容 简 介

在设计中嵌入可适应能力，可以应用已有产品及系统设计，更快更好地完成新产品设计，以满足产品多样化和个性化需求。可适应性强的产品和系统，能够支持产品升级换代、部分模块和关键零部件的重用和再制造，实现全生命周期可持续发展，不但满足工业产品的绿色低碳制造要求，延长复杂和大型工程系统生命周期，而且具有明显的经济效益。自可适应设计提出以来，相关概念、方法和应用一直在不断发展。本书对可适应设计的基本思想、概念以及关键技术进行了概述，对可适应设计的建模、评价与优化方法进行了系统总结，并为不同应用场景提供了技术工具以及应用案例。在总结过去进展的同时，本书旨在促进可适应设计在数字化、智能化、碳中和与工业元宇宙时代中的发展。本书可作为设计领域研究生的专业课程教材，也可以作为工程和设计领域的技术人员的培训教材及参考资料。

图书在版编目(CIP)数据

可适应设计方法及应用 / 顾佩华等著. -- 武汉 ：华中科技大学出版社，2024. 11.
(智能制造与机器人理论及技术研究丛书). -- ISBN 978-7-5772-1277-7

Ⅰ. TB21

中国国家版本馆 CIP 数据核字第 2024YV2870 号

可适应设计方法及应用　　顾佩华　薛德意　彭庆全　张　健　著

KESHIYING SHEJI FANGFA JI YINGYONG

策划编辑：俞道凯　胡周昊
责任编辑：程　青
装帧设计：原色设计
责任监印：朱　玢
出版发行：华中科技大学出版社(中国·武汉)　　电话：(027)81321913
　　　　　武汉市东湖新技术开发区华工科技园　　邮编：430223
录　　排：武汉三月禾文化传播有限公司
印　　刷：武汉科源印刷设计有限公司
开　　本：710mm×1000mm　1/16
印　　张：18.5
字　　数：300 千字
版　　次：2024 年 11 月第 1 版第 1 次印刷
定　　价：168.00 元

智能制造与机器人理论及技术研究丛书

作者简介

顾佩华 天津大学机械工程学院教授、加拿大卡尔加里大学机械与制造工程系荣誉教授（Professor Emeritus）。1982年获天津大学硕士学位，1990年获加拿大麦克马斯特大学博士学位。加拿大工程院院士（2004）、国际生产工程科学院会士（Fellow of CIRP），教育部“长江学者”讲座教授、加拿大自然科学和工程研究理事会讲席教授（NSERC Industrial Chair和NSERC Design Chair）。研究方向为可适应设计和智能制造。发表300余篇文章，连续入选ELSEVIER中国高被引学者，多次被斯坦福大学评为世界前2%顶尖科学家。曾任多个国内外期刊编委，多次为国内外会议做主旨报告。

薛德意 加拿大卡尔加里大学机械与制造工程系教授。1985年获天津大学精密仪器工程学士学位，1989年和1992年分别获东京大学精密机械工程硕士和博士学位。1995年起在加拿大卡尔加里大学任教。研究方向为先进设计与制造。发表100余篇期刊论文及100余篇会议论文。多次被斯坦福大学评为世界前2%顶尖科学家。现任三个国际期刊的编委。曾任50多个国际会议程序/组织委员会的主席或委员。

彭庆金 加拿大曼尼托巴大学机械工程系教授。1982年获西安交通大学工程学士学位，1988年获西安交通大学计算机辅助设计和制造方向工程硕士学位和1998年获英国伯明翰大学博士学位。2000年至今在曼尼托巴大学任教。研究方向为先进设计与智能制造。发表100余篇期刊论文及100余篇会议论文。现任四个国际期刊的编委。曾任多个国际会议程序/组织委员会的主席或委员。

张　健 汕头大学机械工程系教授。2006年获湖南大学学士学位，2009年获汕头大学硕士学位，2014年毕业于加拿大卡尔加里大学机械与制造工程系，获博士学位。研究方向为设计理论与方法、系统博弈与演化、可适应设计及应用等。发表学术论文80余篇。

总序

近年来,“智能制造+共融机器人”特别引人瞩目,呈现出“万物感知、万物互联、万物智能”的时代特征。智能制造与共融机器人产业将成为优先发展的战略性新兴产业,也是中国制造2049创新驱动发展的巨大引擎。值得注意的是,智能汽车与无人机、水下机器人等一起所形成的规模宏大的共融机器人产业,将是今后30年各国争夺的战略高地,并将对世界经济发展、社会进步、战争形态产生重大影响。与之相关的制造科学和机器人学属于综合性学科,是联系和涵盖物质科学、信息科学、生命科学的大科学。与其他工程科学、技术科学一样,制造科学、机器人学也是将认识世界和改造世界融合为一体的大科学。20世纪中叶,*Cybernetics* 与 *Engineering Cybernetics* 等专著的发表开创了工程科学的新纪元。21世纪以来,制造科学、机器人学和人工智能等领域异常活跃,影响深远,是“智能制造+共融机器人”原始创新的源泉。

华中科技大学出版社紧跟时代潮流,瞄准智能制造和机器人的科技前沿,组织策划了本套“智能制造与机器人理论及技术研究丛书”。丛书涉及的内容十分广泛。热烈欢迎各位专家从不同的视野、不同的角度、不同的领域著书立说。选题要点包括但不限于:智能制造的各个环节,如研究、开发、设计、加工、成形和装配等;智能制造的各个学科领域,如智能控制、智能感知、智能装备、智能系统、智能物流和智能自动化等;各类机器人,如工业机器人、服务机器人、极端机器人、海陆空机器人、仿生/类生/拟人机器人、软体机器人和微纳机器人等的发展和应用;与机器人学有关的机构学与力学、机动性与操作性、运动规划与运动控制、智能驾驶与智能网联、人机交互与人机共融等;人工智能、认知科学、大数据、云制造、物联网和互联网等。

本套丛书将成为有关领域专家、学者学术交流与合作的平台,青年科学家茁壮成长的园地,科学家展示研究成果的国际舞台。华中科技大学出版社将与施普林格(Springer)出版集团等国际学术出版机构一起,针对本套丛书进行全球联合出版发行,同时该社也与有关国际学术会议、国际学术期刊建立了密切联系,为提升本套丛书的学术水平和实用价值,扩大丛书的国际影响营造了良好的学术生态环境。

近年来,高校师生、各领域专家和科技工作者等各界人士对智能制造和机器人的热情与日俱增。这套丛书将成为有关领域专家学者、高校师生与工程技术人员之间的纽带,增强作者与读者之间的联系,加快发现知识、传授知识、增长知识和更新知识的进程,为经济建设、社会进步、科技发展做出贡献。

最后,衷心感谢为本套丛书做出贡献的作者和读者,感谢他们为创新驱动发展增添正能量、聚集正能量、发挥正能量。感谢华中科技大学出版社相关人员在组织、策划过程中的辛勤劳动。

华中科技大学教授

中国科学院院士

熊有伦

2017 年 9 月

前言

可适应设计(adaptable design)的概念最初是在1995年至1997年间构想出来的。在此期间,我主持了NSERC/AECL Industrial Research Chair高级设计项目(NSERC是加拿大自然科学和工程研究理事会;AECL是加拿大原子能有限公司)。当时,AECL在加拿大建了多个核电站,正打算改进设计并建造新核电站,以及研究反应堆。那时建造的典型核电站的安全运行寿命至少为40年,有的服役时间更长。对于任何核电站或其他重要工程系统,其设计和建造都反映了当时的技术能力。随着技术的不断进步,在核电站竣工后不久的将来,为了提高性能和延长运行寿命,需要对核电站的一些部分进行升级。为适应重要工程系统的升级、维修和更换操作,可在设计中嵌入特殊设计特性,这样的设计特性就是设计的可适应能力。

对于重要工程系统的设计和建造,通常会邀请设计、采购和施工(EPC)公司对项目进行投标。方案的编制和标书的拟写通常需要耗费大量的时间和资源来完成。招标的结果是一份正式合同,以议定的成本和期限交付项目。为了保障拟建工程系统设计的效率与合理性,EPC公司往往希望能够在现有类似项目设计的基础上开发新的设计。重复利用现有的类似设计,不仅能够有效提高设计效率,而且能够在一定程度上更准确地估算完成项目的工序流程、工具设备以及建造成本,以有效避免成本和时间的违约。多家EPC公司资助我主持了第二个NSERC Industrial Research Chair设计项目,以开发和完善相关设计概念与方法,并能够在现有设计的基础上快速开发新的设计——设计重用,这也是可适应设计的一个组成部分。

多个制造研究团体(如国际生产工程科学院(CIRP)不断进行的研究与讨论极大地促进了制造技术和方法的发展,持续不断地提高着产品生产率和质量,并有效降低了总成本及其环境影响。从某一个特定的产品来看,客户往往希望产品既具有卓越的功能,又能够保持高品质和低价格;产品制造商希望提高利润率或占有更大的市场份额,或两者兼而有之;社会或公众希望获得对环境影响最小、资源利用率最高的绿色环保产品。仅凭制造技术与方法的研究可能无法解决上述所有问题,这是因为一些挑战是与设计密切相关的。对于典型的制造公司来说,企业只是简单地按照设计生产产品。根据我的制造研究经验和工业实践,一个合理的设计可以部分地解决上述由目标冲突所引起的挑战。这也是提出可适应设计的一个原因。

可适应设计的概念、方法和应用在过去几十年中一直在不断发展,大多数研究和应用工作都是由我与在加拿大和中国的同事、研究生开展的。随着人工智能、大数据、物联网、云计算和 VR/AR 技术的快速发展,本书在总结过去几十年可适应设计工作进展的同时,旨在进一步促进可适应设计在这个数字化、智能化、碳中和与工业元宇宙时代中的发展。

最后,我要借此机会感谢完成手稿的合著者,感谢所有进行研究和应用工作的同事和研究生。希望本书的出版能够促进可适应设计在未来的研究和应用。

顾佩华

天津大学

二〇二三年六月

目录

第1章 可适应设计简介

激烈的市场竞争要求制造企业开发产品时对市场需求响应速度更快、更精准，以实现更好的产品功能、质量、特性、环境友好性和更低的成本。现代制造企业必须兼具灵活性和敏捷性，并与制造网络和供应链紧密协作。在过去几十年中，产品制造的大部分进展主要得益于先进制造技术的发展和应用，如计算机数控(CNC)机床[1]、机器人、计算机辅助设计/制造(CAD/CAM)系统、柔性制造系统(FMS)[2]、计算机集成制造(CIM)、可重构制造系统(RMS)[3]、物料需求计划(MRP)系统、企业资源计划(ERP)，以及新的制造技术如激光加工[4]、自由曲面制造[5]、高级加工[6]、精密工程、微纳制造[3,7,8]等和其他先进制造技术与工具[9,10]。然而，仅靠先进的制造技术不足以应对产品开发中的所有挑战，因为一些挑战源于产品设计。因此，需要在早期产品设计过程中采用先进的设计技术和工具，在产品功能、质量、可制造性、成本和环境友好性等方面做出重要决策，以实现产品的最佳设计和开发。

在过去几十年中，设计早期阶段的基本概念、方法和工具等方面均取得了实质性的研究进展[11]。工程设计研究的进展包括公理化设计[12-16]、基于功能的设计[17-22]、产品系列/组合架构设计、模块化和平台设计[23-39]、设计理论方法[2,40-43]、创造性问题解决理论(TRIZ)方法在工程设计和创新中的应用[44]，以及面向制造、装配、服务和环境的设计[45-53]。制造企业采用了不同的设计技术，提高了产品的设计水平。学者们在生命周期工程和设计方面也开展了大量的研究，并引起工业界的重视[54-79]。生命周期工程和设计的关键概念采用整体方法处理产品的整个生命周期，例如评估产品在不同阶段的性能。然而，这些设计技术的进展主要集中在设计的特定方面，需要进一步应用以解决整个产品生命周期的优化问题。对此，需要开发一种兼具灵活性与全面性的产品设计方法，为新产品设计提供有效的设计工具,以更好地满足不断变化的设计需求。

本书探讨了一种新的设计方法,即可适应设计(adaptable design,AD),用于面向产品功能、制造、定制、环境和生命周期性能(包括低碳要求)的快速高效设计[80]。可适应设计旨在提高产品在市场上的竞争力,同时减小其在生命周期内对环境的影响。可适应设计可以通过诸如升级功能模块和增加新功能等适应性调整来扩展和改变产品的功能。在可适应设计中,我们定义可适应性为系统或产品的效用可扩展能力[65]。在可适应设计中,产品可适应能力的评价是至关重要的。预测当前产品在其生命周期中的未来适应性时,既需要基于节约成本的具体可适应性[14],也需要通过比较产品的实际结构与其理想结构而得的一般可适应性[81]。可适应设计方法已被用于设计新的产品以适应产品在生命周期中的需求、配置和参数变化[82]。考虑可适应产品稳健性的设计方法能够确定最佳的设计配置和参数,以降低产品性能对不确定因素的敏感性,从而保障可适应产品的性能品质稳定可靠[83]。该方法使用 AND/OR 树对可适应设计方案进行集成建模,并运用两级优化方法来获得最具稳健性的可适应产品的最佳配置和参数设计方案[83]。

为了在满足个性化需求的同时兼具成本效益优势,研究人员提出了开放式架构产品(open architecture product,OAP),该产品具有三类功能模块:平台/标准模块、定制模块和个性化模块[84]。定制模块由用户选择。个性化模块是针对个人用户需求专门开发的模块。为了有效地提高接口的可适应性,我们对开放式接口的初始设计中的一些设计规则和评估方法进行了探讨[34,83]。我们在可适应设计的应用与实施方面也做出了各种努力。本书在总结可适应设计理论及其应用进展的同时,也将探讨可适应设计的局限性和未来发展趋势。

1.1 产品生命周期和工程设计

1.1.1 产品生命周期

产品在生命周期中一般经历从产品需求到产品退役的阶段,如图 1-1 所示。

(1) 需求:确定设计要求。

(2) 设计:创建设计解决方案。

(3) 制造:设计方案的实现。

(4) 使用:产品功能的利用。

(5) 退役:产品寿命终结时的处理。

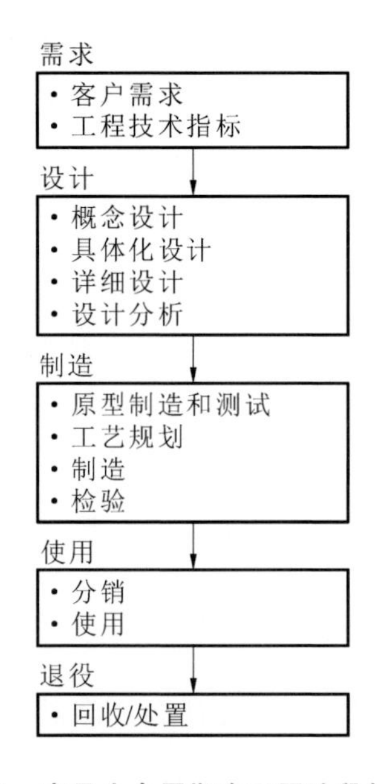

图 1-1　产品生命周期中不同阶段的活动

1. 需求

(1) 客户需求:设计通常从客户需求开始。这些客户需求可以通过收集客户对现有产品的反馈和对新产品的期望,从市场分析中得到。客户需求通常是定性和主观的,反映了客户的各种偏好。例如,轻量化是典型的客户对手机的需求。

(2) 工程技术指标:工程技术指标是对客户需求的技术描述。工程技术指标通常是定量的,并作为评价产品是否满足客户需求的标准。例如,手机播放视频的续航时间超过10小时是典型的工程技术指标。

2. 设计

(1) 概念设计:概念设计是一个确定概念解决方案以满足设计要求的过程。在概念设计过程中,设计者会根据设计要求来选择科学原理和工程原理。设计者可以创建多个概念设计候选方案,并进行比较,以确定用于进一步开发的最佳候选方案。概念设计候选方案可以是全新的,也可以是对现有设计方案的改进。教科书、专利和设计资料库是创建概念设计候选方案的资源。

(2) 具体化设计:具体化设计主要确定产品的结构、配置和主要参数值。计算机优化通常用于确定关键参数的最佳值。

(3)详细设计:设计者在详细设计过程中确定所有设计的细节,包括尺寸、几何公差、材料、热处理方式等,以便制造部门根据这些细节的描述进行制造。工程制图通常用于表述详细设计的结果,这些图纸也可作为评估制造出的产品是否满足设计要求的官方文件。

(4) 设计分析:设计分析是指在制造之前对产品设计进行评估。设计分析工具,如有限元分析(finite element analysis,FEA)和计算流体力学(computational fluid dynamics,CFD)系统,通常利用产品的几何形状来评估设计方案,设计者可根据设计评估结果更改设计方案的配置和参数值。

3. 制造

(1) 原型制造和测试:由于虚拟系统中的数学模型可能与真实世界中的物理模型不相同,因此在对虚拟原型进行评估之外,需要制造物理原型并对其进行评估。

(2) 工艺规划:工艺规划是产品设计和产品制造之间的纽带。工艺规划涉及对原材料、制造操作、设备工具、人力资源、生产线、物料流程等进行创建和评估。

(3) 制造:制造是指利用包括原材料、设备、劳动力和物料搬运系统在内的各种资源来生产产品的过程。制造通常是通过大规模生产完成的。

(4) 检验:检验用于对制造过程和制成品的质量控制。检验是通过对一些样品或所有产品进行质检的方式来完成的。检验可以用于修正或淘汰制造出的次品,并通过调整工艺参数来提高产品质量。

4. 使用

(1) 分销:分销是产品制造商和终端用户之间的纽带。分销通常通过销售活动进行。

(2) 使用:产品进入最终使用阶段,为客户提供预期的功能。该阶段是产品生命周期所有阶段中最长的一个阶段。维护和修理服务旨在保持和恢复预期的功能。使用状态数据可以通过传感器技术,例如物联网(internet of things,IoT)和信息物理系统(cyber-physical system,CPS)中使用的技术来收集以评估操作性能,从而为产品的改进提供帮助。

5.退役

回收/处置:当产品功能失效或其性能不再满足客户需求时,产品到达其生命终止阶段。在此阶段,可拆卸产品部件以便重新使用、再制造或回收。当回收成本过高时,可将组件或整个产品放置到垃圾填埋场。可回收性和可处置性是设计中评估环境影响性的两个重要指标。

1.1.2 工程设计

在传统的产品开发过程和生命周期中,不同生命周期阶段的各项活动是依次进行的,如图1-1所示。在早期设计阶段中获得的信息可用于后期阶段的决策。在这一过程中,如果在设计阶段未充分考虑下游阶段(包括制造、使用和回收/处置)的条件和约束,则可能需要在制造、使用和回收/处置阶段做很多工作。当解决下游阶段的问题时,设计者必须反复进行设计方案修改,从而导致产品开发时间较长和产品开发成本较高。

据估计,80%的产品生命周期成本是在早期设计阶段确定的,而设计仅占整个产品开发工作量的20%[85]。产品生命周期的诸特征,如绿色和低碳方面的评估,也必须在设计阶段确定。因此,改进设计可以大大减少产品生命周期下游阶段的工作和成本。

产品生命周期下游阶段的低成本通常是通过面向X的设计和并行工程的方法来实现的[86-88]。在图1-2所示的并行工程中,不同生命周期阶段的各种因素将被考虑。这些阶段中的合作伙伴,如客户、制造工程师和维修人员,将参与设计过程,在设计决策中同时考虑这些生命周期阶段的约束和反馈。由于并行工程主要用于提高设计质量,因此并行工程通常被称为并行工程设计。

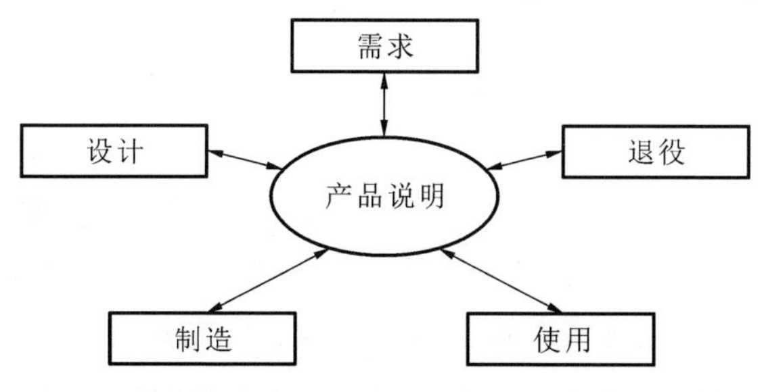

图1-2 基于并行工程的产品开发

并行工程设计中所考虑的生命周期典型下游阶段包括以下几个。

(1) 制造:铸造、锻造、机械加工(例如铣削和车削)、焊接、增材制造和装配。

(2) 使用:维护、修理和升级。

(3) 退役:再利用、再制造、回收和处置。

在面向X的设计研究中,设计者已经研发了许多方法和工具,包括面向制造的设计[18,89]、面向装配的设计[90]、面向服务的设计[51]和面向回收/处置的设计[55,91]。

尽管考虑产品生命周期不同下游阶段的面向X的设计和并行工程设计取得了进展,但在产品运行使用阶段,目前设计的产品的功能通常不能发生太大变化。维护和修理服务仅用于将退化的功能恢复到设计的预期水平。当退化的功能不再满足用户需求,或将产品功能恢复到所需水平的成本过高,或市场上出现功能更好的新产品时,产品将达到其使用寿命的终点。为了延长产品的使用寿命,需要一种新的设计方法,使得现有产品可以通过改进功能或增加新功能的方式来升级。在本书中讨论的可适应设计[14]就是这样一种设计产品的方法。这种方法可以相对容易地在产品使用阶段根据改进和新的功能要求来改变产品。

1.1.3 设计方法和工具

关于设计的研究始于20世纪70年代[17]。早期的工作是对设计中的各种活动进行系统研究,从而以科学的方式对设计知识和设计过程进行建模。此后,设计者研发了许多设计方法和工具来提高设计质量和效率[92,93]。Tomiyama等[11]综述了设计方法在教育和工业中的应用。在本节中,我们将总结在设计的各个步骤中使用的一些重要和常用的方法与工具。

1. 需求的确定

质量功能展开(quality function deployment,QFD):QFD[94]是一种将客户需求转换为设计新产品或改进现有产品的工程技术指标的方法。本方法以客户需求为基础,对照客户需求对现有产品进行评价,以确定需要满足或改进的关键要求,然后选择工程技术指标,并通过矩阵确定客户需求和工程技术指标之间的关系。工程技术指标的权重也要考虑,用于确定这些工程技术指标的最终结果。

2. 概念设计

(1) 创造性问题解决理论(TRIZ):TRIZ[95]是一个基于对超过150万项专利的研究而开发的工具,用于解决创新设计中的系统性问题。在TRIZ中,问题解决方法被总结为40个创造性原理。工程参数之间的矛盾(称为要素),由矛盾矩阵来定义。TRIZ通过找出和解决矛盾提供获得创造性解决方案的有效途径。

(2) 形态分析法:在这种方法中[96],设计要求被表述为功能和子功能。针对每个功能或子功能,设计者定义多种设计概念,通过这些功能/子功能的设计概念的组合来创建完整的概念设计候选方案。

(3) 公理化设计:在公理化设计[12,13]中,矩阵被用于联系功能空间中的功能需求(functional requirements,FRs)和结构空间中的设计参数(design parameters,DPs):

$$\mathbf{FR}_{n\times 1}=\mathbf{A}_{n\times m}\mathbf{DP}_{m\times 1} \tag{1-1}$$

式中:$\mathbf{FR}_{n\times 1}$是具有n个功能需求的向量;$\mathbf{DP}_{m\times 1}$是具有m个设计参数的向量;$\mathbf{A}_{n\times m}$是定义功能需求和设计参数之间关系的设计矩阵。在公理化设计中,独立性公理要求功能需求应保持独立性。因此,对于$\mathbf{A}_{n\times m}$,m必须大于或等于n。当设计矩阵为对角矩阵(称为非耦合设计)或三角形矩阵(称为解耦设计)时,设计满足独立性公理。当$n=m$时,可实现理想设计。当按一定顺序选择设计参数时,解耦设计满足独立性公理。当设计矩阵是一个全矩阵时,设计被称为耦合设计。耦合设计不满足独立性公理。

3. 具体化设计

(1) 模块化设计、平台设计、产品族设计:这些方法主要用于确定产品配置[97,98]。产品配置通过其主要组件及其关系进行建模。模块化设计[97]是产品配置中一种常见的方法,其将整个产品分解为功能和物理独立的模块。一个模块可用于多种产品,从而减少产品设计和制造的工作量。当一系列产品使用共同的主要模块时,这个模块被称为这些产品的平台[98]。具有共同平台的一系列产品被称为产品族。

(2) 优化:数值优化通常用于确定所选设计变量的最佳值,以实现一定的目标(例如,使性能最优或使成本最低)[99]。优化问题可以用如下的方程定义:

$$\min_{\text{w.r.t}\ \boldsymbol{X}} f(\boldsymbol{X}) \tag{1-2}$$

$$\text{Subject to:} H_i(\boldsymbol{X}) = 0, \quad i = 1,2,\cdots$$
$$G_i(\boldsymbol{X}) \leqslant 0, \quad i = 1,2,\cdots$$

式中：$\boldsymbol{X}$ 是具有设计变量的向量；$f(\boldsymbol{X})$是优化目标函数；$H_i(\boldsymbol{X})=0$ 是一组等式约束；$G_i(\boldsymbol{X})\leqslant 0$ 是一组不等式约束。通过使用约束条件来定义惩罚函数的方法，有约束的优化问题可以转化为无约束的优化问题。目前研究人员已经开发了许多用于无约束优化问题的数值求解方法。当多个优化目标函数（例如，最优化性能和最小化成本）被选择时，优化问题变成多目标优化问题[100]。全局优化方法（例如遗传算法[101]），被用于防止最优解落入局部最优位置。

（3）稳健设计：稳健设计旨在确定设计方案，使噪声参数对所选性能指标的影响降至最低[102]。在稳健设计中，通常选择信噪比作为评估指标并使其最大化。在多种稳健设计方法中，田口方法[103-105]是一种基于试验设计（design of experiment，DOE）开发的常用方法，用于确定设计变量的最佳值以最大化信噪比。

（4）面向 X 的设计和并行工程设计：在面向 X 的设计和并行工程设计的方法中，在设计阶段考虑产品生命周期的下游阶段，例如制造、维护、修理、回收和处置。典型的面向 X 的设计方法包括面向制造的设计[18,89]、面向装配的设计[90]、面向服务的设计[51]和面向回收/处置的设计[55,91]。

（5）计算机辅助设计（computer-aided design，CAD）：CAD 系统已广泛用于产品详细设计中，用于三维零件建模、零件装配建模以及零件和装配的二维图纸生成[105,106]。此外，参数化设计、基于特征的设计、自由曲面建模和色彩渲染是 CAD 系统的典型功能。新的 CAD 系统具有更加全面的功能，包括产品生命周期数据管理。

4. 设计分析

计算机辅助工程（computer-aided engineering，CAE）：CAE 系统由于可进行广泛且大量的计算而被用于各种工程分析的任务[105]。基于有限元分析（FEA）的结构分析和基于计算流体力学（CFD）的流体分析是与 CAD 系统集成的典型 CAE 功能。

5. 制造

面向制造的设计（design for manufacturing，DFM）和面向装配的设计（design for assembly，DFA）：考虑制造生命周期方面的设计方法主要分为面向制造的设计[18,89]和面向装配的设计[90]两类。目前设计者针对 DFM 和 DFA 方法制定了多种指南和评估方法,如减少零件总数、使用标准组件以及设计具有多种用途的零件。这些方法已经被扩展成许多考虑具体制造工艺(例如铸造、锻造、铣削和车削等机械加工以及焊接)的方法。

6.运行

面向服务的设计(design for service):在面向服务的设计中[51]通常预测产品或系统的可靠性,以便进行适当的维护以防止产品或系统发生代价高昂的故障。产品服务系统(product-service system,PSS)的开发[107]提供了一个新的设计方向,使得收集和分析产品的实时运行数据成为可能,以用于产品设计的改进。

7.退役

面向回收/处置的设计:面向回收/处置的设计[55,91]侧重于当产品达到其使用寿命终点时,可以很容易地被拆卸。面向回收/处置的设计可减小产品对环境的影响。这种方法也被称为绿色产品设计或注重环境的设计。

可适应设计方法是在设计阶段考虑产品的可适应性的一种面向X的设计方法。通过产品设计,当产品达到其使用寿命终点时,可以升级现有功能或者增加新功能,以延长该产品的使用寿命并且减小该产品对环境的影响。

1.1.4 可适应设计需求

可适应设计(AD)[14]是一种新的设计方法,旨在创建能够适应产品生命周期各阶段不同需求的设计和产品。采用可适应设计,既可获得经济效益,又可获得环境效益。可适应设计的基本原理是当环境与需求发生变化时,产品能够适应新的要求并且产品和设计能够重复使用,例如用一套附加配件或模块将多个产品替换为一个可适应产品。可适应设计能够延长产品的使用寿命,或将其扩展到其他应用中。延长使用寿命和提高可适应性通常需要额外的工作,该工作称为“适应”过程。在任何合理的情况下,适应都可能比回收更有利,因为它重复利用了大多数零部件,而回收则是将产品的材料重新投入产品供应链的早期阶段[108]。

Willems等[109]研究发现,产品在全生命周期结束时的可适应性在相当大程度上受设计方案的影响。在考虑整个产品需求列表的基础上,他们提出了评估产品可适应能力的方法(methodology for assessing the adaptability of product,MAAP)。MAAP主要通过四个方面——维护、修理、再制造和功能升降级评估产品在全生命周期结束时的可适应性,并在产品设计中提供潜在的可改进方面，以便在产品设计阶段考虑可适应能力提升。该方法使用不同层次的度量指标，以对产品适应等级进行数值分析。虽然这种方法存在一些需要主观判断的成分，但它对产品在全生命周期结束时的可适应性提供了一个有趣且有意义的探讨。

可适应设计中的一个关键要素是对产品“实用性”或“服务”的重复利用。在工程系统和产品开发背景条件下，产品的效用是由其物理功能确定的，所述物理功能通过产品对材料、能量和信号的影响来描述。因此，在可适应设计中，产品的功能（已经实现的和潜在的功能）包括有关产品的最重要的信息。产品功能是通过物理结构实现的。

可适应设计中的第二个关键要素是可适应性的定义及量化方法，以便设计决策过程中与其他设计标准一起考虑。通过调整现有产品而不是生产新产品往往可以实现一定程度的“节约”。通常而言，我们建议基于这种“节约”来对可适应性进行定义。

可适应设计中的第三个关键要素是一个适用于可适应设计的设计过程模型。本书介绍了一个基于功能的设计过程模型，该设计过程模型源自或类似公理化设计的过程模型。然而，在所提出的设计过程模型中，我们对功能和其他需求进行了区分以增加对产品“实用性”或“服务”的重复利用。

1.2 可适应设计原则

1.2.1 可适应设计

设计过程中通常会产生对实体系统的描述（蓝图或 CAD 模型），当将描述（蓝图或 CAD 模型）物化成实体时，就能够实现一组所需的目标。这个描述可以称为“设计”，设计的实现可以称为“产品”。因此，设计过程通常会产生两个实体，即设计和产品。如图 1-3 所示，可适应性可以分别通过产品（product）及设计（design）进行定义。

设计的可适应性是指产品在设计（蓝图）中的适应性，其使得这个设计能够被修改（适配）以生产另一个产品。通过对相同设计进行适应性调整而产生的产品通常具有一定的相似性。

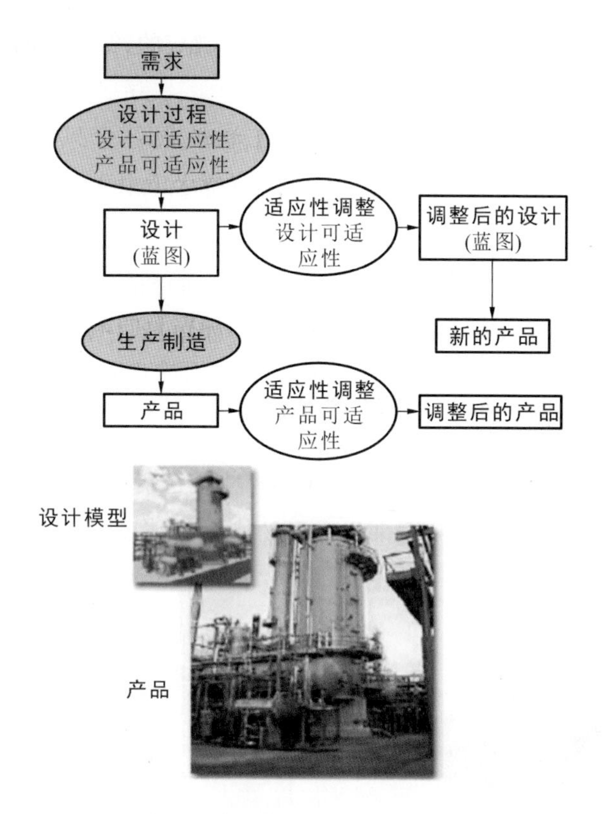

图 1-3　设计可适应性和产品可适应性(由加拿大 VECO 公司提供)

设计的可适应性对生产商来说通常很重要。生产商可根据不同需求对相同的设计进行调整,以生产不同的产品。

设计的可适应性旨在将相同的"设计"重复用于创建不同的产品设计。因此,其在设计过程中的适用性和重要性直接取决于创造具有类似设计的新产品的可能性。例如,如果一个特殊产品的设计与任何其他产品不相似,并且该设计不能用于创建其他产品,那么该设计是不具备可适应性的。设计的可适应性只有当需要多个不同的设计,并实现这些设计(既形成产品)时才有用。

产品的可适应性是指产品进行适应性调整以满足各种不同用途或需求的能力。此处所指的产品适应性调整是由用户(或用户要求的承包商)在产品使用阶段进行的。在机械工程设计中,产品的可适应性主要是指机械装备通过适应性调整实现各种不同功能或通过增加新的功能来满足新需求的能力。

产品可适应性取决于同一产品用于其他用途的可能性或延长其使用寿命

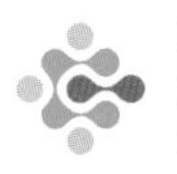

的必要性。即使只有一个设计和一个由该设计制成的产品，产品可适应性也是有用的。

显然，如果一个产品的设计不具有可适应性，那么由它产生的产品就不具有可适应性。对产品可适应性与设计可适应性的区分不仅有利于学术讨论，而且具有实际应用意义。

根据以上讨论，可适应设计可以定义为一种通过设计和产品可适应性来扩展产品和设计预期效用的新的设计范式。

1.2.2 可适应设计中效用的扩展

任何产品的设计目的都是实现预期功能，这也可以被称为正常运行模式(图1-4)。我们使用“效用”一词来指产品的实用性或服务。因此，产品的用途是在其正常运行模式下执行其预期功能。

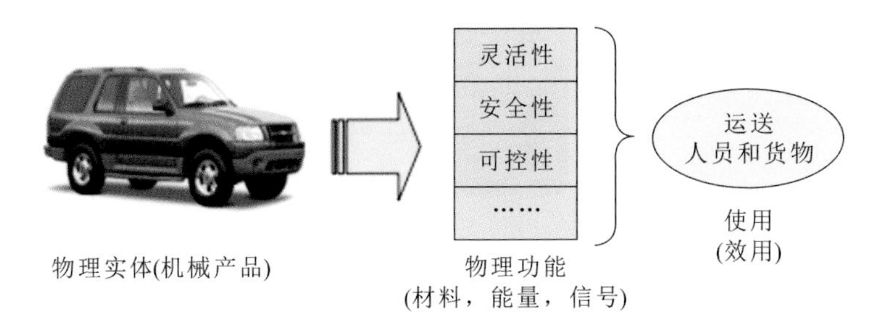

图 1-4 实现物理功能的机械产品的效用

当环境发生变化，或者需要新的功能，或者需要使用更高效的技术时，产品的当前运行模式不再令人满意。这时，需要获得新的产品以满足新的运行模式需求。可适应设计提出了一种替代解决方案，使现有产品适应新的运行模式，从而将其效用扩展到新的运行模式中。

“效用的扩展”是可适应设计的基本原则。这意味着可适应设计能够在产品操作/使用过程中将其效用进行延伸与扩展，消除新产品开发过程中大多数重复性生产活动，从而节约时间与资源。相比于其他方法的主要目的是在新的生产过程中重复使用材料，可适应设计的目的是在当前状态下通过适应性调整重复使用已有的产品，以实现新的操作模式。因此，可适应设计可能优于可回收的设计方法或用于组件再利用的设计方法。

图1-5展示了自行车U形锁的实例，该U形锁也具有承载架的功能。这是实用性的同时扩展，用户能够用一个产品替代两个产品。这种适应性调整是可逆的，并且两种用途之间的交替可以非常频繁地发生，因此制造商的设计使得这种适应性调整非常容易被用户使用。

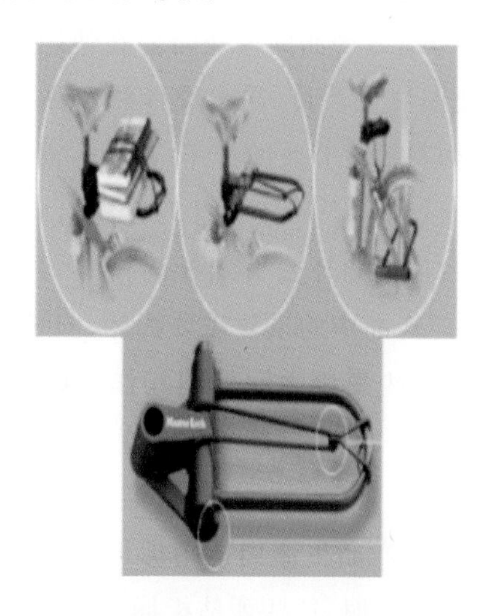

图1-5 用户通过使用多用途产品来实现产品的可适应性

（由玛斯特锁公司（Master Lock）提供）

上述讨论确立了可适应设计的主要目标是延伸设计与产品的效用，这些效用包括产品的物理功能（材料、能量、信号）。可适应设计可以被视为将效用从一种运用模式扩展到其他运用模式的设计方法。这种扩展可以在使用当前产品的过程中，进行适应性调整以满足不同的需求，也可以在产品最终需求或环境发生变化的情形下，通过适应性调整实现产品/设计效用的继续利用。

1.2.3 可适应设计中的关键问题

可适应设计中的关键问题可以归纳为以下几个方面：可适应产品建模、可适应性评价、可适应设计流程、可适应设计工具。

1. 可适应产品建模

可适应产品建模是可适应设计的基础。

（1）可适应产品的功能和结构：设计需求通常表述为功能和子功能。对于可适应设计，需要描述使用中功能的变化。设计方案可以表述为产品的结构，结构可以表述为零件、部件以及这些零部件的参数。为了进行可适应设计，还应描述运行阶段中产品的变化。由于多个设计方案通常是基于设计需求而产生的，还应对可以产生不同设计方案的通用产品进行建模。此外，还应描述可适应产品的功能和结构之间的关系。

(2) 产品架构：由于可适应产品的模块需要在使用阶段进行拆卸、安装、变更、重新定位、更换，因此模块化设计、平台设计和产品族设计的方法在可适应设计中对决定产品的架构发挥着有效的作用。因此，需要深入研究开发可适应产品的模块化设计、平台设计和产品族设计的方法。此外，还应研究允许第三方厂商开发的模块与平台连接的开放式架构。

(3) 接口：由于可适应产品中的模块需要拆卸、安装和升级，因此必须考虑模块之间的接口，以满足这些模块之间的相互作用以及拆卸/装配操作要求。此外，接口设计在模块化设计、平台设计和产品族设计中也起着重要的作用。

2. 可适应性评价

产品的可适应性和其他产品生命周期指标可以用来评估产品是否满足设计要求。当生成多个设计方案时，这些评估指标可以用于比较这些设计方案以确定最佳设计。

(1) 可适应性：如第 1.1.1 节所述，可适应设计中考虑了两类可适应任务：产品的可适应任务，以改变现有产品来改进或增加产品的功能；设计的可适应任务，以改变现有设计来改进或增加产品的功能。因此，可适应性的评估指标分为两类：产品的可适应性和设计的可适应性。另外，根据在设计阶段是否能够预测未来所需的功能，可适应性的评估指标也分为两类：对未来功能可预测的具体可适应性(也称狭义可适应性)；对未来功能不可预测的一般可适应性(也称广义可适应性)。因此，可适应性评估指标分为四类：具体产品可适应性、一般产品可适应性、具体设计可适应性和一般设计可适应性。

(2) 可适应性在设计评价中的作用：可适应性用于评价产品和设计为满足不同需求进行适应性调整的难易程度。在工程设计中，还需要考虑生命周期不同阶段的各种评估指标。典型的评估指标包括设计阶段的性能(如效率和功率输出)、制造阶段的可制造性和可装配性、运行阶段的可操作性以及退役阶段的可回收性和可处置性。由于这些评估指标有不同的单位，因此必须对这些评估指标进行集成，以便能够评估和比较各种设计方案，以确定最佳设计。

可适应性被认为是产品设计的一个属性，可以用科学的方法来定义和测量。信息熵已经被用来评估可适应性[110]。

3. 可适应设计流程

由于设计研究旨在以科学和系统的方式找出设计活动规律，特别是设计流程的规律，因此有必要对可适应设计的流程进行研究。

(1) 可适应设计流程：由于可适应设计既考虑了产品的可适应性，又考虑了设计的可适应性，因此可适应设计流程又分为考虑产品可适应性的可适应设计流程和考虑设计可适应性的可适应设计流程。

(2) 可适应设计流程中的要素：有必要对可适应设计流程中的关键要素进行研究，这些要素包括设计需求、设计候选方案、设计方案评估和设计优化。还需对可适应设计和传统设计之间要素的差异进行研究。

(3) 考虑特殊要求的可适应设计：需要对考虑特殊要求的可适应设计进行研究，典型的特殊要求包括保证可适应设计的稳健性以减小噪声参数对所选性能的影响、通过拆卸和装配操作来改变配置以提高产品的可适应性，以及可适应产品的大规模定制和基于个体客户要求的个性化产品的生产。

4. 可适应设计工具

可适应设计工具用于提高可适应设计的效率和质量。可适应设计的典型工具包括以下几种。

(1) 模块化设计工具：这些工具用于根据可适应产品功能和结构的相似性将零件组成不同的模块。

(2) 优化计算工具：这些工具用于寻找可适应产品的最佳设计。典型的工具包括基于数值搜索的有约束的优化工具、考虑生命周期不同方面的评估标准的多目标优化工具、用于寻找最佳配置和参数值的多级优化工具，以及防止最优解落入局部最优位置的全局优化工具。

(3) 基于网络(Web)的工具：这些工具允许来自不同学科和不同部门的工程师协作开发具有可适应性的产品。

(4) 虚拟现实工具：这些工具允许客户使用虚拟现实系统来评估设计的可适应产品，以进一步改进设计方案。

1.3 可适应设计的益处

1.3.1 用户效益

对用户而言，产品可适应性使得用户能够对产品进行适应性调整，使其能够在不同的或新的环境需求下使用。通常情况下，用户自己会对已有产品进行适应性调整，因此十分关注产品的可适应性。设计良好的可适应产品必须相对容易被用户（或用户要求的承包商）所使用。应当指出的是，用户进行适应性调整的过程也应当具有高的性价比。可适应性能够给用户带来以下几方面的好处：产品效用更多，产品使用寿命延长，通过取代多个产品从而降低使用成本。

图 1-6 所示的可适应房屋是另一个能够给用户带来好处的例子。房屋随着住户需求或生活方式的变化而不断发生变化。图中的可适应房屋的大多数改造都是可逆的，通过这种方式，房屋的结构能够被改变或扩展，以适应住户不断变化的需求（或生活方式）。这种结构允许未来增加额外的空间以使用轮椅，以及改变房屋内部和周围各个部分的特征与功能。在设计可适应性高的房屋时，要求在房屋的初始设计中，就使得进行后续适应性调整或改造既足够简单又具有较高的性价比。

1—带雨搭的前门
2—私人庭院
3—安全感应灯
4—房屋旁拥有挡雨棚或侧后门的车库
5—屋前扩宽之后的直车道

图 1-6 可适应房屋

1.3.2 生产商效益

对生产商而言，设计的可适应性使得生产商能够使用已有的设计，以及相关的制造工艺、装备甚至现有零部件来生产不同的产品。因此，生产商通常更关注设计的可适应性。在某些情况下，生产商可通过调整现有产品来创建新的产品功能或延长其使用寿命来满足用户需求。

可适应性能够给生产商带来竞争优势，因为一个可适应设计可用于为不同客户创建不同产品，消除了重复创建类似新设计所产生的各种冗余工作。因此，相同的基本设计、现有的通用零件和组件、工艺规划、生产装备、库存和供应网络以及专业知识可用于多种生产场景，从而降低了成本并缩短了开发时间，提高了生产效率。

与通过维护和修理将产品功能提升到预定水平的传统设计方法相比，如图1-7所示，可适应设计可以通过调整产品来增加功能，例如功能升级，现有的设计被重复使用以节约新产品开发过程中的时间并减少资源消耗。

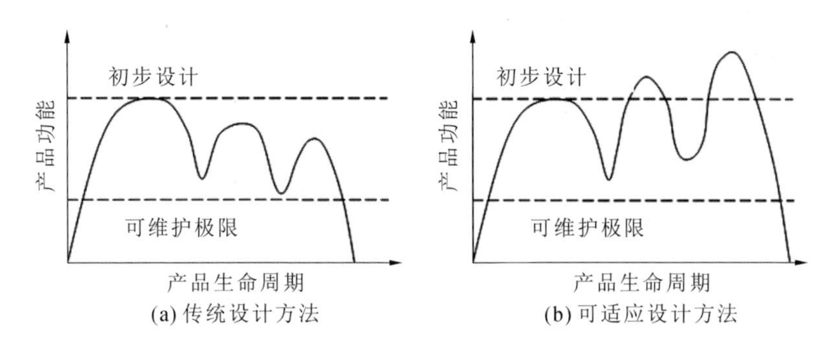

图1-7 考虑产品功能的传统设计和可适应设计

总体来说，可适应设计给生产商带来以下好处：

(1) 重复使用设计、工程及其相关知识；

(2) 降低制造成本，缩短制造时间(通过标准化)；

(3) 降低售后服务成本；

(4) 通过给用户带来利益和环境友好性而获得营销优势。

可适应设计最适合用于生产具有类似功能的系列产品的制造公司，例如汽车制造商。不同的模型可以通过对基本设计的适应性调整获得，其中每个模型都包括一组不同的特征和功能。图 1-8 显示了三辆福特汽车，它们不仅共享相同的总体设计，而且共享不同的部件（底盘、前照灯、发动机、配件等）。

Ford Explorer Sport　　Ford Explorer Sport Trac　　Ford F-150 Pick-Up

图 1-8　面向产品种类多样化和定制化的设计可适应性

1.3.3　大型系统可适应性给用户和生产商带来的好处

一些大型系统的设计和生产可能是一项重大任务，如核电站和其他发电厂、大型生产和装配线、矿物和食品加工厂、钢厂、造船厂以及大规模的土建项目。这些大型系统的共同特点是，在设计、制造和建造方面耗费巨大成本、时间，且系统具有高度复杂性。这种大型系统的设计和建造属于可适应设计的特例，因为设计和产品的可适应性都与用户和生产商相关。

设计的可适应性对生产商来说很重要，这主要有两个原因。首先，生产商通常参与多个类似的项目，这些项目投入了大量的资金、时间和专业知识，尽可能重复使用设计和工程知识是必要的。

其次，由于这些项目的复杂性，通常不可能在施工之前预测所有设计要求并最终确定设计。因此，随着工程的进行，设计也在不断改进，根据需要赋予项目灵活性和适应性，将有利于设计和施工过程。

产品的可适应性也与生产商相关，在产品的某些部分开始建造之后，需要进行各种修改，在项目完成之前，生产商可在不同阶段对产品进行调整。

设计和产品的可适应性也与用户相关，因为这样的大型系统通常会长期使用，并且在这种较长的使用期间，许多要求、法规、技术甚至过程都可能发生变化，系统必须能够适应这些变化。

1.3.4　环境效益

工程生产循环可以被描述为物料和能源等资源流入生产供应链，最终以废物和污染物的形式从生产供应链回流到自然环境。可适应设计旨在将使用过的资源重新定向回流到生产供应链中，如图 1-9 所示。

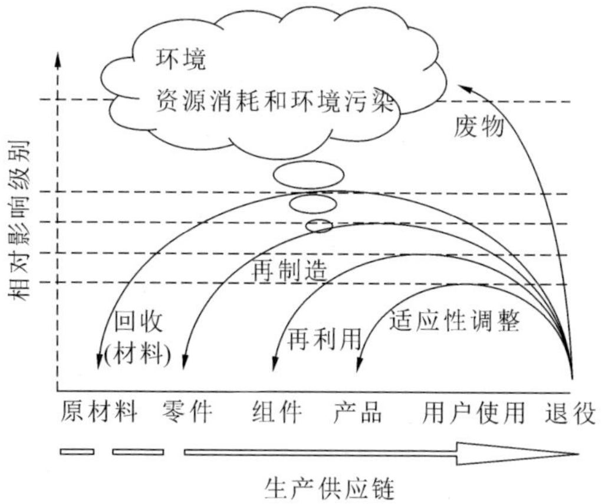

图 1-9　可适应设计相比其他方法的环境友好性

生产供应链中最常见的方法是回收，通常唯一目的是回收材料。在适用的情况下，更有效的方法是通过废旧零件的再制造使废物流入生产供应链的后期阶段，该方法可能优于材料回收。如果可能，更好的方法是回收产品的零件和组件以使其在同类其他产品中得到重复利用。一个常见的例子是汽车零部件的回收和再利用。

可适应设计能够重复使用产品的“效用”，而不是专注于其零件或材料。因此，与零件的回收或再利用相比，针对产品的可适应设计会对环境更友好，因为可适应设计能够将产品重新定向到生产供应链的后期阶段。图 1-9 表明，相比其他方法，可适应设计能够促进产品更快地恢复功能效用，从而对环境更加友好。

1.4　可适应设计的应用

制造工程中的产品是指离散的产品，如机床、汽车等。离散产品可根据具体特性分为多种类别，这些特性可以是生产量、种类数量、产品寿命等。例如，根据生产量，产品可分为：基于个体定制的产品（如船舶和炼油厂）、基于小批量生产的产品（如飞机和定制赛车）、基于中批量生产的产品（如机床和汽车），以及数量在百万量级的大批量生产的产品（如螺钉和螺母）。产品也可按产品族中的种类数量进行分类，如低量、中量和大量。如果按产品寿命进行分类，产品可分为短期、中期和长期三类。对于表1-1中所示的大多数产品类别，可通过重复使用现有设计和相关工程知识以及制造工艺与设施，采用可适应设计来降低产品设计和开发成本。例如，如果产品是中批量和小批量生产的，则可使用可适应设计来决定生成产品类别的模块和其变体的产品族系列。对于独一无二的产品或系统，可适应设计可用于将现有设计改进为新的设计，这将大大缩短产品的设计和开发时间并降低成本。

表1-1　产品分类[14]

产品特征	非常低	比较低(L)	中等(M)	比较高(H)
数量	一个	L	M	H
种类	一种	L	M	H
寿命	一次性	L	M	H（长寿命）
特征	标准（S）	L	M	H

在设计过程中，可适应设计应从设计的早期阶段开始就将可适应性作为设计要求。随着设计进入后期阶段，在设计中进行功能更改的自由度降低，可适应设计的有效性也降低，如图1-10所示。

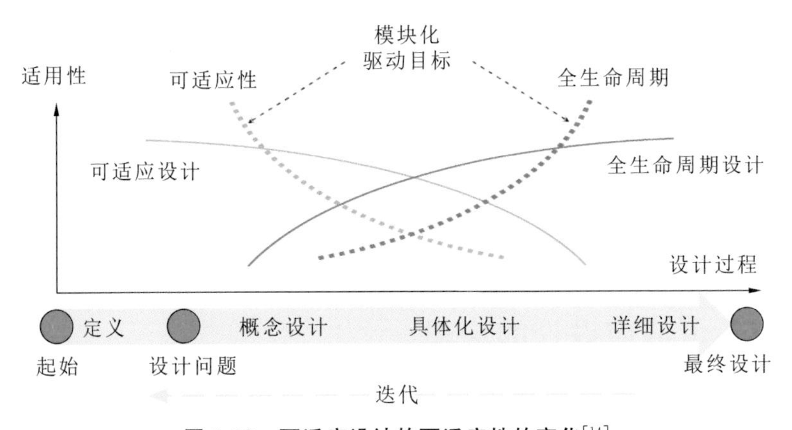

图1-10　可适应设计的可适应性的变化[14]

产品全生命周期设计在设计的后期阶段十分重要。因为在设计的早期阶段，几乎没有关于零件、材料、修理频率等方面的信息，随着设计的进一步细化，可获得的信息越来越多，产品全生命周期设计变得越来越重要。

因此,可在设计的早期阶段进行可适应设计。如果选择了适当的顺序,设计方案中的问题会通过适应性调整得到解决。也就是说,应先进行可适应设计,在获得更多详细信息后,再考虑产品全生命周期的其他方面。

虽然可适应设计是从机械工程的角度(考虑产品和系统的升级、重新配置、定制等)提出来的,但这种新的设计方法也可以应用于其他工程领域来设计产品、过程和系统。下面简要总结了可适应设计方法在一些工程领域中的可能应用。

(1) 电气工程:使用可适应设计方法来设计诸如发电厂之类的电气系统,可以减少对该系统的模块进行升级的工作量。发电能力可以通过增加更多的发电模块来提升。

(2) 化学工程:当化学过程分解为相对独立的子过程时,对子过程的调整不会对其他子过程产生强烈影响,可采用可适应设计方法设计相关化工厂,并实现设施升级和产能增加。此外,可通过重新配置过程模块来实现不同的总体化学工艺。

(3) 土木工程:当使用可适应设计方法来设计建筑物时,可以以最小的工作量来扩大建筑物规模。此外,可适应设计也有助于重新配置具有不同功能的房间的布局。可适应房屋是土木工程中典型的可适应设计实例[111]。

(4) 工业工程:柔性制造系统[112]是典型的工业系统,可以使用可适应设计方法来创建,使得制造单元能够很容易地被添加、删除和重新配置。

(5) 软件工程设计:使用面向对象的编程技术,可以很容易地在不同应用程序的开发过程中重复使用相对独立的对象模块。

(6) 计算机工程:计算机的组件,例如中央处理器(CPU)、存储器、内部/外部数据存储设备和输入/输出设备,被设计和制造为相对独立的模块,以便按需进行配置和升级。

1.5 可适应设计和其他设计方法之间的差异

自20世纪70年代以来,出现了许多设计理论和方法,其中许多方法可以直接或间接用于设计可适应产品。然而,可适应设计在设计研究中仍然是一个相当新的概念[14]。本节简要比较了可适应设计和与可适应设计相关的其他主要设计方法。

(1) 可适应设计与模块化设计:虽然使用可适应设计方法开发的产品具有模块化架构,但使用模块化设计方法开发的产品不一定具有可适应性并且不一定能够适应功能需求的变化。模块化设计通常用于减少生产商的设计和制造工作量。

(2) 可适应设计与产品平台/族设计:平台设计在产品族的所有设计中共享了共同的模块(平台),可以看作模块化设计的延伸。虽然产品平台/族的设计能够通过多种产品更好地满足客户需求,但这些产品并未通过改变所购产品的功能来适应客户的需求变化。具有平台的可适应设计能够有效地适应新的功能变化。

(3) 可适应设计与大规模定制设计:大规模定制设计是以接近大批量生产效率的方式,根据个体客户需求来开发产品。大规模定制设计主要通过复杂的基于计算机的设计系统和生产计划/控制系统来实现。然而,使用这种方法创建的产品通常不具有可适应性。

(4) 可适应设计与可重构产品设计:可重构的产品,例如可重构机器,是用单个产品取代多个产品的可适应产品[113-115]。然而,在可重构产品设计中,可适应设计的其他目标如新功能的扩展、模块的升级等未被考虑。

1.6 本书的结构

本章概述了可适应设计的研究和应用。本书其余章节的安排如下。

(1) 第 2 章主要介绍可适应设计建模的关键问题,并介绍了多种方法以用于可适应设计的功能和结构建模。

(2) 第 3 章主要介绍可适应性评价方法。本章对可适应性评价方法进行分类,并提出四类可适应性的评价方法,用于可适应设计方案评价。

(3) 第 4 章详细讨论可适应设计的流程和方法,包括设计需求、候选设计方案、设计评估和设计优化等。

(4) 第 5 章介绍可适应设计中使用的各种工具和技术,包括模块化设计工具、优化工具、基于网络的可适应设计工具以及用于可适应设计和评价的虚拟现实系统。

(5) 第6章介绍基于可适应设计方法的各种研究和工业应用案例，以展示可适应设计方法的有效性。

(6) 第7章对可适应设计的现状进行总结，并讨论了该领域的未来发展趋势。

1.7 总结

更好的产品功能、质量、特性、可定制化、环境友好性，以及更低的成本和更短的交付时间给制造业提出了挑战。这些挑战仅靠先进的制造技术难以解决，因为其中一些挑战源于产品设计。为了满足这些多重且冲突的需求和目标，我们提出了一种新的方法，称为可适应设计。

可适应设计考虑了市场需求的动态变化，以及新产品的引入和创新，因此设计创新比用传统设计方法更容易。在可适应设计中，以下几个方面被认为是关键问题：可适应设计建模、可适应性评价、可适应设计过程和可适应设计工具。

与其他设计方法相比，可适应设计在设计的早期阶段将可适应性作为设计要求。虽然可适应设计诞生于机械工程领域，但这种新的设计方法也可以应用于其他工程领域，如电气、化学、土木和软件工程领域。本章也简要讨论了可适应设计和其他设计方法之间的差异。

本章参考文献

[1] ALTINTAS Y. Manufacturing automation [M]. New York: Cambridge University Press, 2000.

[2] CHRYSSOLOURIS G. Flexibility and its measurement [J]. CIRP Annals, 1996, 45(2): 581-587.

[3] KOREN Y, HEISEL U, JOVANE F, et al. Reconfigurable manufacturing systems [J]. CIRP Annals, 1999, 48(2): 527-540.

[4] MEIJER J, DU K, GILLNER A, et al. Laser machining by short and ultrashort pulses, state of the art and new opportunities in the age of the pho-

tons [J]. CIRP Annals,2002,51(2):531-550.

[5] KRUTH J P,LEU M C,NAKAGAWA T. Progress in additive manufacturing and rapid prototyping [J]. CIRP Annals,1998,47(2):525-540.

[6] KLOCKE F,EISENBLÄTTER G. Dry cutting [J]. CIRP Annals,1997,46(2):519-526.

[7] MASUZAWA T. State of the art of micromachining [J]. CIRP Annals,2000,49(2):473-488.

[8] CORBETT J,MCKEOWN P A,PEGGS G N. Nanotechnology:international developments and emerging products [J]. CIRP Annals,2000,49(2):523-546.

[9] RAJURKAR K P,ZHU D,MCGEOUGH J A,et al. New developments in electro-chemical machining [J]. CIRP Annals,1999,48(2):567-579.

[10] WIENDAHL H P,LUTZ S. Production in networks [J]. CIRP Annals,2002,51(2):573-586.

[11] TOMIYAMA T,GU P H,JIN Y,et al. Design methodologies:industrial and educational applications [J]. CIRP Annals,2009,58(2):543-565.

[12] SUH N P. The principles of design [M]. New York:Oxford University Press,1990.

[13] SUH N P. Axiomatic design:advances and applications [M]. New York:Oxford University Press,2001.

[14] GU P H,HASHEMIAN M,NEE A Y C. Adaptable design [J]. CIRP Annals,2004,53(2):539-557.

[15] HILLSTRÖM F. Applying axiomatic design to interface analysis in modular product development [C]//Proceedings of International Design Engineering Technical Conferences & Computers and Information in Engineering Conference. New York:ASME,1994.

[16] GU P H. Recent development in design theory and methodology research [C]//Proceedings of International Conference on Manufacturing Sciences,1998:21-26.

[17] PAHL G,BEITZ W,et al. Engineering design:a systematic approach

[M]. London:Springer-Verlag,1988.

[18] DIXON J,POLI C. Engineering design and design for manufacture [M]. Saint Paul:Field Stone Pub,1999.

[19] SHIMOMURA Y,TANIGAWA S,TAKEDA H,et al. Functional evaluation based on function content [C]//Proceedings of International Design Engineering Technical Conferences & Computers and Information in Engineering Conference. New York:ASME,1996.

[20] UMEDA Y,TAKEDA H,TOMIYAMA T,et al. Function,behavior,and structure [C]//Proceedings of AIENG'90 Applications of AI in Engineering. Berlin:Springer-Verlag,1990:177-193.

[21] KIRSCHMAN C, FADEL G M, JARA-ALMONTE C C. Classifying functions for mechanical design [C]//Proceedings of International Design Engineering Technical Conferences & Computers and Information in Engineering Conference. New York:ASME,1996.

[22] HASHEMIAN M,GU P H. A function representation scheme for conceptual mechanical design [J]. Proceedings of the 11th International Conference on Engineering Design,1996,2(1):311-314.

[23] DU X H,JIAO J X,TSENG M M. Architecture of product family:fundamentals and methodology [J]. Concurrent Engineering:Research and Applications,2001,9(4):309-325.

[24] ULRICH K. Fundamentals of product modularity [M]//DASU S, EASTMAN C. Management of Design Engineering and Management Perspectives. Dordrecht:Springer Science,1994:219-231.

[25] ULRICH K. The role of product architecture in the manufacturing firm [J]. Research Policy,1995,24 (3):419-440.

[26] ROBERTSON D,ULRICH K. Planning for product platforms [J]. Sloan Management Review,1998,39 (4):19-31.

[27] GONZALEZ-ZUGASTI J P,OTTO K N,BAKER J D. A method for architecting product platforms [J]. Research in Engineering Design,2000,12(2):61-72.

[28] MEYER M H,SELIGER R. Product platforms in software development [J]. Fall 1998,1998:40(1):61-74.

[29] SIMPSON T W, MAIER J R, MISTREE F. Product platform design: method and application [J]. Research in Engineering Design, 2001, 13 (1):2-22.

[30] MAUPIN A J,STAUFFER L A. A design tool to help small manufacturers reengineer a product family [C]// Proceedings of ASME 2000 International Design Engineering Technical Conferences and Computers and Information in Engineering Conference. New York:ASEM,2000:257-274.

[31] SIDDIQUE Z, ROSEN D W. Product family configuration reasoning using discrete design spaces [C]// Proceedings of ASME 2000 International Design Engineering Technical Conferences and Computers and Information in Engineering Conference. New York:ASME,2000:401-412.

[32] NEWCOMB P J,BRAS B,ROSEN D W. Implications of modularity on product design for the life cycle [J]. Journal of Mechanical Design,1998: 120(3):483-490.

[33] GU P H,SOSALE S. Product modularization for life cycle engineering [J]. Robotics and Computer-Integrated Manufacturing, 1999, 15 (5): 387-401.

[34] GU P H,HASHEMIAN M,SOSALE S,et al. An integrated modular design methodology for life-cycle engineering [J]. CIRP Annals, 1997, 46 (1):71-74.

[35] SAND J,GU P H,WATSON G. HOME:house of modular enhancement for product redesign for modularization [C]// Proceedings of ASME 2001 International Design Engineering Technical Conferences and Computers and Information in Engineering Conference. New York: ASME, 2002: 515-526.

[36] ERIXON G,VON YXKULL A,ARNSTRÖM A. Modularity—the basis for product and factory reengineering [J]. CIRP Annals,1996,45(1):1-6.

[37] PENG Q J,LIU Y H,ZHANG J,et al. Personalization for massive prod-

uct innovation using open architecture [J]. Chinese Journal of Mechanical Engineering,2018,31(1):1-14.

[38] CHENG Q,GUO Y L,LIU Z F,et al. A new modularization method of heavy-duty machine tool for green remanufacturing [J]. Proceedings of the Institution of Mechanical Engineers, Part C: Journal of Mechanical Engineering Science,2018,232(23):4237-4254.

[39] MERTENS K G,RENNPFERDT C,GREVE E,et al. Reviewing the intellectual structure of product modularization: toward a common view and future research agenda [J]. Journal of Product Innovation Management, 2023,40(1):86-119.

[40] YOSHIKAWA H. General design theory and a CAD system [C]//SATA T,WARMAN E. Man-Machine Communication in CAD/CAM: Proceedings of the IFIP WG5. 2-5. 3 Working Conference. New York: North-Holland Pub. Co. ,1981.

[41] MAIMON O, BRAHA D. On the complexity of the design synthesis problem [J]. IEEE Transactions on Systems,Man,and Cybernetics—Part A: Systems and Humans,1996,26(1):142-151.

[42] ZENG Y,GU P H. A science-based approach to product design theory Part I: formulation and formalization of design process [J]. Robotics and Computer-Integrated Manufacturing,1999,15 (4):331-339.

[43] ZENG Y,GU P H. A science-based approach to product design theory Part II: formulation of design requirements and products [J]. Robotics and Computer-Integrated Manufacturing,1999,15(4):341-352.

[44] FEY V R,RIVIN E I. The science of innovation: a managerial overview of the TRIZ methodology [M]. Southfield,MI: The TRIZ Group,1997.

[45] BOOTHROYD G,DEWHURST P,KNIGHT W A. Product design for manufacture and assembly [M]. New York: Marcel Dekker Inc,1994.

[46] KNIGHT W A. Design for manufacture analysis: early estimates of tool costs for sintered parts [J]. CIRP Annals,1991,40(1):131-134.

[47] BOOTHROYD G. Product design for manufacture and assembly [J].

Computer-Aided Design, 1994, 26(7): 505-520.

[48] TSENG M M, DU X D. Design by customers for mass customization products [J]. CIRP Annals, 1998, 47(1): 103-106.

[49] TSENG M M, JIAO J X. Design for mass customization by developing product family architecture [C]// Proceedings of ASME 1998 Design Engineering Technical Conferences. New York: ASME, 1998: 1-18.

[50] MARTIN M V, ISHII K. Design for variety: a methodology for developing product platform architectures [C]// Proceedings of ASME 2000 International Design Engineering Technical Conferences and Computers and Information in Engineering Conference. New York: ASME, 2000: 57-71.

[51] GERSHENSON J, ISHII K. Life cycle serviceability design [C]// Proceedings of ASME 1991 Design Technical Conferences. New York: ASME, 1991: 127-134.

[52] SINGH D, GU P H. Product life cycle serviceability analysis for supporting engineering design: part two: serviceability evaluation for product redesign [J]. Journal of Engineering Design and Automation, 1997, 3(3): 275-298.

[53] ZHANG H C, KUO T C. Disassembly model for recycling-personal computer [C]. Technical Paper of the NAMRI/SME, 1996(132): 139-144.

[54] ALTING L. Life-cycle design of products: a new opportunity for manufacturing enterprises [M]// KUSIAK A. Concurrent Engineering: Automation, Tools, and Techniques. New York: John Wiley and Sons, 1993.

[55] ALTINGD L, JØGENSEN D J. The life cycle concept as a basis or sustainable industrial production [J]. CIRP Annals, 1993, 42(1): 163-167.

[56] MARKS M D, EUBANKS C F, ISHII K. Life-cycle clumping of product designs for ownership and retirement [C]// Proceedings of ASME 1993 Design Technical Conferences. New York: ASME, 1993: 83-90.

[57] BRAS B, EMBLEMSVAG J. Designing for the life-cycle: activity-based costing and uncertainty [M]// HUANG G Q. Design for X: Concurrent

Engineering Imperative. Berlin:Springer,1996:398-423.

[58] KEYS L K. System life cycle engineering and DFX [J]. IEEE Transactions on Components, Hybrids, and Manufacturing Technology, 1990, 13 (1):83-93.

[59] WEULE H. Life-cycle analysis—a strategic element for future products and manufacturing technologies [J]. CIRP Annals,1993,42(1):181-184.

[60] WESTKÄMPER E,ALTING L,AMDI G. Life cycle management and assessment:approaches and visions towards sustainable development [J]. CIRP Annals,2000,49(2):501-526.

[61] WESTKÄMPER E,FELDMANN K,REINHAR G,et al. Integrated development of assembly and disassembly [J]. CIRP Annals,1999,48(2): 557-565.

[62] FABRYCKY W J,BLANCHARD B S. Life-cycle cost and economic analysis [M]. Upper Saddle River:Prentice Hall,1991.

[63] CLAUSING D. Total quality development [M]. New York: ASME Press,1994.

[64] LU S C,SHPITALNI M,GADH R. Virtual and augmented reality technologies for product realization [J]. CIRP Annals,1999,48(2):471-495.

[65] BERNARD A,FISCHER A. New trends in rapid product development [J]. CIRP Annals,2002,51(2):635-652.

[66] KIMURA F. SUZUKI H. Representing background information for product description to support product development process [J]. CIRP Annals,1995,44(1):113-116.

[67] TICHKIEWITCH S,VÉRON M. Integration of manufacturing processes in design [J]. CIRP Annals,1998,47(1):99-102.

[68] PETERS J,VAN CAMPENHOUT D. Manufacturing oriented and functional design [J]. CIRP Annals,1988,37(1):153-156.

[69] KIMURA F,SUZUKI H. A CAD system for efficient product design based on design intent [J]. CIRP Annals,1989,38(1):149-152.

[70] BOOTHROYD G,RADOVANOVIC P. Estimating the cost of machined

components during the conceptual design of a product [J]. CIRP Annals, 1989,38(1):157-160.

[71] ELMARAGHY H A,CHEN S. A general model for mechanical design [J]. CIRP Annals,1990,39(1):111-116.

[72] SIVARDG,LINDBERG L,AGERMAN E. Customer based design with constraint reasoning [J]. CIRP Annals,1993,42(1):139 -142.

[73] TOMIYAMA T,UMEDA Y,YOSHIKAWA H. A CAD for functional design [J]. CIRP Annals,1993,42(1):143-146.

[74] KRAUSE F L,KIESEWETTER T,KRAMER S. Distribute product design [J]. CIRP Annals,1994,43(1):149-152.

[75] KRAUSE F L,ULBRICH A,WOLL R. Methods for quality driven product development [J]. CIRP Annals,1993,42(1):151-154.

[76] SOHLENIUS G. Concurrent engineering [J]. CIRP Annals,1992,41(2):645-655.

[77] HATAMURA Y,NAGAO T,MITSUISHI M,et al. Actual conceptual design process for an intelligent machining center [J]. CIRP Annals, 1995,44(1):123-128.

[78] SELIGER G. Product innovation-industrial approach [J]. CIRP Annals, 2001,50(2):425-443.

[79] SANTOCHI M,DINI G,FAILLI F. Computer aided disassembly planning:state of the art and perspectives [J]. CIRP Annals,2002,51(2):507-529.

[80] CHEN Y,HAN Y,LIU P,et al. Modeling and design method of five roller printing system without solvent [J]. Journal of Engineering Design, 2014,21(1):114-125.

[81] FLETCHER D,BRENNAN R W,GU P H. A method for quantifying adaptability in engineering design [J]. Concurrent Engineering:Research and Applications,2009,17(4):279-289.

[82] XUE D Y,HUA G,MEHRAD V,et al. Optimal adaptable design for creating the changeable product based on changeable requirements consider-

ing the whole product life-cycle [J]. Journal of Manufacturing Systems, 2012, 31(1): 59-68.

[83] ZHANG J, XUE D Y, GU P H. Adaptable design of open architecture products with robust performance [J]. Journal of Engineering Design, 2015, 26(1-3): 1-23.

[84] KOREN Y, HU S J, GU P H, et al. Open-architecture products [J]. CIRP Annals, 2013, 62(2): 719-729.

[85] O'GRADY P, YOUNG R E. Issues in concurrent engineering systems [J]. Journal of Design and Manufacturing, 1991(1): 27-34.

[86] GU P H, KUSIAK A. Concurrent engineering: methodology and applications [M]. New York: Elsevier, 1993.

[87] KUSIAK A. Concurrent engineering: automation, tools, and techniques [M]. New York: John Wiley and Sons, 1993.

[88] PRASAD B. Concurrent engineering fundamentals [M]. Upper Saddle River: Prentice Hall, 1996.

[89] DONG Z. Design for automated manufacturing [M]// KUSIAK A. Concurrent engineering: automation, tools, and techniques. New York: John Wiley and Sons, 1993.

[90] BOOTHROYD G, DEWHURST P. Design for assembly: a designer's handbook [M]. Wakerfield, RI: Boothroyd Dewhurst Inc, 1983.

[91] ZHANG H C, KUO T C, LU H T, et al. Environmentally conscious design and manufacturing: a state-of-the-art survey [J]. Journal of Manufacturing Systems, 1997, 16(5): 352-371.

[92] ULLMAN D G. The mechanical design process [M]. New York: McGraw-Hill, 1997.

[93] DIETER G E, SCHMIDT L C. Engineering design [M]. 5th ed. New York: McGraw-Hill, 2012.

[94] AKAO Y. Quality function deployment: integrating customer requirements into product design [M]. Cambridge: Productivity Press, 1990.

[95] FEY V, RIVIN E. Innovation on demand: new product development using

TRIZ [M]. Cambridge:Cambridge University Press,2005.

[96] ZWICKY F. Discovery, invention, research, through the morphological approach [M]. Toronto:The Macmillan Company,1969.

[97] KAMRANI A K,SALHIEH S M. Product design for modularity [M]. 2nd ed. New York:Springer,2002.

[98] JOSE A,TOLLENAERE M. Modular and platform methods for product family design: literature analysis [J]. Journal of Intelligent Manufacturing,2005,16(3):371-390.

[99] ARORA J S. Introduction to optimum design [M]. Oxford:Elsevier Academic Press,1989.

[100] COLLETTE Y,SIARRY P. Multiobjective optimization: principles and case studies [M]. Heidelberg:Springer,2004.

[101] GOLDBERG D E. Genetic algorithms in search, optimization, and machine learning [M]. Boston:Addison-Wesley Longman Publishing Co., Inc.,1989.

[102] DEHNAD K. Quality control, robust design, and the Taguchi method [M]. New York:Springer,1989.

[103] TAGUCHI G. On-line quality control during production [M]. Tokyo: Japanese Standards Association,1981.

[104] TAGUCHI G,ELSAYED E A, HSIANG T C. Quality engineering in production systems [M]. New York:McGraw-Hill,1988

[105] LEE K. Principles of CAD/CAM/CAE [M]. Boston: Addison-Wesley Longman Publishing Co.,Inc.,1999.

[106] ZEID I. CAD/CAM: theory and practice [M]. 2nd ed. New York: McGraw-Hill,2009.

[107] MAUSSANG N,ZWOLINSKI P,BRISSAUD D. Product-service system design methodology: from the PSS architecture design to the products specifications [J]. Journal of Engineering Design,2009,20(4):349-366.

[108] GU P H. Adaptable design using bus system [C]// Proceedings of the 10th International Manufacturing Conference in China (IMCC2002),

2002:11-12.

[109] WILLEMS B,SELIGER G,DUFLOU J,et al. Contribution to design for adaptation:method to assess the adaptability of products (MAAP) [C] // 2003 EcoDesign 3rd International Symposium on Environmentally Conscious Design and Inverse Manufacturing,2003:589-596.

[110] SUN Z L,WANG K F,CHEN Y L,et al. Information entropy method for adaptable design evaluation [J]. Chinese Journal of Engineering Design,2021,28(1):1-13.

[111] FRIEDMAN A. The adaptable house [M]. New York: McGraw-Hill,2002.

[112] RAOUF A,BEN-DAYA M. Flexible manufacturing systems:recent developments [M]. Amsterdam:Elsevier Science,2005.

[113] LANDERS R G,MIN B K,KOREN Y. Reconfigurable machine tools [J]. CIRP Annals,2001,50(1):269-274.

[114] SPICER R,KOREN Y,SHPITALNI M,et al. Design principles for machining system configurations [J]. CIRP Annals,2002,51(1):275-280.

[115] SETCHI R,LAGOS N. Adaptive,responsive and reconfigurable product support for future manufacturing [J]. International Journal of Innovative Computing Information and Control,2008,4(3):615-625.

第2章 可适应设计建模

如第1.2.3节所述,可适应产品的建模是可适应设计的基础。可适应设计建模的关键问题包括:

(1) 可适应设计的功能和结构建模;

(2) 可适应设计的产品架构建模;

(3) 可适应接口建模。

这些关键问题的细节将在以下章节进行讨论。

2.1 可适应设计的合理化功能结构

设计通常被认为是从功能空间的设计需求到结构空间的设计方案的映射过程,如图2-1所示。

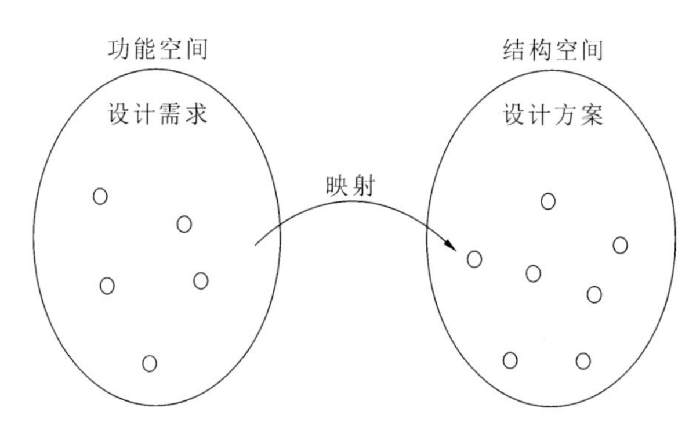

图2-1 从功能空间到结构空间的映射

许多设计理论已经提出了功能空间中的设计需求的建模、结构空间中的设计方案的建模,以及从功能空间到结构空间的映射的方法。在Suh[1,2]提出的公理化设计中，功能空间表达为功能需求（functional requirements，FRs），结构空间表达为设计参数（design parameters，DPs），从功能空间到结构空间的映射通过设计矩阵表达。在 Yoshikawa[3] 提出的通用设计理论（general design theory，GDT）中，功能空间用功能集合来描述，结构空间（在 GDT 中称为属性空间）用属性集合来描述，并且通过集合运算的方法来完成两者之间的映射。

本章将讨论功能空间中设计需求的建模、结构空间中设计方案的建模，以及功能空间和结构空间之间的关系的建模。第 4 章将讨论利用可适应设计过程来实现从功能空间到结构空间的映射。

2.1.1 可适应设计的功能建模

在过去几十年中，设计功能的建模已经被广泛研究[4,5]。可适应设计对功能建模的主要要求如下：

(1) 当使用可适应设计方法来设计通常由多个产品提供的具有多个功能的产品时，需要对多个功能和替代功能进行建模；

(2) 由于可适应设计的复杂性，需要对多个层次的功能进行建模，此外，也必须对这些功能之间的关系进行建模；

(3) 在可适应设计中，由于可以添加、删除和修改功能，必须考虑功能的模块性和独立性；

(4) 在工程设计中，定性的客户需求通常被转换为定量的工程技术指标，因此，在功能建模中应描述定性和定量的需求。

可用于可适应设计的主要方法包括基于树（tree）、基于网络（network）和基于与或树（AND-OR tree）的功能建模技术，如图 2-2 所示。

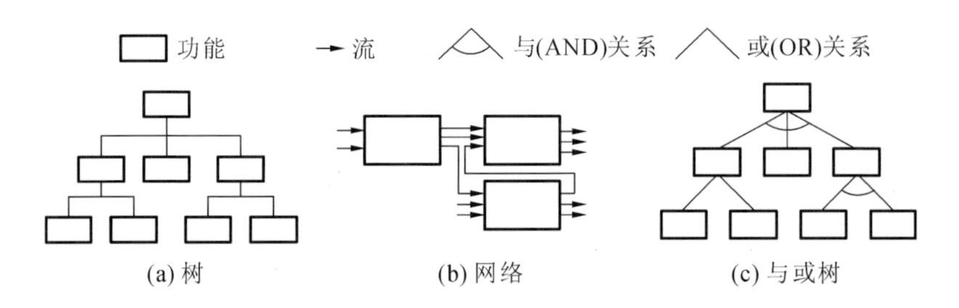

图 2-2 一些功能建模的方法

1.基于树的功能建模

该方法将复杂功能分解为子功能，如图 2-2(a)所示。通过寻找满足子功能的解及解的合并来满足整体功能。该方法允许在多个层次对功能进行建模。

图 2-3[6]所示是描述计算机主板功能的树。个人计算机主板主要由控制芯片、BIOS(基本输入输出系统)芯片、CPU(中央处理器)插槽、RAM(随机存储器)插槽、外围设备接口、扩展插槽等组成。主板的中心任务是保持 CPU 和外围设备处于协作工作模式。CPU 接收各种外部数据和指令，并通过 PCI(外围组件互连)接口、AGP(加速图形接口)和其他总线接口将操作结果传输到指定的外围设备。

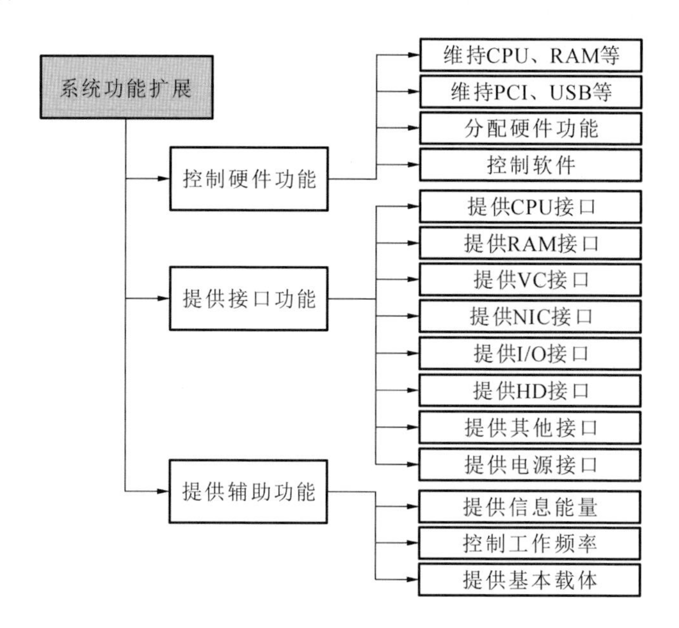

图 2-3 用树表述的计算机主板功能[6]

USB:通用串行总线;VC:video card,显卡接口;NIC:network interface card,网络接口卡;HD:hard disk,硬盘。

在本例中，主板的整体功能被分解为三个子功能。这三个子功能被进一步分解为子子功能。Cheng 等[6]在研究的案例中，选取了两个不同的主板来评估和比较它们的产品可适应性。

2.基于网络的功能建模

在这种方法中，功能之间的关系形成了一个网络，如图 2-2(b)所示。这些关系可以通过不同类型的流来建模，包括物质流(material flow)、能量流(energy flow)和信息流(information flow)[4]。

图2-4[7]表示了一个计算器功能的网络。计算器接收各种用户输入，使用计算单元进行二进制计算，并将计算结果(通过某种软件)返回给用户。该计算器在主板和各个组件之间具有多重连接。在Fletcher等[7]研发的案例中，产品可以根据对其功能结构的建模，用一般可适应性进行评估。

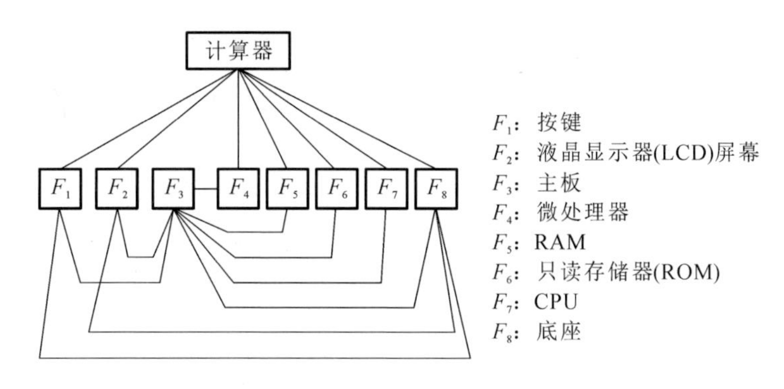

图2-4　用网络表述的计算器的功能[7]

3. 基于与或树的功能建模

在Xue[8]提出的与或树方法中，如图2-2(c)所示，如果一个父功能的所有子功能都必须被满足，那么这些子功能之间的关系是与(AND)关系。如果只有父功能的其中一个子功能需要被满足，那么这些子功能之间的关系是或(OR)关系。该方法允许对具有多种或替代功能的设计需求进行建模。图2-5展示了使用与或树进行功能建模的实例。

当不同的功能能够满足相同的要求时，相关的功能在设计(design)中的或(OR)关系被描述为OR-D关系。在这种情况下，一个使用阶段的需求可以通过不同的设计方案来实现。在所有这些备选设计解决方案中，仅需选择一个作为最终设计的解决方案。图2-5(a)所示为用一个通用的与或树来描述手机及其流量套餐的组合功能。决策时可以选择低端手机或高端手机，但一经选择就不能更改。此外，在决策时，必须选择低流量套餐或高流量套餐。

当产品的不同功能需要在不同使用阶段满足不同的需求时，相关的功能在运行(operation)中的或(OR)关系被描述为OR-O关系。在这种情况下，在不同的使用阶段满足这些功能的设计方案是通过不同的配置组合来实现的。

图 2-5(b)所示为用一个通用的与或树来描述在不同时间选择不同的配置。在这种情况下，低端手机和高端手机都被选择。第 1～2 年使用低端手机，第 3～5 年改为高端手机。另外，第 1～3 年选择低流量套餐，第 4～5 年改为高流量套餐。

具有 3 种关系(即 AND、OR-D 和 OR-O)的与或树被称为混合与或树，如图 2-5(c)所示。

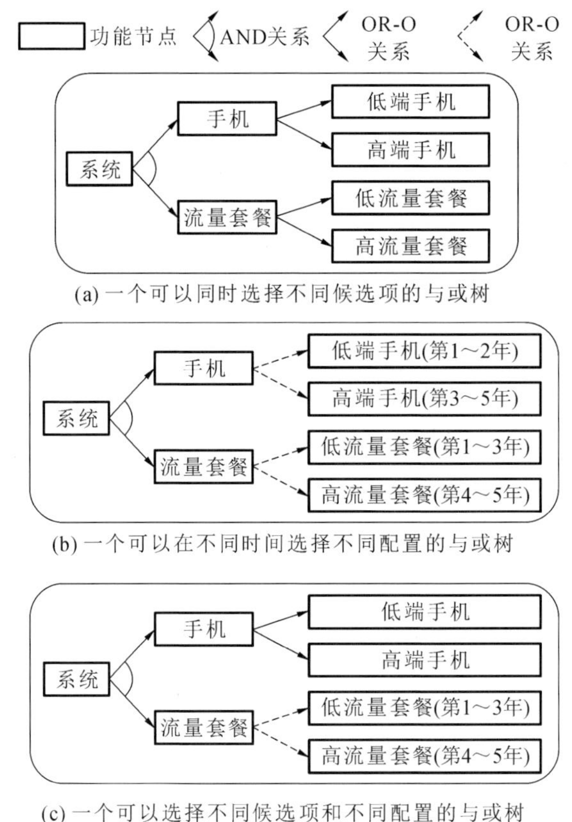

图 2-5　基于与或树的功能建模

2.1.2　可适应设计的结构建模

随着计算机辅助设计、基于知识的设计以及生命周期工程设计的发展，许多学者对设计结果描述进行了广泛的研究[4,9-12]。

可适应设计中结构建模的主要要求如下。

(1) 由于可适应设计中产品结构的复杂性,应将设计结果分为多个元素并在多个层次上进行建模,还应将这些要素之间的关系进行建模。

(2) 由于设计结果可以满足所需功能,因此应对设计结果和功能之间的关系进行建模。

(3) 由于在可适应设计中需要定性和定量表达,因此设计模型应能够处理这两类设计结果的描述。

(4) 由于可在可适应设计产品中添加、删除和更换组件/模块,因此需要考虑减少产品组件/模块重新组合的工作量。

(5) 在可适应设计中,多个产品可以被单个产品替代。一些组件/模块可用于所有产品的配置,而其他一些组件/模块仅用于特定的产品配置。因此,使用公共平台和附加配件的设计建模方式变得重要。

(6) 由于不同的设计可以实现相同的功能需求,因此需要考虑描述不同设计方案的建模以及在约束条件下确定最佳方案的方法。

用于可适应设计结果建模的主要方法包括基于树、基于网络和基于与或树的结构建模技术,如图 2-6 所示。图 2-6 所示的结构建模方法与图 2-2 中给出的功能建模方法相似,只是功能建模方法中的功能元素被结构建模方法中的设计解所替代。

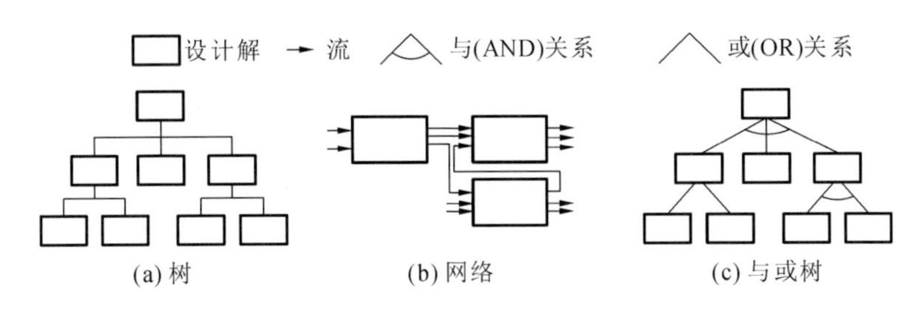

图 2-6 一些结构建模的方法

1. 基于树的结构建模

在这种方法中,复杂的产品被分解为子系统。图 2-7 所示为与图 2-3 所示的计算机主板功能树所对应的产品结构树。根据相同的需求,可以设计多种方案,并通过评估比较,选择最合适的方案。两个计算机主板的数据如表 2-1 所示。

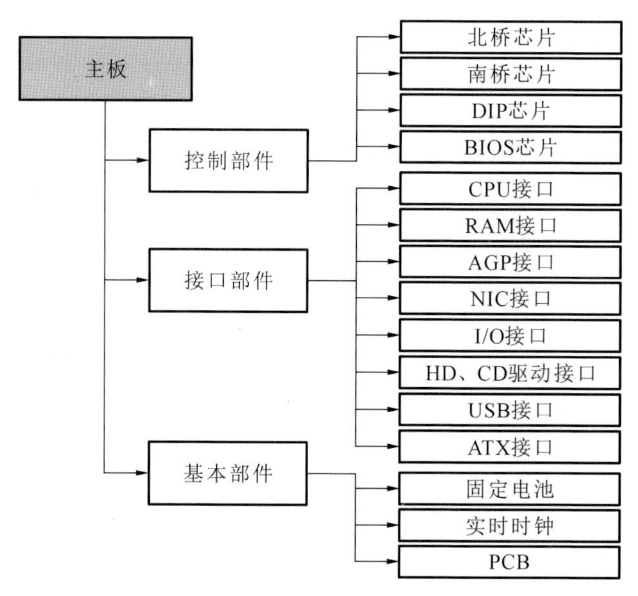

图 2-7　用树表达的计算机主板结构[6]

DIP：dual in-line package，双列直插封装；ATX：advanced technology extended，先进技术扩展；PCB：printed-circuit board，印制电路板。

表 2-1　两个计算机主板的数据[6]

类别	模块	主板 A	主板 B
控制部件	北桥芯片	82845PE	82845PE
	南桥芯片	82801DB	82801DB
	DIP 芯片	DIP	DIP
	BIOS 芯片	4 MB 闪存	4 MB 闪存
接口部件	CPU 接口	Intel Socket 478	Intel Socket 775
	RAM 接口	2 DDR2 DIMM	2 DDR3 DIMM
	AGP 接口	AGP 4X	AGP 4X
	NIC 接口	PCI	PCI
	I/O 接口	PS/2	PS/2
	HD、CD 驱动接口	ATA33/66/100＋2xSATA	ATA33/66/100＋2xSATA
	USB 接口	4 个	6 个
	ATX 接口	ATX 12 V	ATX 12 V
基本部件	固定电池	固定电池	固定电池
	实时时钟	晶体振荡器	晶体振荡器
	PCB	PCB	PCB

为了对定性描述和定量描述进行建模，可以在树的设计节点中添加设计参数来扩展基于树的设计结果建模方法。图2-8展示了一个机构及用树的数据结构来建模的案例。整个机构由电动机和齿轮副机构组成。齿轮副机构由2个齿轮和2个轴组成。树中的节点可以有参数，并且每个参数都有名称和参数值。例如，齿轮有高度(h)、直径(d)、模数(m)、齿数(z)和转速(n)等参数。在产品树中，底部节点被称为零件，而其他节点被称为装配节点。

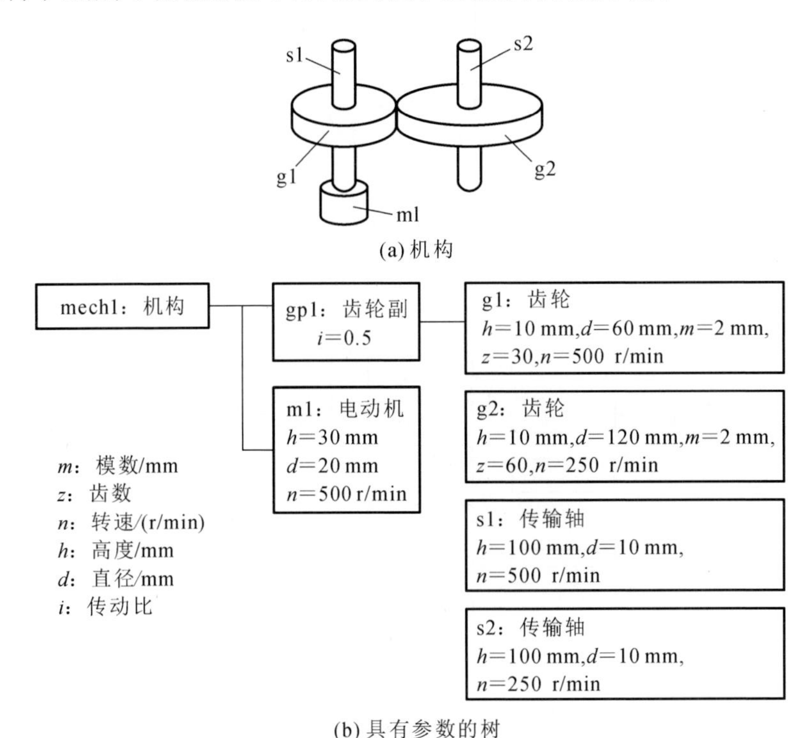

图2-8　基于树的机构建模及树中节点参数的描述

面向对象的编程方法可以用于产品设计结果的建模。抽象产品及其行为可以通过类(class)进行建模。例如，在齿轮类的描述中，其直径 d 可以通过模数 m 和齿数 z 根据 $d=mz$ 的关系来计算。图2-8中的两个齿轮g1和g2是根据齿轮类生成的具体对象(object)。

在所有设计节点中，一些节点可以组合在一起以形成用于特定目的的模块(module)。模块中的零件共同用于满足同一功能或由同一厂商生产。在图2-9中，一些组件可用来组成两个模块，分别表示齿轮箱模块和伞齿轮副模块。

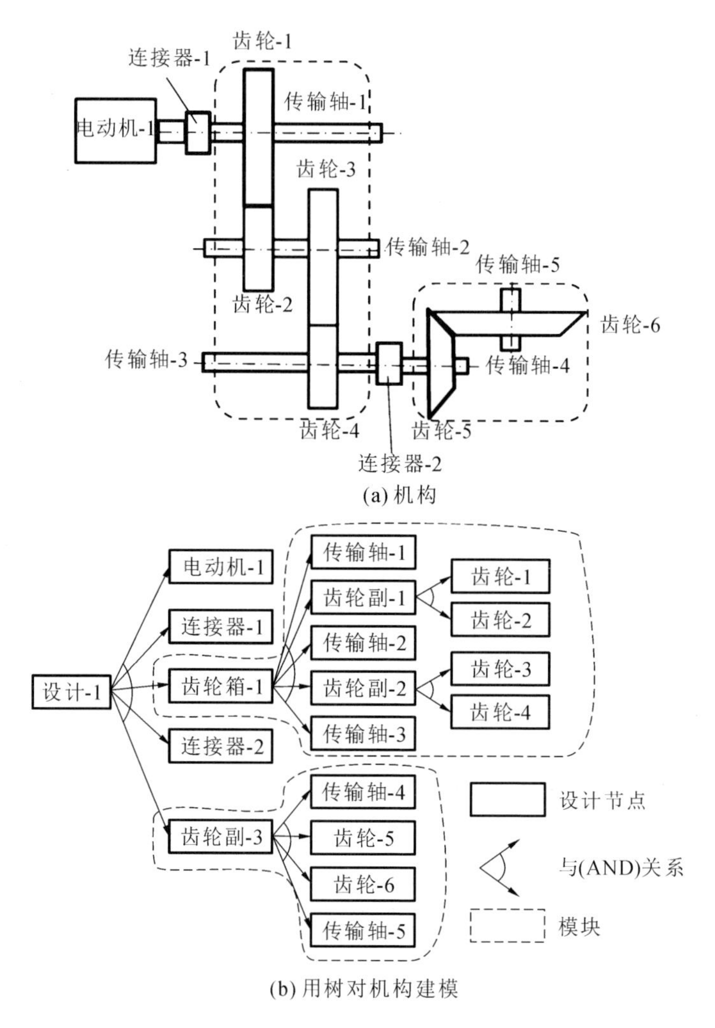

图 2-9 利用带有模块的树对机构建模[13]

2. 基于网络的结构建模

在这种方法中，根据网络中的节点及节点之间的关系对产品进行建模，如图 2-6(b)所示。基于网络的结构模型通常是由功能模型生成的。功能网络通常是用功能和功能之间的关系来建模的。功能之间的关系被称为流(flow)，包括物质流(material flow)、能量流(energy flow)和信息流(information flow)[4]。

由于基于网络的结构模型往往难以表达产品变更，因此，可适应设计的结果往往需要由基于网络的结构模型转变为基于树的结构模型(称为分离结构)[7]。

Fletcher 等[7]考虑产品的不同结构,研究了一般产品可适应性。图 2-10 展示了满足相同要求的两种不同的产品设计结果。从中可发现,采用分离结构(即树结构)建模的设计结果比采用全结构(即网络结构)建模的设计结果具有更好的产品可适应性。

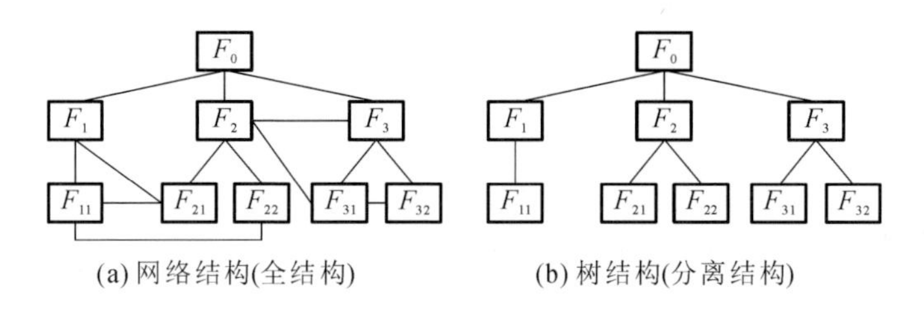

图 2-10 针对相同要求的两种不同设计结果[7]

3. 基于与或树的结构建模

基于与或树的结构建模,如图 2-6(c)所示,是从树的数据结构发展而来的,可以对多个设计结果进行建模,来满足相同的设计功能[8]。当一个产品结构可以被分解成若干子结构时,这些子结构之间的关系是与(AND)关系。当产品结构可以通过不同的子结构来满足时,这些子结构之间的关系是或(OR)关系。通过对与或树进行状态空间搜索,可以产生不同的设计结果[14]。

对于可适应产品,还应考虑在产品运行阶段对组件或模块的变更。图 2-11 描述了由与或树建模的可适应产品。

当可适应产品的不同零件、组件和模块在不同的运行(operation)阶段中需要满足不同的要求时,子节点之间的或(OR)关系被表示为 OR-O 关系。

当可适应产品的不同零件、组件和模块能够同时满足相同的设计(design)要求时,子节点之间的或(OR)关系被表示为 OR-D 关系。在这种情况下,可以产生在某一使用阶段满足设计要求的具有不同设计配置及其参数的多个设计方案。在所有这些备选设计方案中,仅需选择一个作为最终设计方案进行下一步的开发。图 2-11(b)所示为能获得不同的设计结果与配置的可适应产品的通用与或树。具有三种关系类型(即 AND、OR-D 和 OR-O)的与或树被称为混合与或树。

不同的设计方案以及不同使用时间的配置是通过对与或树进行树搜索来

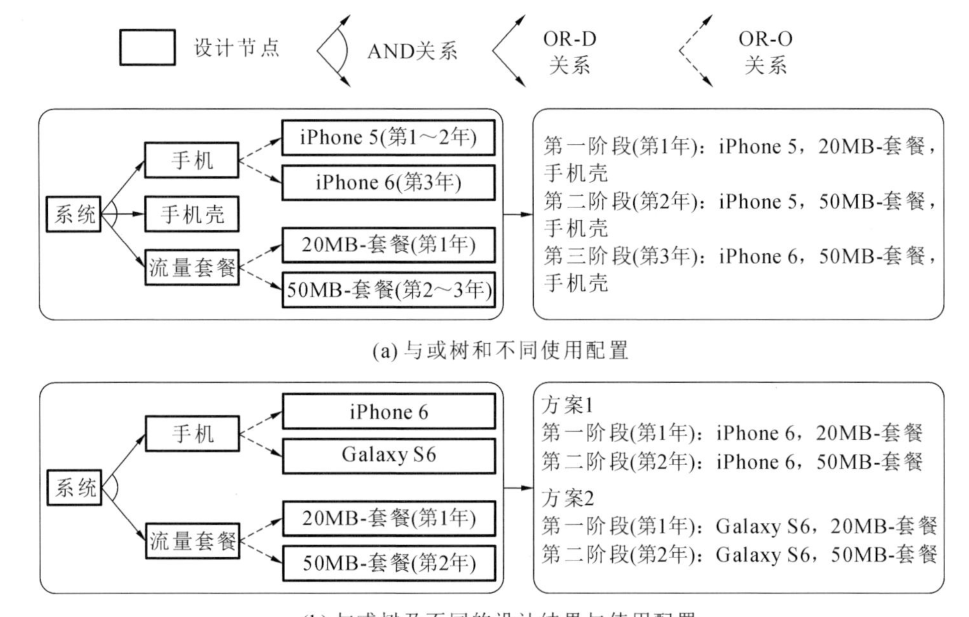

图 2-11　用与或树对可适应产品的建模[13]

实现的[14]。第 4.2 节将讨论通过树搜索产生设计解的设计流程。

2.1.3　功能组件和结构组件之间的关系

功能空间中的设计需求与结构空间中的设计方案有着一定的关系。许多研究是关于如何对这些关系进行建模以及通过设计过程来生成这些关系的。

图 2-12 展示了公理化设计中的映射关系[15]。在这种方法中，通过树结构中的功能需求（functional requirements，FRs）来对设计需求建模，并且通过树结构中的设计参数（design parameters，DPs）来对设计方案建模。从 FRs 到 DPs 的映射是从顶层到底层以锯齿形的方式进行的。

功能需求（FRs）和设计参数（DPs）之间的关系可以通过基于公理化设计的矩阵来建模[1,2]。式（2-1）描述了一个矩阵，用于对图 2-3 所示的功能需求（FRs）和图 2-7 所示的设计参数（DPs）之间的关系进行建模，以评估计算机的产品可适应性。

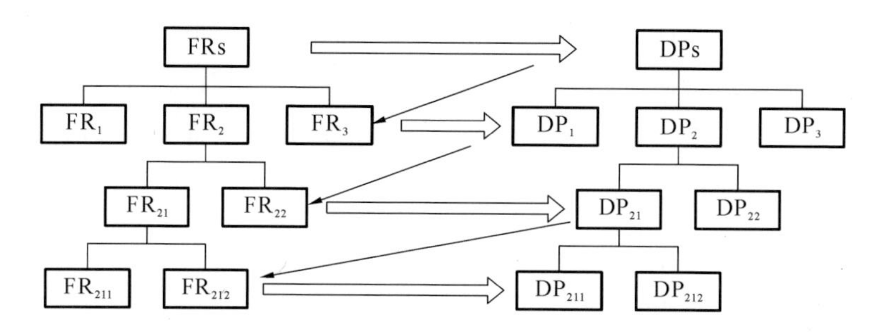

图 2-12 功能需求(FRs)与设计参数(DPs)间的映射[15]

$$
\begin{bmatrix} FR_{11} \\ FR_{12} \\ FR_{13} \\ FR_{14} \\ FR_{21} \\ FR_{22} \\ FR_{23} \\ FR_{24} \\ FR_{25} \\ FR_{26} \\ FR_{27} \\ FR_{28} \\ FR_{31} \\ FR_{32} \\ FR_{33} \end{bmatrix}
=
\begin{bmatrix}
X & 0 & 0 & 0 & 0 & 0 & 0 & 0 & 0 & 0 & 0 & 0 & 0 & 0 & 0 \\
0 & X & 0 & 0 & 0 & 0 & 0 & 0 & 0 & 0 & 0 & 0 & 0 & 0 & 0 \\
0 & 0 & X & 0 & 0 & 0 & 0 & 0 & 0 & 0 & 0 & 0 & 0 & 0 & 0 \\
X & X & 0 & X & 0 & 0 & 0 & 0 & 0 & 0 & 0 & 0 & 0 & 0 & 0 \\
X & 0 & X & X & X & 0 & 0 & 0 & 0 & 0 & 0 & 0 & 0 & 0 & 0 \\
X & 0 & 0 & X & 0 & X & 0 & 0 & 0 & 0 & 0 & 0 & 0 & 0 & 0 \\
X & 0 & 0 & X & 0 & 0 & X & 0 & 0 & 0 & 0 & 0 & 0 & 0 & 0 \\
0 & X & 0 & X & 0 & 0 & 0 & X & 0 & 0 & 0 & 0 & 0 & 0 & 0 \\
0 & X & 0 & X & 0 & 0 & 0 & 0 & X & 0 & 0 & 0 & 0 & 0 & 0 \\
0 & X & 0 & X & 0 & 0 & 0 & 0 & 0 & X & 0 & 0 & 0 & 0 & 0 \\
0 & X & 0 & X & 0 & 0 & 0 & 0 & 0 & 0 & X & 0 & 0 & 0 & 0 \\
0 & X & 0 & X & 0 & 0 & 0 & 0 & 0 & 0 & 0 & X & 0 & 0 & 0 \\
0 & 0 & 0 & 0 & 0 & 0 & 0 & 0 & 0 & 0 & 0 & 0 & X & 0 & 0 \\
0 & X & 0 & 0 & 0 & 0 & 0 & 0 & 0 & 0 & 0 & 0 & 0 & X & 0 \\
0 & 0 & 0 & 0 & 0 & 0 & 0 & 0 & 0 & 0 & 0 & 0 & 0 & 0 & X
\end{bmatrix}
\begin{bmatrix} DP_{11} \\ DP_{12} \\ DP_{13} \\ DP_{14} \\ DP_{21} \\ DP_{22} \\ DP_{23} \\ DP_{24} \\ DP_{25} \\ DP_{26} \\ DP_{27} \\ DP_{28} \\ DP_{31} \\ DP_{32} \\ DP_{33} \end{bmatrix}
\quad (2\text{-}1)
$$

2.2 可适应设计的产品架构

2.2.1 模块化产品

模块化设计旨在使用相对独立的模块来开发产品架构[16-19]。模块被定义为一个组件或一组组件,可以作为一个单元从产品中无损地拆卸。模块化设计通过模块化程度进行评估。由于模块化产品中的模块相对独立,因此这些模块可以单独设计和制造。每个模块都可以方便地进行连接、拆卸、修改、重新定位和更换,以便进行升级、修理、回收或再利用。模块化设计是可适应设计的基础。

在模块化设计中,根据其功能、技术或物理结构,可将相似组件分组为模块[20]。可适应设计中基于功能的模块化设计能够有效地满足不同客户群体的需求。当需要使用不同或新的功能时,可以使用具有所需功能的模块来对产品进行调整。基于功能的模块化设计允许一个产品提供多种/替代功能,以满足不同客户群体的需求。例如,计算机的可重写光碟(CD-RW)驱动器是一个具有外部数据存取/存储功能的模块,当需要进行更大容量的数据存取/存储时,此 CD-RW 驱动器可以升级为 DVD-RW 驱动器或蓝光 RW 驱动器。

还可以根据预期寿命和技术的相似性来确定产品的模块。例如,计算机中的 CPU 和数据通信总线是基于超大规模集成电路(VLSI)技术设计的,这两个组件被分组在该计算机的主板模块中。当不同的组件由于其物理结构需要被分组在一起时,这些组件可以被设计和制造为一个模块。例如,计算机的图形处理单元(GPU)及其冷却风扇必须彼此靠近,这两个单元可以被分组为一个模块。

目前已经出现了许多方法来将具有相似功能、技术和结构的组件组织成模块。Gershenson 等[18]将模块化设计方法分为四大类:检查表方法、设计规则、矩阵操作以及逐步测量和重新设计方法。学者还使用高级计算工具实现了模块化设计,包括模糊数学[21]、优化[22]、遗传算法[23]和模拟退火[24]。

2.2.2 平台与产品族

在平台设计中,许多产品的常见组件被分组为这些产品共享的平台[11,19,20]。共享同一平台的产品通常形成一个系列的产品(产品族)。由于平台设计的目标是通过在一个系列的所有产品中使用公共的平台(主要模块),因此平台设计被认为是模块化设计的延伸,例如,本田思域 DX、EX 和 LX 车型使用相同的平台。

在可适应设计中,可以使用平台设计方法来实现不同的产品功能。当需要某些功能时，将具有这些功能的模块连接到平台上。例如，带有各种附件的手动真空吸尘器是使用平台设计方法开发的可适应产品，该吸尘器可用于清理干灰尘和潮湿泄漏物。

研究人员在平台设计和产品族（系列）设计方面付出了相当大的努力[11,19,20,25]。产品平台可分为两类：模块化平台和可伸缩平台[11]。模块化平台是产品族中所有产品共享组件的集合。一个系列中的不同功能是通过重新配置不同的平台连接模块来实现的[26]。可伸缩平台具有可扩展变量以“拉伸”或“收缩”平台以满足不同的需求[27]，这可通过参数化设计实现。

一种用于平台差异化计划（platform differentiation plan，PDP）的方法被提出来，以提供跨市场的平台杠杆策略[25]。在早期产品规划阶段，PDP 为平台在差异化与组件共享之间寻找到一种平衡。该方法提出了两个指标——差异化指数（differentiation index，DI）和共享机会指数（commonality opportunity index，COI），它们分别代表了产品平台差异化和组件共享的维度。PDP 的有效作用通过一个电子测试设备的案例研究被证明。

2.2.3 开放式架构产品

产品架构决定了产品的功能组件和物理组件之间的集成关系。通常，产品架构可以被定义为“将产品的功能分配给物理组件的方案[28]”。产品架构可以分为两类：封闭式架构和开放式架构[29-31]。

对于封闭式架构产品，不同的产品模块由原始设备制造商（original equipment manufacturer，OEM）规定，包括可重构产品在内的大多数传统产品都属于这一类。开放式架构产品可以被认为是具有平台的产品，不同厂商开发的附加模块可以通过接口连接到平台[32,33]。例如，个人计算机可以被认为是一个开放式架构产品，因为不同厂商开发的各种设备可以通过 USB 接口连接到计算机。挖掘机是开放式架构产品的另一个例子，因为不同生产商提供的不同前端执行设备，如破碎锤、挖斗和铲斗，可以通过接口连接到挖掘机上。

开放式架构产品的特点如下。

（1）开放式架构产品由平台、附加模块及用于连接平台和附加模块的开放式接口组成。

（2）开放式接口的规格、标准等信息向公众开放。

(3) 平台和附加模块通过输入和输出参数定义的关系由开放式接口连接。

(4) 外接附加模块可以是在产品开发阶段设计的特定功能模块,也可以是未来设计和添加的未知模块。

(5) 附加模块既可由原始设备制造商提供,也可由第三方厂商提供。

对于开放式架构产品,由于不同的制造商/客户可以参与附加模块的设计,因此可以实现产品的多样化。开放式架构产品也能够实现产品的可持续性、可适应性、可升级性和可扩展性[30,34]。在产品采购阶段,客户可以根据自己的需求从特定功能模块中选择所需的附加模块。在产品运营阶段,客户可以使用不同的附加模块来更改、升级和扩展功能。

在对开放式架构产品特性进行分析的基础上,Zhang 等[33]对开放式架构产品与大批量制造产品、大规模定制产品、可升级产品和可重构产品进行了比较研究,如表 2-2 所示。

表 2-2　不同类型产品之间的比较[33]

产品类型	对不同需求的满足		使用阶段提供不同功能模块	开放式接口连接个性化功能模块
	采购阶段提供不同选择	使用阶段提供不同选择		
大批量制造产品	否	否	否	否
大规模定制产品	是	否	否	否
可重构产品	否	是	否	否
可升级产品	否	是	是	否
开放式架构产品	是	是	是	是

对于大批量制造产品,其功能由生产商确定,不能更改。对于大规模定制产品,在产品采购阶段其有不同的功能可供客户选择,然而,大规模定制产品通常不能在产品使用阶段进行更改。可重构产品和可升级产品都能够让客户在产品使用阶段更改产品配置,以满足不同的需求。可重构产品通常用于将多个产品替换为单个产品。在产品使用阶段,可重构产品不能添加新的模块。对于可升级产品,可使用新的模块来替代旧的组件/模块,以改进产品的功能。

通常情况下,如图 2-13 所示,开放式架构产品可以用一个平台和开放式接口进行建模,通过该平台和开放式接口可以连接不同来源的不同附加模块,以满足客户的需求。

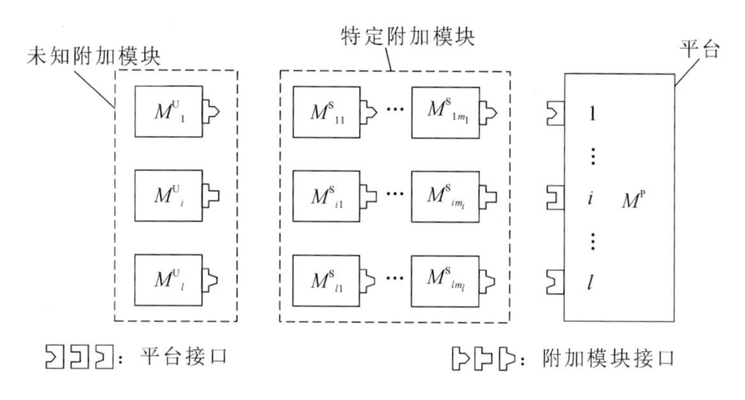

图 2-13　开放式架构产品的平台和附加模块

开放式架构产品的平台(M^{P})由原始设备制造商设计和制造。开放式架构产品的平台可以通过几个开放式接口来连接不同的附加模块。在开放式架构产品中,应同时考虑在产品开发阶段设计的特定附加模块和未来在产品使用阶段可能添加的未知附加模块。

特定附加模块 $M^{S}_{im_i}$($i=1,2,\cdots,l$)是需要在产品设计阶段确定其配置和参数的模块。对于开放式架构产品中平台的每个接口,通常需要设计几个特定附加模块来实现不同的功能。由于在设计阶段确定了特定附加模块的所有设计细节,因此可以预测开放式架构产品与特定附加模块的性能及其相互影响,以评估产品设计方案。未知附加模块 M^{U}_{i}($i=1,2,\cdots,l$)是可以在以后的产品使用阶段中添加的模块。由于未知附加模块的配置和参数不能在设计阶段确定,因此具有未知附加模块的开放式架构产品的性能难以准确评价。通常,未知附加模块由开放式接口参数的约束来定义,例如当接口参数为离散值时,可用离散数据集定义接口约束,当接口参数为连续值时,可用接口参数的上/下边界定义接口约束。

开放式架构产品中的平台和附加模块之间的交互是由开放式接口的输入和输出参数定义的。由于特定附加模块和未知附加模块都需要被考虑,用于平台和附加模块之间交互的接口输入/输出参数应该被分别定义。

(1) 特定附加模块接口的输入/输出参数。由于特定附加模块的设计配置和参数是在产品开发阶段确定的,因此可以根据平台和附加模块的参数计算输入/输出参数的值。

(2) 未知附加模块接口的输入/输出参数。由于在产品开发阶段不能确定未知附加模块的设计配置和参数,因此输入/输出参数的值必须由约束条件确定,包括离散的和连续的参数约束条件。

开放式接口对于开放式架构产品的可适应设计至关重要。如图 2-14 所示,一个开放式接口由一个平台接口(platform interface)和一个接口连接器(interface connector)来描述。此外,平台接口和接口连接器都通过零件和零件之间的装配关系进行描述。开放式接口具有以下特征。

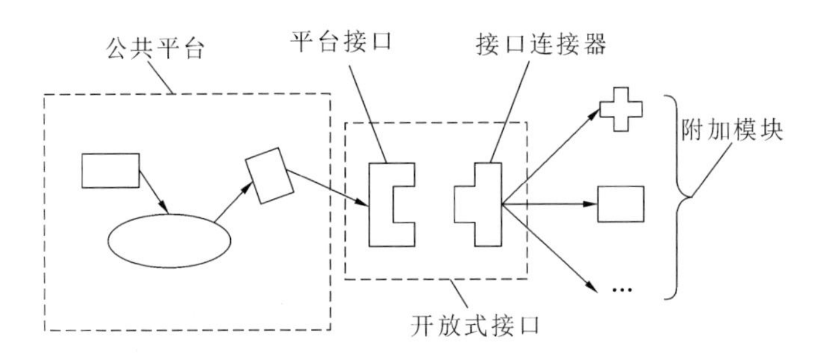

图 2-14 开放式架构产品接口

(1) 开放性:开放式接口的详细信息可供公众查阅,用于个性化附加模块的开发。

(2) 可适应性:各种附加模块可以通过一个开放式接口与公共平台连接与断开,以满足客户不断变化的需求。

接口必须是开放的,使得开放式架构产品具有可适应性。用于连接前端执行设备的挖掘机接口即为开放式接口,该接口的详细信息可供公众查阅。第三方厂商设计制造的破碎锤、挖斗、铲斗等设备可以通过该接口与挖掘机连接,以满足客户在挖掘机使用过程中的各种功能需求。

2.3 可适应接口

由于可适应设计中的组件和模块需要拆卸、再连接和升级,因此必须考虑接口,以确保这些组件/模块之间的相互作用并且保证它们易于拆卸/装配。此外,接口设计在模块化设计和平台设计中也起着重要的作用。

可适应性强的接口将促进模块、平台的重复使用。在模块内提供可适应接口,可以促进子模块和模块内关键组件的重复利用,例如,可使用可适应接口将附加模块装配到为一系列产品而设计制造的公共平台。可适应接口也可用于产品的升级。

不同类型的接口,包括开放式接口、可适应接口和标准化接口,均有利于产品的个性化、可持续性、可适应性和产品多样性[30,31,35]。表 2-3 对不同类型的接口进行了比较。

表 2-3　接口分类

接口类型	定义	例子	潜在影响与意义
封闭式接口	仅用来连接产品设计过程中确定好的模块的接口	·汽车中用于连接发动机的接口 ·打印机中用于连接硒鼓的接口	·不用特别考虑客户的拆装难易程度 ·支持产品与技术的封闭式创新 ·不需要考虑标准化程度 ·封闭式的商业模式 ·不太支持客户对产品的个性化需求
开放式接口	用来连接各类未知的、可以由第三方供应商提供模块的接口	·挖掘机中用于连接前端执行设备的接口 ·用于连接不同功能模块的 USB 接口	·需要便于客户的拆装 ·支持产品与技术潜在的开放式创新 ·需要具有可适应性 ·需要标准化 ·开放式的商业模式 ·支持客户对产品的个性化需求 ·支持产品多样化
可适应接口	接口零部件及其装配关系能够在产品使用阶段简单进行可适应性调整以满足不同的连接需求	·相机中用于连接不同镜头的接口 ·车床中用于连接尾架的接口	·满足多变的客户/市场需求 ·支持产品多样化 ·有利于产品的升级更新

续表

接口类型	定义	例子	潜在影响与意义
不可适应/固定式接口	接口零部件及其装配关系在产品使用阶段不能进行可适应性调整以满足不同的连接需求	·汽车中用于连接发动机的接口 ·电视机中用于连接显示屏的接口	·满足特定的产品功能需求 ·性能可以优化 ·不利于提高产品可适应性 ·有利于更紧凑的结构与零部件/模块的功能共享
标准化接口	在工业界或者国际组织中已经标准化的接口	·电插座中用于连接插头的接口 ·用于连接不同功能模块的USB接口	·有利于大批量的零部件生产以降低价格 ·有利于产品的开发管理 ·有利于提高零部件的互换性 ·有利于产品的升级更新
非标准化接口	在工业界或者国际组织中没有被标准化的接口	·汽车中用于连接车灯的接口 ·腕表中用于连接背面盖子的接口	·制造加工成本相对较高 ·不考虑零部件的互换性 ·性能可以优化

虽然可适应接口、开放式接口和标准化接口之间存在一定的相似性，但根据表2-3，可适应接口与开放式接口和标准化接口是不同的。

可适应接口可能不是开放式接口，因为由可适应接口连接的模块不一定允许由第三方厂商设计制造。例如，与尾架连接的车床接口是一个可适应接口而不是开放式接口，因为第三方供应商提供的尾架不允许与车床连接。另外，开放式接口(例如，USB接口和挖掘机接口)一定是可适应接口，因为允许在产品制造阶段和运行阶段将附加模块连接到开放式接口。对于可适应接口，仅考虑产品使用阶段的可适应性。

接口的标准化有利于提高开放式接口与可适应接口的可适应性。然而，开放式接口和可适应接口不一定是标准化接口。例如，挖掘机接口是开放式接口，但不是标准化接口，因为不同的挖掘机制造商设计的开放式接口不同。另外，由于不同来源的附加模块可能不被允许连接到原始产品，因此标准化接口可能不是开放式接口。例如，移动电话充电器接口被认为是标准化接口，因为来自特定制造商的不同类型的移动电话的充电器接口是相同的，然而，移动电话充电器接口不是开放式接口，因为第三方供应商提供的一些充电器不允许连接到移动电话上。

2.4 可适应产品的装配和拆卸

2.4.1 产品装配建模

2.4.1.1 定义和假设

产品装配建模的定义和假设如下[36]。

1. 定义

(1) 基础平台模块：在产品装配中作为其他模块的支撑模块，整个产品的装配是在此模块上依次添加其他模块完成的。

(2) 基体部件：产品功能模块内部的基础平台零件，整个产品模块的装配是在此零件上依次添加其他零件完成的。

2. 假设

(1) 不能在子部件中安装的模块可以分为几个子部件或子组件进行装配，它们仍处于物料清单(bill of material，BOM)的同一层级。模块划分后，将分离的零部件作为模块处理，以规划与其他模块的装配顺序。

(2) 从产品设计中可知装配模块的类型。

(3) 装配操作仅考虑六个平移方向，分别用全局坐标系和局部坐标系描述产品的模块和零部件的位置。

2.4.1.2 物料清单

如图 2-15 所示，物料清单用于描述产品的层级结构。其中，M_k 代表模块，P_{b^k} 是 M_k 中的零件 b，b 是模块 M_k 中零件的总数，而 k 是产品中功能模块的总数。

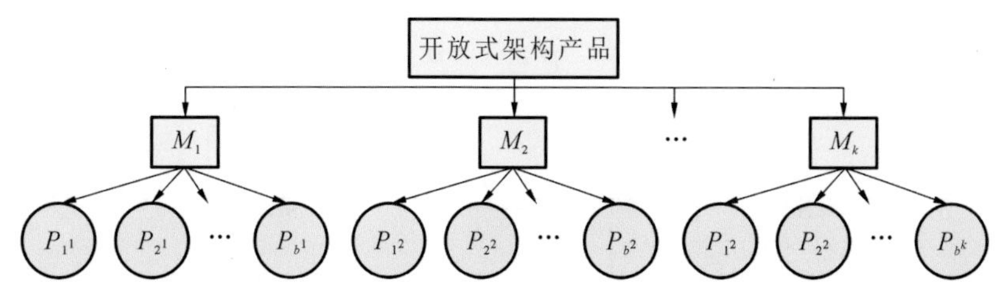

图 2-15 物料清单

2.4.1.3 产品结构图和装配约束矩阵

结构图 $G=\{P,E,W\}$ 用于描述产品装配的优先顺序，其中 $P=\{P_{1^1},P_{2^1},\cdots,P_{b^1},P_{1^2},P_{2^2},\cdots,P_{b^2},\cdots,P_{1^k},P_{2^k},\cdots,P_{b^k}\}$ 表示产品的零部件，称为节点。$E=\{E_1,E_2,\cdots,E_n\}$ 是连接节点的一组无向边，$W=\{W_1,W_2,\cdots,W_m\}$ 是连接节点的一组有向边。一个装配集由 $\{P,\mathbf{AC}\}$ 定义。$\mathbf{AC}=[\mathrm{ac}_{ij}]$ 表示两个零件的连接关系，其中 $\mathrm{ac}_{ij}=1,-1,2,9,-9$。$\mathrm{ac}_{ij}=-\mathrm{ac}_{ji}$。当 $i=j$ 时，$\mathrm{ac}_{ij}=\mathrm{ac}_{ji}=0$。$\mathrm{ac}_{ij}$ 表示的装配约束关系如下：

$\mathrm{ac}_{ij}=1$ 表示 P_i 和 P_j 之间存在连接关系，但 P_i 必须在 P_j 之前装配；

$\mathrm{ac}_{ij}=-1$ 表示 P_i 和 P_j 之间存在连接关系，但 P_i 必须在 P_j 之后装配；

$\mathrm{ac}_{ij}=2$ 表示 P_i 和 P_j 之间存在连接关系，且 P_i 可以在 P_j 之前或之后装配；

$\mathrm{ac}_{ij}=9$ 表示 P_i 和 P_j 之间没有连接关系，但 P_i 必须在 P_j 之前装配；

$\mathrm{ac}_{ij}=-9$ 表示 P_i 和 P_j 之间没有连接关系，但 P_i 必须在 P_j 之后装配。

方程(2-2)中 $\mathbf{AC}_k$ 是表示模块 M_k 中零部件之间装配约束关系的矩阵。方程(2-3)中 $\mathbf{SM}_k$ 定义了 M_k 中零部件和其他模块中组件的装配约束关系。方程(2-4)中 $\mathbf{MM}_{ij}$ 描述模块 M_i 中零部件 $P_{1^i},P_{2^i},\cdots,P_{b^i}$ 与模块 M_j 中零部件 $P_{1^j},P_{2^j},\cdots,P_{b^j}$ 之间的装配约束关系。

$$\mathbf{AC}_k=\begin{array}{c} \\ P_{1^k} \\ P_{2^k} \\ \vdots \\ P_{b^k} \end{array}\begin{array}{c} \begin{array}{cccc} P_{1^k} & P_{2^k} & \cdots & P_{b^k} \end{array} \\ \begin{bmatrix} 0 & \mathrm{ac}_{1^k2^k} & \cdots & \mathrm{ac}_{1^kb^k} \\ \mathrm{ac}_{2^k1^k} & 0 & \cdots & \mathrm{ac}_{2^kb^k} \\ \vdots & \vdots & & \vdots \\ \mathrm{ac}_{b^k1^k} & \mathrm{ac}_{b^k2^k} & \cdots & 0 \end{bmatrix} \end{array} \tag{2-2}$$

$$\mathbf{SM}_k=\begin{array}{c} \\ P_{1^k} \\ P_{2^k} \\ \vdots \\ P_{b^k} \end{array}\begin{array}{c} \begin{array}{cccc} P_{1_r^k} & P_{2_r^k} & \cdots & P_{c_r^k} \end{array} \\ \begin{bmatrix} 0 & \mathrm{sm}_{1^k2_r^k} & \cdots & \mathrm{sm}_{1^kc_r^k} \\ \mathrm{sm}_{2^k1_r^k} & 0 & \cdots & \mathrm{sm}_{2^kc_r^k} \\ \vdots & \vdots & & \vdots \\ \mathrm{sm}_{b^k1_r^k} & \mathrm{sm}_{b^k2_r^k} & \cdots & 0 \end{bmatrix} \end{array} \tag{2-3}$$

$$\mathbf{MM}_{ij} = \begin{array}{c} \\ P_{1^i} \\ P_{2^i} \\ \vdots \\ P_{b^i} \end{array} \begin{array}{c} \begin{array}{cccc} P_{1^j} & P_{2^j} & \cdots & P_{b^j} \end{array} \\ \begin{bmatrix} 0 & \mathrm{ac}_{1^i 2^j} & \cdots & \mathrm{ac}_{1^i b^j} \\ \mathrm{ac}_{2^i 1^j} & 0 & \cdots & \mathrm{ac}_{2^i b^j} \\ \vdots & \vdots & & \vdots \\ \mathrm{ac}_{b^i 1^j} & \mathrm{ac}_{b^i 2^j} & \cdots & 0 \end{bmatrix} \end{array} \tag{2-4}$$

式中：$M_k=\{P_{1^k},P_{2^k},\cdots,P_{b^k}\}$；$P_{1_r^k},P_{2_r^k},\cdots,P_{c_r^k}$ 为 M_k 外的零部件；$i=\{P_{1^k},P_{2^k},\cdots,P_{b^k}\}$，$j=\{P_{1_r^k},P_{2_r^k},\cdots,P_{c_r^k}\}$；$\mathrm{sm}_{ij}$ 具有与 ac_{ij} 相同的值；$\mathbf{AC}_k$、$\mathbf{SM}_k$ 和 $\mathbf{MM}_{ij}$ 是 $\mathbf{AC}$ 的子矩阵。

以图 2-16 所示产品模块及其结构为例，如果零件 P_{1^1} 和 P_{2^1} 有连接关系，并且 P_{2^1} 在 P_{1^1} 之前装配，则使用实心线连接 P_{2^1} 到 P_{1^1}，矩阵中 $\mathrm{ac}_{ij}=1$，$i=1^1$，$j=2^1$。如果零件 P_{1^1} 与 P_{4^1} 之间不存在连接关系，并且 P_{4^1} 在 P_{1^1} 后装配，则在图中使用虚线连接，方向为 P_{1^1} 到 P_{4^1}，矩阵中 $\mathrm{ac}_{ij}=9$，$i=1^1$，$j=4^1$。如方程(2-5)所示，对于零件 P_{1^1} 与 P_{3^1} 无顺序要求的装配，$\mathrm{ac}_{ij}=2$，$i=1^1$，$j=3^1$。

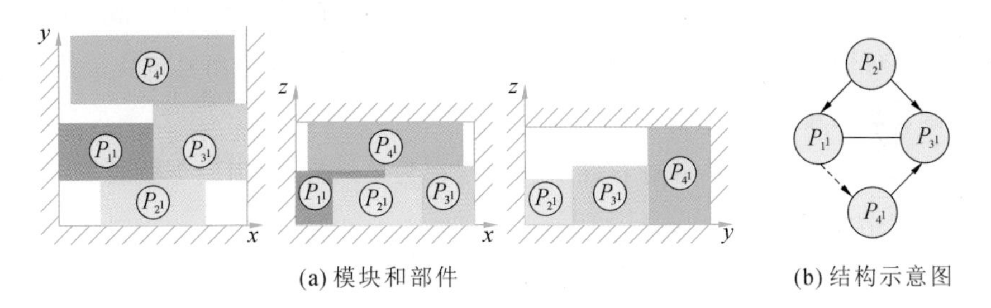

(a) 模块和部件　　(b) 结构示意图

图 2-16　产品模块及其结构示意图

$$\mathbf{AC}_1 = \begin{array}{c} \\ P_{1^1} \\ P_{2^1} \\ P_{3^1} \\ P_{4^1} \end{array} \begin{array}{c} \begin{array}{cccc} P_{1^1} & P_{2^1} & P_{3^1} & P_{4^1} \end{array} \\ \begin{bmatrix} 0 & -1 & 2 & 9 \\ 1 & 0 & 1 & 0 \\ 2 & -1 & 0 & 1 \\ -9 & 0 & -1 & 0 \end{bmatrix} \end{array} \tag{2-5}$$

2.4.1.4　方向矩阵

方向矩阵(direction matrix，DM)描述可行的零件装配方向，即在 xyz 坐标系中 x、$-x$、y、$-y$、z 和 $-z$ 六个平移方向。$\mathbf{DM}=[\mathrm{dm}_{oj}]^{6\times i}=\{x,-x,y,-y,z,-z\}$表示产品装配的一个方向集。$\mathrm{dm}_{oj}=0$ 或 1，其中 1 表示该零件可以沿

该方向装配，0 表示该零件不能沿该方向装配。图 2-16 所示模块的方向矩阵如下。

$$\mathbf{DM} = [\mathrm{dm}_{oj}]^{6\times b_k} = \begin{matrix} \\ x \\ -x \\ y \\ -y \\ z \\ -z \end{matrix} \begin{matrix} P_{1^1} & P_{2^1} & P_{3^1} & P_{4^1} \\ \end{matrix} \begin{bmatrix} 0 & 0 & 0 & 0 \\ 0 & 0 & 0 & 0 \\ 1 & 1 & 1 & 1 \\ 0 & 0 & 0 & 0 \\ 0 & 0 & 0 & 0 \\ 0 & 0 & 0 & 0 \end{bmatrix} \tag{2-6}$$

2.4.1.5 子装配中模块的装配可行性分析

子装配指一组零件可以被独立安装到产品中，或者一个产品模块可以被独立安装到产品中而不与其他模块或组件发生干涉。根据方程(2-3)，可通过以下步骤来检查一个模块是否可以独立操作。

(1) 通过属于不同模块的两个或多个零件来检查模块中零件的嵌入情况。

(2) 对于 $\mathbf{SM}_k$ 中的任何列元素，如果它们不仅包含正值而且包含负值(除 2 外)，则模块装配不能一次完成。

(3) 根据方向矩阵，除非存在所有元素都为 1 的行，否则一个模块不能在一次子装配中完成装配。

如果一个模块可以装配成一个子装配，则可以直接使用产品物料清单作为层级结构图来引导模块的装配顺序，否则模块应被分为若干子模块或部件独立装配。其分离规则如下。

(1) 如果 M_k 中有一个部件 P_i 被其他模块的部件围绕，则将 P_i 与其他模块分离。

(2) 如果 $\mathbf{SM}_k$ 中的一个元素为负，则该元素的相应零件必须在该元素列中的其他零件之后装配，因此应将带有负元素的行中相应部件分离。

(3) 分离后的零件加入模块的同一结构层级。该过程持续进行直到所有模块检查完毕，应对产品结构图进行相应调整。

图 2-17 所示的变速箱是基于模块化设计的产品，其由 M_1、M_2、M_3 和 M_4 四个模块组成。其中模块 M_4 是用于安装其他模块的平台模块，但由于 M_1、M_2 和 M_3 被嵌入 M_4 中，因此 M_4 不能在单个操作中装配。其调整后的结构如图

2-18 所示，在装配过程中，分离的零件和 M_4 处于相同的操作层次。

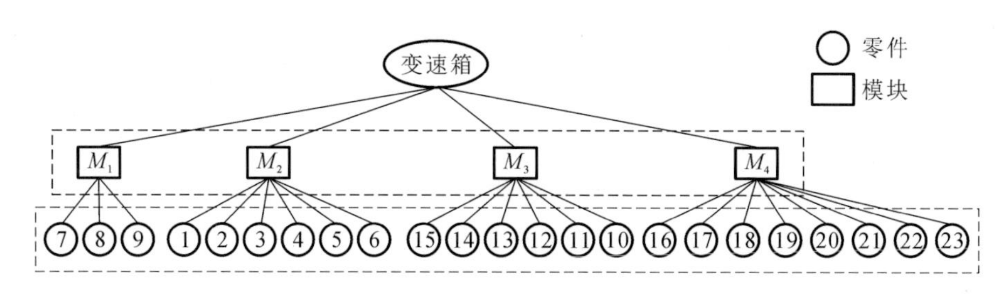

图 2-17 原变速箱结构图

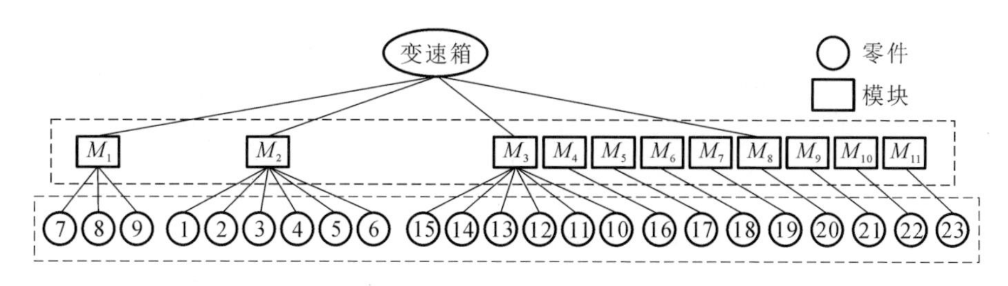

图 2-18 调整后变速箱结构图

2.4.2 拆卸操作建模

拆卸用于在产品维护中更换故障部件，或回收寿命终止产品的可重复使用部件以减小对环境的影响并最大限度地利用资源。在零件维修或回收过程中，必须用拆卸操作将产品分离成零部件。拆卸是分解产品的关键操作。拆卸规划确保产品拆卸的可行性[37]。

2.4.2.1 产品拆卸的约束条件

约束条件确定产品的装配连接关系，通常可以构建一个多级约束矩阵来表示产品中零件的关系[38]。在不考虑破坏性拆卸方法的情况下，考虑拆卸顺序时可能会绕开那些只能通过破坏性方式拆卸的方案。产品的装配约束条件中应包括那些通过破坏性方法拆卸的约束。因此零件的连接关系约束包括下面两类，可以通过相应的操作对它们进行拆卸[39]。

(1) 紧固件约束(F)：紧固件约束通常用于使用螺栓和螺钉的螺纹连接。通常情况下，螺丝刀和扳手是拆卸这类约束的常用工具。紧固件可通过工具以无损方式拆卸。

（2）破坏性约束（D）：这种类型的约束只能以破坏性的方式去除，例如通过胶合、焊接、铆接等方式连接的部件。我们定义具有破坏性约束的部件为不能拆卸（unable to disassembly，UTD）部件。

对于只能通过破坏性方式去除的约束（即装配关系），将其确定为D类约束。在拆卸顺序搜索过程中，要么使用破坏性方式，要么考虑用非破坏性方式绕过。虽然破坏性拆卸操作可能需要更多的能量，但它得到目标零件所需要拆除的中间部件少，从而可以缩短总拆卸时间。

2.4.2.2 多级约束矩阵和紧固件矩阵

产品详细信息可记录在树形结构中，树形结构的层级关系是根据产品的物料清单形成的[38]，据此可构建多级约束矩阵。多级约束矩阵表示产品模型在笛卡儿坐标系中沿$\pm x$、$\pm y$、$\pm z$方向的一个零件和其他零件之间的约束关系[39]。

对于有n个零件的装配集$A=\{A_1, A_2, \cdots, A_n\}$，其对应的约束可用一个$n\times n$矩阵表示，矩阵中的每个元素是一个6位数数组。元素$a_{ijd}$表示组件$i$和组件$j$之间沿着方向$d$的约束关系，$i, j=1, 2, \cdots, n$，$d\in\{\pm x, \pm y, \pm z\}$。其中$a_{ijd}=1$表示组件$j$阻止组件$i$沿着方向$d$移动，$a_{ijd}=0$表示组件$j$不阻止组件$i$沿着方向$d$移动。当$i=j$时，在任何方向上$a_{ijd}=0$。因此约束矩阵对角线上的所有元素都是000000。

选择性拆卸是有目的地拆除特定需要更换的零件。选择性拆卸的第一步是拆除包括目标部件在内的最低级子装配。为了从产品中拆除子装配或零部件，至少需要一个可移动的拆卸方向，即至少有一个不被其他部件阻挡的可拆卸方向。沿方向d确定组件i的方程如下：

$$a_{id} = a_{i1d} + a_{i2d} + \cdots + a_{ind} \tag{2-7}$$

式中：n是子装配中零件的数量。

只有当$a_{i1d}=a_{i2d}=\cdots=a_{ind}=0$时，$a_{id}$才为0，并且零件$i$可以沿着$d$方向被拆除，否则零件$i$在$d$方向暂时被其他零件阻挡。

当第一列中所有元素都为000000时，该列将从约束矩阵中删除。拆卸一个零件后，零件所在行也会被删除，因此约束矩阵大小会逐渐减小。减小的矩阵降低了规划过程复杂度并提高了拆卸顺序的规划效率。

紧固件-零部件矩阵用于表示紧固件对零部件的约束。在紧固件-零部件矩阵中，行和列的交叉元素分别表示零部件和紧固件。“1”表示零件可通过非破坏性拆卸操作拆除的紧固件约束，而"0"表示零件和紧固件之间没有约束，"2"表示只有通过破坏性操作才能解除零件连接。拆卸零件时，应先拆下紧固件。

2.5 总结

可适应产品建模是可适应设计中的关键问题之一。可适应设计建模包括：合理化产品功能和结构建模、可适应产品架构建模和可适应接口建模。

本章首先介绍了合理化产品功能和结构建模的各种需求和方法。然后在考虑不同类型的模块和这些模块之间接口的情况下，介绍了对可适应产品的架构进行建模的方法。随后提供了一种可适应接口建模方法，用于定义不同类型模块之间的连接和交互关系。本章还讨论了可适应产品操作所需要的装配和拆卸方法。

可适应设计过程会产生多种候选设计方案供设计者选择。需要对不同设计方案进行评估，以选择最佳的设计方案。可适应设计的评价方法将在第 3 章进行讨论。

本章参考文献

[1] SUH N P. The principles of design [M]. New York: Oxford University Press, 1990.

[2] SUH N P. Axiomatic design: advances and applications [M]. New York: Oxford University Press, 2001.

[3] YOSHIKAWA H. General design theory and a CAD system [C]//SATA T, WARMAN E. Man-Machine Communication in CAD/CAM: Proceedings of the IFIP WG5.2-5.3 Working Conference. New York: North-Holland Pub. co., 1981.

[4] PAHL G, BEITZ W. Engineering design: a systematic approach [M]. Berlin: Springer-Verlag, 1988.

[5] ERDEN M S, KOMOTO H, VAN BEEK T J, et al. A review of function modeling: approaches and applications [J]. Artificial Intelligence for Engi-

neering Design Analysis and Manufacturing,2008,22(2):147-169.

[6] CHENG Q,ZHANG G J,LIU Z F,et al. A structure-based approach to evaluation product adaptability in adaptable design [J]. Journal of Mechanical Science and Technology,2011,25(5):1081-1094.

[7] FLETCHER D,BRENNAN R W,GU P H. A method for quantifying adaptability in engineering design [J]. Concurrent Engineering: Research and Applications,2009,17(4):279-289.

[8] XUE D Y. A multi-level optimization approach considering product realization process alternatives and parameters for improving manufacturability [J]. Journal of Manufacturing Systems,1997,16(5):337-351.

[9] SHAH J J,MANTYLA M. Parametric and feature-based CAD/CAM: concepts, techniques, and applications [M]. New York: John Wiley & Sons,1995.

[10] OTTO K N,WOOD K L. Product design :techniques in reverse engineering and new product development [M]. Upper Saddle River: Prentice Hall,2000.

[11] SIMPSON T W,SIDDIQUE Z,ROGER JIAO J. Product platform and product family design methods and applications [M]. New York:Springer,2007.

[12] LYU G L,CHU X N,XUE D Y. Product modeling from knowledge,distributed computing and lifecycle perspectives: a literature review [J]. Computers in Industry,2017,84:1-13.

[13] MARTINEZ M,XUE D Y. A modular design approach for modeling and optimization of adaptable products considering the whole product lifecycle spans [J]. Journal of Mechanical Engineering Science, 2018, 232 (7):1146-1164.

[14] RUSSELL S, NORVIG P. Artificial intelligence: a modern approach [M]. 2nd ed. Upper Saddle River:Prentice Hall,2003.

[15] ZHAO C,PENG Q J,GU P H. Development of a paper-bag-folding machine using open architecture for adaptability [J]. Proceedings of the In-

stitution of Mechanical Engineers, Part B: Journal of Engineering Manufacture, 2015, 229(1_suppl): 155-169.

[16] KAMRANI A K, SALHIEH S M. Product design for modularity [M]. 2nd ed. New York: Springer, 2002.

[17] GERSHENSON J K, PRASAD G J, ZHANG Y. Product modularity: measures and design methods [J]. Journal of Engineering Design, 2004, 15(1): 33-51.

[18] GERSHENSON J K, PRASAD G J, ZHANG Y. Product modularity: definitions and benefits [J]. Journal of Engineering Design, 2003, 14(3): 295-313.

[19] JOSE A, TOLLENAERE M. Modular and platform methods for product family design: literature analysis [J]. Journal of Intelligent Manufacturing, 2003, 16(3): 371-390.

[20] JIAO J X, SIMPSON T W, SIDDIQUE Z. Product family design and platform-based product development: a state-of-the-art review [J]. Journal of Intelligent Manufacturing, 2007, 18(1): 5-29.

[21] TSAI Y T, WANG K S. The development of modular-based design in considering technology complexity [J]. European Journal of Operational Research, 1999, 119(3): 692-703.

[22] GU P H, SOSALE S. Product modularization for life cycle engineering [J]. Robotics and Computer-Integrated Manufacturing, 1999, 15(5): 387-401.

[23] KAMRANI A K, GONZALEZ R. A genetic algorithm-based solution methodology for modular design [J]. Journal of Intelligent Manufacturing, 2003, 14(6): 599-616.

[24] DA CUNHA C, AGARD B, KUSIAK A. Design for cost: module-based mass customization [J]. IEEE Transactions on Automation Science and Engineering, 2007, 4(3): 350-359.

[25] CAI Y L, NEE A Y C, LU W F. Platform differentiation plan for platform leverage across market niches [J]. Annals of the CIRP, 2008, 57(1):

141-144.

[26] MEYER M H, LEHNERD A P. The power of product platform-building value and cost leadership [M]. New York: Free Press, 1997.

[27] SIMPSON T W, MAIER J R, MISTREE F. Product platform design: method and application [J]. Research in Engineering Design, 2001, 13 (1): 2-22.

[28] ULRICH K T. The role of product architecture in the manufacturing firm [J]. Research Policy, 1995, 24(3): 419-440.

[29] ALTINTAS Y, MUNASINGHE W K. A hierarchical open-architecture CNC system for machine tools [J]. CIRP Annals, 1994, 43(1): 349-354.

[30] KOREN Y, HU S J, GU P H, et al. Open-architecture products [J]. CIRP Annals, 2013, 62(2): 719-729.

[31] ZHANG J, CHEN Y L, XUE D Y, et al. Robust design of configurations and parameters of adaptable products [J]. Frontiers of Mechanical Engineering, 2014, 9(1): 1-14.

[32] KOREN Y. The global manufacturing revolution: product-process-business integration and reconfigurable systems [M]. New York: John Wiley and Sons, 2010.

[33] ZHANG J, XUE D Y, GU P H. Adaptable design of open architecture products with robust performance [J]. Journal of Engineering Design, 2015, 26(1-3): 1-23.

[34] FERRER G. Open architecture, inventory pooling and maintenance modules [J]. International Journal of Production Economics, 2010, 128(1): 393-403.

[35] GU P H, XUE D Y, NEE A Y C. Adaptable design: concepts, methods, and applications [J]. Proceedings of the Institution of Mechanical Engineers, Part B: Journal of Engineering Manufacture, 2009, 223 (11): 1367-1387.

[36] MA H Q, PENG Q J, ZHANG J, et al. Assembly sequence planning for open-architecture products [J]. The International Journal of Advanced

Manufacturing Technology,2018,94(5-8):1551-1564.
[37] LUO Y T,PENG Q J. Disassembly sequence planning for product maintenance [C]//Proceedings of ASME 2012 International Design Engineering Technical Conferences and Computers and Information in Engineering Conference. New York:ASME,2012:601-609.
[38] LUO Y T,PENG Q J,GU P H. Integrated multi-layer representation and ant colony search for product selective disassembly planning [J]. Computers in Industry,2016,75:13-26.
[39] WANG H Y,PENG Q J,ZHANG J,et al. Selective disassembly planning for the end-of-life product [J]. Procedia CIRP,2017,60:512-517.

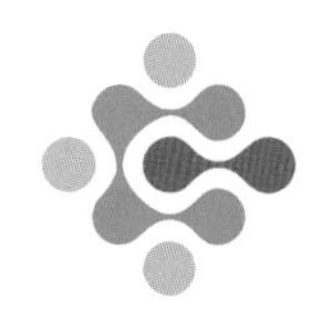

第3章 可适应设计评价方法

3.1 工程设计评价方法

在工程设计中,从客户需求到设计、制造和运行等产品的全生命周期都需要在设计过程中被评价。评价指标对于在设计过程中准确识别并生成最佳设计方案发挥着重要作用。

任何设计和制造活动都有两个共同的特点,如图3-1所示。第一,进行一项活动以实现一系列目标。第二,一项活动往往需要成本。设计目标可以通过设计需求和约束条件来表示。由于往往希望将成本降至最低,因此成本通常被视作设计的重要评价标准。参考公理化设计中的信息公理[1],我们可以将设计和制造活动的“总成本”称为“信息内容”。

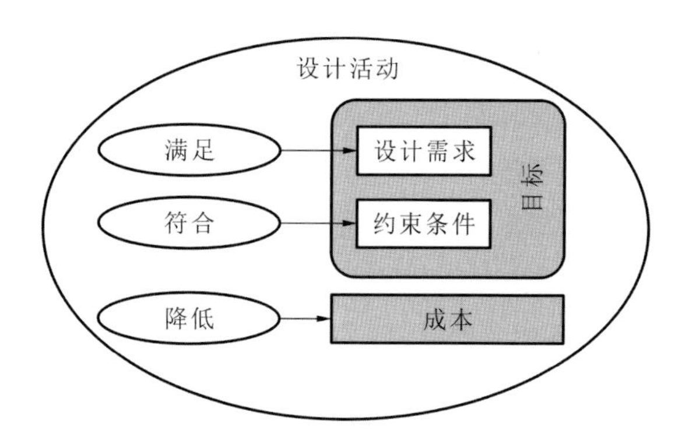

图3-1 设计活动的共同特征

在可适应设计中,可适应性可以认为是系统或产品的效用的扩展。在可适应设计的背景下,“总成本”不仅代表设计资源的消耗,也代表任何工程活动的资源消耗,包括改造现有产品以满足不同需求过程中的消耗。

在第 2 章我们讨论了可适应设计中的不同建模方法。本章将介绍可适应设计的评价方法,以选择最佳可适应设计方案。

3.2 可适应性的评估方法

产品的可适应变更通常是通过对产品结构进行改变实现的,以便在不同的条件下使产品具有不同的功能。可适应设计是在设计过程中进行产品设计的更改,以便利用同一已知设计来开发新的或不同的产品。产品的可适应性和设计的可适应性的关键要素都是“变更”。因此,为了使产品有更好的可适应性,必须有好的产品设计变更方法,以提高产品与设计的可适应性。

我们这里考虑两种不同的情况。首先,在具体的可适应性已知的情况下,产品可以依据这些已知的可适应性的需要去设计。这是一个可适应设计的过程,其中具体的可适应性被视为设计要求。具体的可适应性称为狭义可适应性。其次,在具体的可适应性未知的情况下,通常可以通过产品结构的设计使其具有可适应性。不考虑具体要求的可适应性称为一般可适应性或广义可适应性。

可适应性评估指标的分类汇总如表 3-1 所示。设计可适应性和产品可适应性与其他评估指标(如性能和成本)一起用于从候选设计方案中确定最佳设计方案。

表 3-1 可适应性评估指标分类

需求		产品生命周期的不同阶段	
		设计可适应性	产品可适应性
新的需求	已知具体的要求	具体设计可适应性	具体产品可适应性
	只有抽象的要求	一般设计可适应性	一般产品可适应性

1. 具体可适应性

可适应设计中的具体可适应性描述了在初始设计阶段产品或设计的使用功能的变化是可预测的。具体可适应性既适用于产品的可适应性,也适用于设计的可适应性。

具体产品可适应性是衡量产品在运行阶段可适应能力的一种指标。产品的可适应设计使其可以扩展应用到不同的使用模式中。我们将这种特性称为“额外功能”。我们可以通过变更产品的零件或组件获得额外功能。这些额外功能可以利用现有部件或模块来获得，虽然这些功能在原始设计中并未被考虑。这些功能也可通过对产品结构中零部件的更改来实现。如果目的是用一个可适应产品替代两个或多个产品，则这个目的可以通过更换模块和重构配置等方式实现。在扩展产品使用性的过程中，可以更改产品的功能以适应不断变化的需求或工作条件。我们也可以利用新技术来增加功能。因此，可适应产品是可升级的。故对未来可能需求功能的预测变得很重要。可适应产品的案例包括可适应房屋和可升级的计算机系统。

只有当基于可适应性来设计产品，并且这些设计的要求事先已知时，具体可适应性才适用。此时，一种可适应设计可以取代多种设计。作为一项额外的好处，不同的生产工艺以及制造的零件可以在这些可适应产品的不同配置中共享。

产品和设计的具体可适应性要求未来产品和设计的变化可以预测。预测信息可以用来指导特定的可适应设计，以实现产品的多功能性、多样性、定制和升级。下面会详细说明这些类别的可适应性。应该指出的是，这些类别并不是相互排斥的，并且，它们之间可能有重叠。

多功能性是指将一种功能变更为另一种功能时，不需要对产品进行重大更改。因为多功能产品是为多种功能而设计的，产品的变更并不困难。多功能性通常适用于基于客户需求的产品的可适应性。Gu 和 Slevinsky[2] 给出了一个机械总线设计的案例。

多样性与生产商（制造商）有关，是指使用相同的设计（蓝图）生产多种产品。

定制是指根据客户的喜好来变更产品。SONY 摄像机的各种特性和功能，例如图像稳定器、数字变焦和侧屏幕，都以可选单元的形式进行设计。许多模型可以很容易地通过各种模块的不同组合来建立，以响应不同的客户偏好。这种可适应性既适用于产品，也适用于设计。

升级是将现有的设计和产品进行变更以获得新的功能或提高技术性能。

如果在设计阶段已知升级要求，那么这种设计和多功能产品的设计相似。一个典型的例子是更换快要过期的组件（例如 CPU）以达到对计算机系统进行升级的目的，这些组件通常被设计为易于更换的单元。

图 3-2 对上述讨论进行了总结。可以看出，如果存在预测信息，设计者就可以在设计阶段利用资源来设计多功能产品。在缺乏预测信息的情况下，设计者就不需要用更多的资源，因为产品的更改不一定发生。

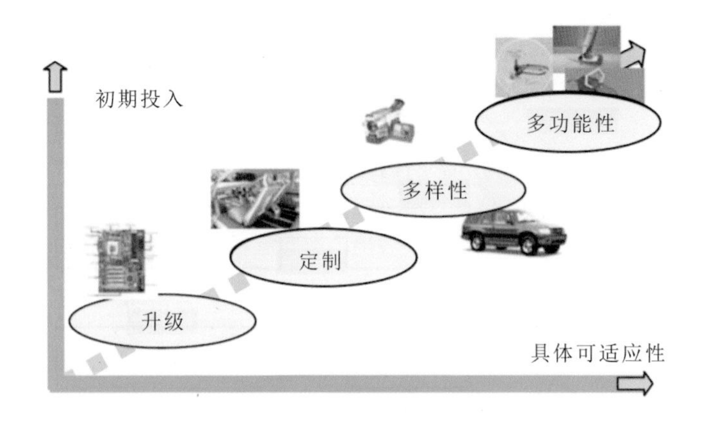

图 3-2　具体可适应性的应用[3]

2. 一般可适应性

现有产品的工作环境可能以不可预测的方式发生变化，或者出现意想不到的新要求。我们希望通过更改产品来适应新的运行模式，保持产品的使用状态。这对于发电厂等复杂的工程系统尤为重要。

如果一个产品不是基于可适应设计的，那么对产品进行更改可能比生产一个新的产品更困难或更昂贵。关于产品的设计也可以做出同样的陈述——有时候更改现有的设计比创建新的设计更困难。是否更改现有产品、开发或采购新产品的决定取决于具体问题。

通常，更改的成本取决于对产品或设计进行变更的难易程度。在缺乏产品要求变化预测信息的情况下，使设计易于更改是提高其一般可适应性的最有效方法。

实现某种一般可适应性的方法是使产品能够被局域性地更改。也就是说，产品的系统结构是以这样一种方式设计的：避免产品一个地方的更改传播到产品的其余部分。这种在可适应设计中产生的结构被称为“分离结构”。

为了使产品/设计具有可适应性，子组件之间的接口是至关重要的。例如，零件(子组件或模块)上的平坦表面比复杂表面更容易实现产品的更改，比如易于钻孔及易于与可能安装在其上的其他零件进行定位匹配。为便于装配，Boothroyd[4]为实现物理连接和组件连接制定了各种指南并提供了示例。

3.2.1 具体产品可适应性

根据具体的要求将现有产品更改为新产品的产品可适应性如图 3-3 所示。

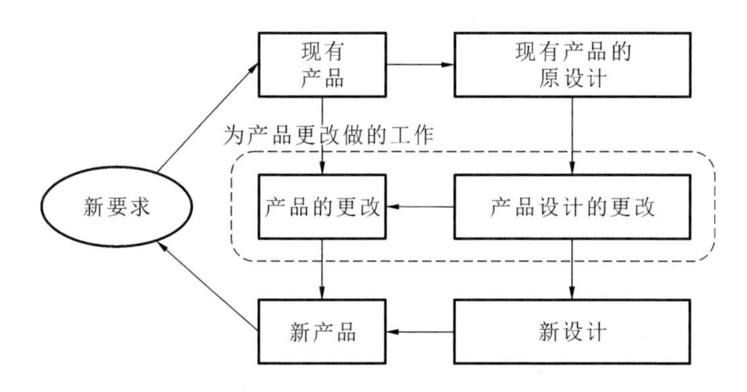

图 3-3 考虑具体要求的产品可适应性调整

Gu 等[3]提出了一种方法，通过比较产品更改和新产品创建的相对工作量来评估具体产品可适应性。假设 Tp_i 是第 i 个可适应更改任务。根据公理化设计中的信息公理[5]，该任务的工作量(即设计和制造的工作量)可以用 $\mathrm{Inf}(\mathrm{Tp}_i)$ 来描述。工作量通常用成本来衡量。用 S_1 表示现有产品的当前状态，AS_2 表示可适应更改之后的状态，则这种可适应更改的成本由 $\mathrm{Inf}_{(S_1 \to AS_2)}$ 表示。同样，$\mathrm{Inf}_{(\mathrm{ZERO} \to IS_2)}$ 表示从头开始开发新产品的成本，其中 ZERO 表示从零开始设计的新产品的状态，IS_2 表示只考虑所需可适应功能的产品状态。由于采用可适应设计更改产品通常比开发新产品所需的成本低，相对节约的成本被定义为可适应性因子 $\mathrm{AF}(\mathrm{Tp}_i)$。

$$\mathrm{AF}(\mathrm{Tp}_i) = \frac{\mathrm{Inf}_{(\mathrm{ZERO} \to IS_2)} - \mathrm{Inf}_{(S_1 \to AS_2)}}{\mathrm{Inf}_{(\mathrm{ZERO} \to IS_2)}} = 1 - \frac{\mathrm{Inf}_{(S_1 \to AS_2)}}{\mathrm{Inf}_{(\mathrm{ZERO} \to IS_2)}},$$
$$0 \leqslant \mathrm{AF}(\mathrm{Tp}_i) \leqslant 1 \tag{3-1}$$

当更改旧产品比开发新产品需要的成本更高(即 $\mathrm{Inf}_{(S_1 \to AS_2)} > \mathrm{Inf}_{(\mathrm{ZERO} \to IS_2)}$)时，不应考虑产品的可适应更改($\mathrm{AF}(\mathrm{Tp}_i)=0$)。当不需要额外的成本来进行

产品的可适应更改(即 $\mathrm{Inf}_{(S_1 \to AS_2)} = 0$)时,该产品是完美的可适应产品($\mathrm{AF}(\mathrm{Tp}_i)=1$)。

当考虑 n 个产品的可适应更改任务 $\mathrm{Tp}_i(i=1,2,\cdots,n)$ 及其概率 $\mathrm{Pr}(\mathrm{Tp}_i)$ 时,可以通过以下公式计算具体产品可适应性:

$$\mathrm{AP}(P) = \sum_{i=1}^{n}[\mathrm{Pr}(\mathrm{Tp}_i)\mathrm{AF}(\mathrm{Tp}_i)] \tag{3-2}$$

Li 等[6]通过考虑功能的可扩展性、模块的可升级性和组件的可定制性三类产品的可适应更改任务,对这种具体产品可适应性的评估方法进行了进一步研究。

可通过设计具有功能可扩展潜力的产品来实现功能的可扩展性。可扩展因子 $\mathrm{EF}(\mathrm{Tp}_i)$ 和产品功能的可扩展性 $E(P)$ 可通过以下公式计算:

$$\mathrm{EF}(\mathrm{Tp}_i) = 1 - \frac{\mathrm{Inf}_{(S_1 \to AS_2)}}{\mathrm{Inf}_{(\mathrm{ZERO} \to IS_2)}}, \quad 0 \leqslant \mathrm{EF}(\mathrm{Tp}_i) \leqslant 1 \tag{3-3}$$

$$E(P) = \sum_{i=1}^{n}[\mathrm{Pr}(\mathrm{Tp}_i)\mathrm{EF}(\mathrm{Tp}_i)] \tag{3-4}$$

式中:S_1 为现有产品的当前状态;AS_2 为可适应更改之后的状态;ZERO 为从零开始设计的新产品的状态;IS_2 为仅具有所需可适应功能的产品状态。

Li 等[6]给出了一个具有高清晰度电视显示屏可适应功能的液晶计算机显示屏的实例 Tp_1。当获得一个新的高清晰度电视显示屏的成本是 400 美元,而在现有的液晶计算机显示屏上增加高清晰度电视显示功能的成本是 250 美元时,可扩展因子 $\mathrm{EF}(\mathrm{Tp}_1)$ 为

$$\mathrm{EF}(\mathrm{Tp}_1) = 1 - \frac{\mathrm{Inf}_{(S_1 \to AS_2)}}{\mathrm{Inf}_{(\mathrm{ZERO} \to IS_2)}} = 1 - \frac{\$250}{\$400} = 0.375 \tag{3-5}$$

由于可扩展因子介于 0 和 1 之间,因此与获得新的高清晰度电视显示屏相比,在现有液晶计算机显示屏上增加高清晰度电视显示功能要便宜一些。在这种情况下,应该考虑对现有产品进行可适应更改。

当制造一个新的高清晰度电视显示屏的成本是 400 美元,而在现有的液晶计算机显示屏上增加高清晰度电视显示功能的成本是 500 美元时,可扩展因子 $\mathrm{EF}(\mathrm{Tp}_1)$ 为 0。这表明在液晶计算机显示屏上增加高清晰度电视显示功能比制造一个新的高清晰度电视显示屏更昂贵。在这种情况下,不考虑将现有产品进行可适应更改。

当制造一个新的高清晰度电视显示屏的成本是400美元，并且不需要额外的成本就可将高清晰度电视显示功能添加到现有的液晶计算机显示屏时，可扩展因子 $\mathrm{EF}(\mathrm{Tp}_1)$ 为1。在这种情况下，可以考虑设计一个显示屏，使得该显示屏同时具有高清晰度的计算机显示功能和高清晰度的电视显示功能。

可升级性是另一种产品可适应性，可以通过产品升级实现更好的性能以满足新的需求。可升级因子 $\mathrm{UF}(\mathrm{Tp}_i)$ 和产品模块的可升级性 $U(P)$ 的计算公式为

$$\mathrm{UF}(\mathrm{Tp}_i) = 1 - \frac{\mathrm{Inf}_{(P_1 \to \mathrm{UP}_1)}}{\mathrm{Inf}_{(P_1)}}, \quad 0 \leqslant \mathrm{UF}(\mathrm{Tp}_i) \leqslant 1 \tag{3-6}$$

$$U(P) = \sum_{i=1}^{n} [\mathrm{Pr}(\mathrm{Tp}_i)\mathrm{UF}(\mathrm{Tp}_i)] \tag{3-7}$$

式中：P_1 为模块不具备可升级功能的状态；UP_1 为模块具备可升级功能的状态。

在这种方法中，通常用成本来描述制造具有可升级功能和不具有可升级功能的模块的工作量。通常，提供可升级功能的成本是通过允许新模块升级的接口成本来计算的。

组件的可定制性是指根据个别客户的需求和偏好进行产品调整的难易程度。根据客户的需求对标准的组件和模块进行不同组合，产品可以很轻松地实现变更以满足不同的客户需求。可定制性系数 $\mathrm{CF}(\mathrm{Tp}_i)$ 和产品组件的可定制性 $C(P)$ 的计算公式为

$$\mathrm{CF}(\mathrm{Tp}_i) = 1 - \frac{\mathrm{Inf}_{(P_1 \to \mathrm{CP}_1)}}{\mathrm{Inf}_{(P_1)}}, \quad 0 \leqslant \mathrm{CF}(\mathrm{Tp}_i) \leqslant 1 \tag{3-8}$$

$$C(P) = \sum_{i=1}^{n} [\mathrm{Pr}(\mathrm{Tp}_i)\mathrm{CF}(\mathrm{Tp}_i)] \tag{3-9}$$

式中：P_1 为组件不具备可定制性功能的状态；CP_1 为组件具备可定制性功能的状态。

为了使用这三种不同的评估方法来确定具体产品可适应性，首先应将这三种评估指标转换为无量纲的评估指标。功能可扩展性的标准化计算公式为

$$\mathrm{NE}(P_i) = \frac{E(P_i)}{E(P)_{\max}} \tag{3-10}$$

式中：$E(P_i)$为第 i 个候选设计的功能可扩展性的值；$E(P)_{max}$为所有候选设计的功能可扩展性的最大值。

同理，模块可升级性和组件可定制性的标准化计算公式为

$$NU(P_i) = \frac{U(P_i)}{U(P)_{max}} \tag{3-11}$$

$$NC(P_i) = \frac{C(P_i)}{C(P)_{max}} \tag{3-12}$$

然后可以选择权重系数将这三个被标准化的评估指标合成为具体产品可适应性指数。第 i 个候选设计的具体产品可适应性指数的计算公式为

$$A(P_i) = I_E NE(P_i) + I_U NU(P_i) + I_C NC(P_i) \tag{3-13}$$

式中：I_E、I_U 和 I_C 为权重系数。每个候选设计的具体产品可适应性指数 $A(P_i)$的范围为 0～1。当 $A(P_i)=0$ 时，候选设计不具备任何的具体产品可适应性；当 $A(P_i)=1$ 时，候选设计具备完全的具体产品可适应性。

在 Li 等[6]开发的可适应食品处理器的设计中，立式搅拌机（stand mixer）被重新设计，使其能够被可适应变更成具有榨汁机（blender）和绞肉机（meat grinder）等其他机器的功能的食品处理器。

在该设计中，选择立式搅拌机的功能作为产品的基本功能，选择榨汁机和绞肉机的功能作为可适应功能[6]。本设计的目的在于创建具有这三个产品功能的可重构产品。在这个应用中，有两个不同的设计方案满足可适应食品处理器的要求。这两个设计方案都可以将立式搅拌机变更为榨汁机和绞肉机。图 3-4 展示了这两个设计方案，对每一个方案均可配置三种产品。

在本应用中，根据对产品不同设计方案的评估，来决定哪些功能应包含在待售产品中，哪些功能应通过附加配件来满足。

这两个设计方案都有四个待售产品选项：① 立式搅拌机；② 立式搅拌机和绞肉机；③ 立式搅拌机和榨汁机；④立式搅拌机、绞肉机和榨汁机。对于这八个候选方案，我们可以通过产品的可适应性和其他三个指标（包括零件总成本、装配成本和可使用操作性）来对每个候选方案进行评估。表 3-2 总结了这八个候选方案。

在本案例中，使用不同食品加工功能的概率被预先估测为

Pr(立式搅拌机)=100%

Pr(绞肉机)=20%

Pr(榨汁机)=95%

基本功能：立式搅拌机

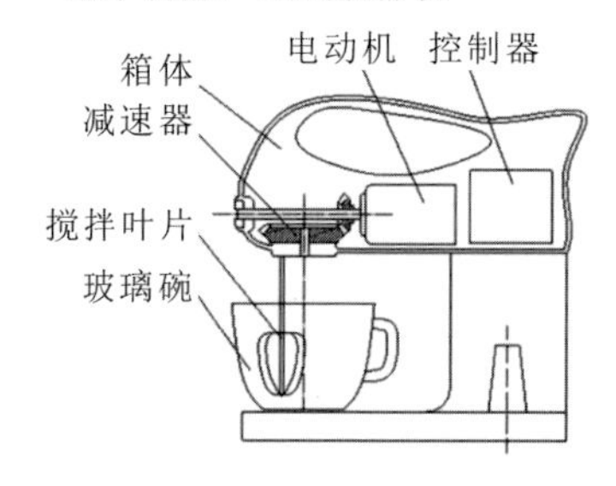

基本功能：立式搅拌机

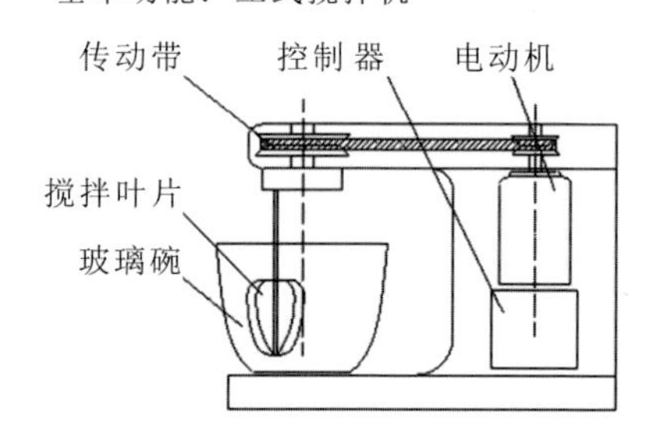

可适应设计后的额外功能

绞肉机

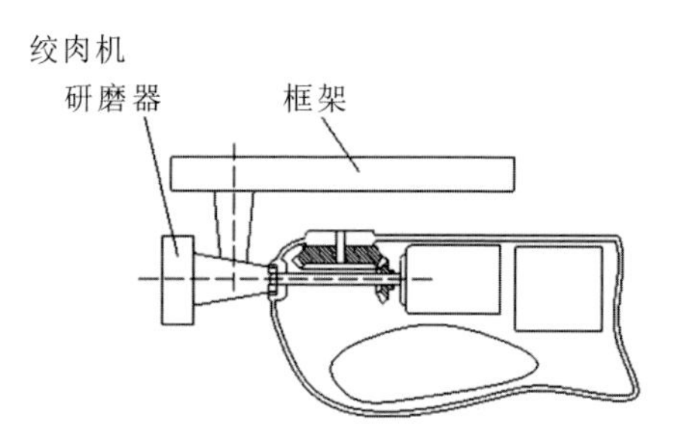

可适应设计后的额外功能

绞肉机

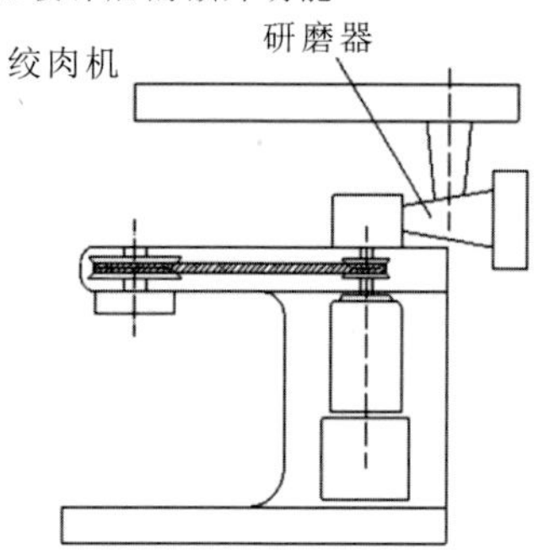

榨汁机

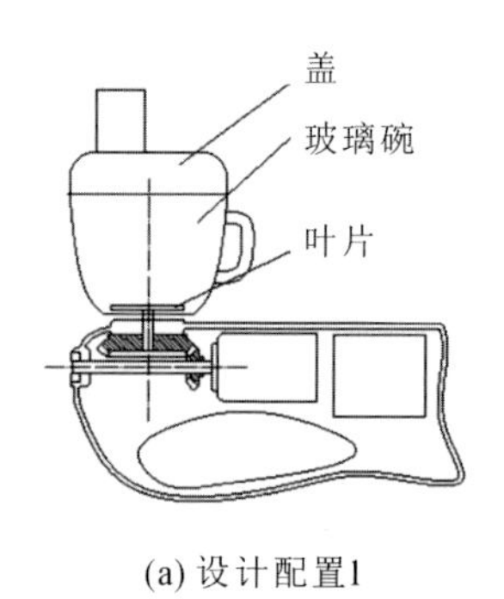

(a) 设计配置1

榨汁机

盖

玻璃杯

叶片

框架

(b) 设计配置2

图 3-4　具有不同配置的两个设计方案[6]

表 3-2 具有不同基本功能和可适应功能的候选方案[6]

设计配置	候选方案	立式搅拌机	绞肉机	榨汁机
设计配置 1	候选方案 1	√	○	○
	候选方案 2	√	○	√
	候选方案 3	√	√	○
	候选方案 4	√	√	√
设计配置 2	候选方案 5	√	○	○
	候选方案 6	√	○	√
	候选方案 7	√	√	○
	候选方案 8	√	√	√

注 √表示该功能是候选方案的基本功能；○表示该功能是候选方案的可适应功能。

表 3-3 展示了两个设计所需零件的价格。当选择立式搅拌机的功能作为产品的基本功能(即表 3-2 中的候选方案 1)时，该产品的零件总成本为 56 美元。基于候选方案 1 的立式搅拌机，实现绞肉机和榨汁机的可适应变更成本分别为 10 美元和 8 美元。

表 3-3 两个设计配置的零件清单[6]

序号	零部件	单位成本/$	立式搅拌机	绞肉机	榨汁机	备注
设计配置 1 的零件清单						
1	电动机	15(3)	√	√	√	C,U
2	控制器	10(2)	√	√	√	C,U
3	减速器	5	√	√	√	
4	框架	10	√	√	√	C
5	玻璃碗	10	√		√	
6	平底搅拌器	2	√			
7	金属打蛋器	2	√			
8	面团钩	2	√			
9	研磨器	10		√		
10	盖子	3			√	
11	叶片	5(2)			√	U

续表

序号	零部件	单位成本/$	立式搅拌机	绞肉机	榨汁机	备注
设计配置 2 的零件清单						
1	电动机	15(3)	√	√	√	C,U
2	控制器	8	√	√	√	
3	减速齿轮	5	√	√	√	
4	框架	10	√	√	√	C
5	玻璃碗	10	√			
6	玻璃杯	10			√	
7	平底搅拌器	2	√			
8	金属打蛋器	2	√			
9	面团钩	2	√			
10	研磨器	10		√		
11	盖子	2			√	
12	叶片	5			√	

注 C 表示选择此部件为定制部件；U 表示选择该部件为可升级部件；(　)内表示提供升级或定制功能的成本。

使用方程(3-3)和方程(3-4)计算方案 1 的功能可扩展性，可以得到：

$$E(P_1) = 100\% \times (1-0) + 20\% \times \left(1-\frac{10}{35}\right) + 95\% \times \left(1-\frac{8}{60}\right) = 1.97$$

从表 3-3 中我们可以发现，一些部件被选择为可升级部件(U)和可定制部件(C)。将当前零件升级或定制为另一个零件的成本在括号中给出。在本案例中，假设选定的零件会在未来进行升级或定制。使用方程(3-6)和方程(3-7)计算方案 1 的可升级性：

$$U(P_1) = 100\% \times \left(1-\frac{3}{12}\right) + 100\% \times \left(1-\frac{2}{8}\right) = 1.5$$

某些零件被选为可升级零件和可定制零件，它们可以使用相同的接口进行升级或定制。如果在考虑可升级性的情况下计算了接口成本，则相同部件的定制成本将被选择为 0，因为这两种可适应变更都通过相同的接口来实现。在这个案例中，电动机、控制器和外壳的颜色都是可定制的。

使用方程(3-8)和方程(3-9)计算方案 1 的可定制性：

$$C(P_1) = 100\% \times \left(1 - \frac{0}{12}\right) + 100\% \times \left(1 - \frac{0}{8}\right) + 100\% \times \left(1 - \frac{0}{10}\right) = 3.0$$

表 3-4 总结了所有八个候选方案的可扩展性、可升级性和可定制性的评估结果。

表 3-4　可扩展性、可升级性和可定制性的评估结果[6]

配置	候选方案	$E(P_i)$	$U(P_i)$	$C(P_i)$	$A(P_i)$
设计配置 1	候选方案 1	1.97	1.5	3.0	0.917
	候选方案 2	2.09	1.8	3.0	0.991
	候选方案 3	2.02	1.5	3.0	0.924
	候选方案 4	2.15	1.8	3.0	1.000
设计配置 2	候选方案 5	1.98	0.75	2.0	0.668
	候选方案 6	2.09	0.75	2.0	0.685
	候选方案 7	2.04	0.75	2.0	0.677
	候选方案 8	2.15	0.75	2.0	0.694

$E(P_i)$为功能的可扩展性；$U(P_i)$为模块的可升级性；$C(P_i)$为组件的可定制性；$A(P_i)$为产品的可适应性。

要使用这三个不同的评估指标来评估八个候选方案，应首先将这三个评估指标转换为无量纲的评估指标。这里，方程(3-10)至方程(3-12)被用来计算功能的可扩展性、模块的可升级性和组件的可定制性的标准化指标。

然后可以使用这三个标准化指标的数值来计算具体产品可适应性。第 i 个候选方案的具体产品可适应性由方程(3-13)计算得出。在本案例中，由于功能的可扩展性、模块的可升级性和组件的可定制性被认为同样重要，因此每个可适应性评估指标的权重因子都被定义为 33.3%。表 3-4 展示了所有八个候选方案的可适应性。

3.2.2　具体设计可适应性

根据具体要求将现有设计更改为新设计的设计可适应性如图 3-5 所示。

具体设计可适应性 AD(D)被定义为

$$\mathrm{AD}(D) = \sum_{i=1}^{n} [\Pr(\mathrm{Tp}_i)\mathrm{AF}(\mathrm{Tp}_i)] \tag{3-14}$$

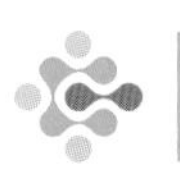

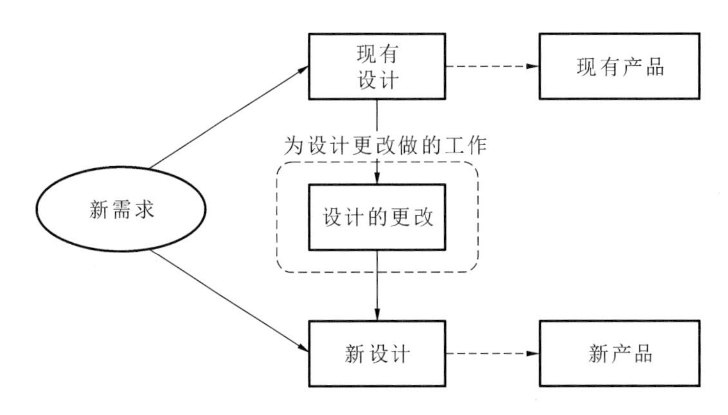

图 3-5　考虑具体要求的设计可适应更改

式中：$Tp_i(i=1,2,\cdots,n)$是设计可适应更改任务；$Pr(Tp_i)$是该任务的概率；$AF(Tp_i)$是表示当对现有设计进行可适应变更所需的成本小于开发一个全新设计所需的成本时相对成本节约的可适应因子。$AF(Tp_i)$由以下方程定义：

$$
\begin{aligned}
AF(Tp_i) &= \frac{Inf_{(ZERO \to IS_2)} - Inf_{(S_1 \to AS_2)}}{Inf_{(ZERO \to IS_2)}} \\
&= 1 - \frac{Inf_{(S_1 \to AS_2)}}{Inf_{(ZERO \to IS_2)}}, \quad 0 \leqslant AF(Tp_i) \leqslant 1
\end{aligned}
\tag{3-15}
$$

式中：S_1 是现有设计的当前状态；AS_2 是设计被可适应变更后的状态；ZERO 是从头开始创建新设计的状态；IS_2 是仅考虑新需求的新设计的状态。

与产品的可适应性相比，设计的可适应性在过去的几个世纪里得到了广泛的应用。从转盘电话到按键电话，再到现在的手机，电话的演变被认为是一个典型的设计进化过程。目前研究人员已经开发了诸如 CAD 系统之类的各种工具，以便于改进设计方案。

3.2.3　一般产品可适应性

Fletcher 等[7]开发了一种方法来量化一般产品可适应性。在这项工作中，通过分层数据结构对产品进行建模。当架构中只存在父节点及其与子节点的关系时，该架构称为分离式产品架构（segregated product architecture），如图 3-6(a)所示。当架构中其他节点之间也有关系时，该架构称为全产品架构（full product architecture），如图 3-6(b)所示。

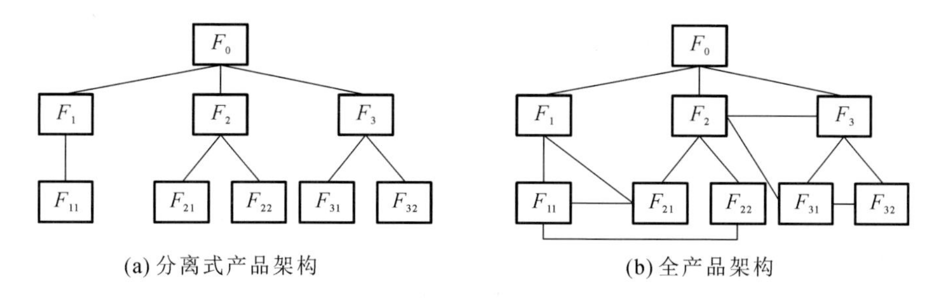

图 3-6　分离式产品架构和全产品架构[7]

具有分离式产品架构的产品是可适应设计的理想选择，因为对该架构中节点的修改不会对同一层次上的其他节点造成影响。当一个实际产品采用全产品架构时，其一般产品可适应性是通过将该实际全产品架构与其理想的分离式产品架构进行比较来衡量的。

两个节点之间的关系分为接口关系和交互关系。接口描述了两个功能元素之间的连接关系，而交互描述了两个功能模块如何通过接口进行交互影响。接口关系或交互关系中存在着功能关系和物理关系。因此，两个节点之间的关系由四个参数表示，如表 3-5 所示。

表 3-5　考虑第 i 个节点和第 j 个节点之间的物理关系和功能关系的接口与交互参数[7]

关系类型	物理关系	功能关系
接口参数	A_{ij}	C_{ij}
交互参数	B_{ij}	D_{ij}

参数由 0 和 1 之间的数来描述，其中 0 表示第 i 个节点的变化对第 j 个节点没有影响，而 1 表示第 i 个节点的变化对第 j 个节点具有最大影响。父节点及其子节点之间的关系参数被指定为 1。在评估第 i 个和第 j 个节点之间的影响时，这些节点的关系和重要性都必须考虑。第 i 个节点的重要性由创建该节点的设计和制造工作量在整个产品中所占的比例来定义。成本被用来衡量所付出的工作量。

父节点 i 及其子节点 j 之间的影响通过以下方式建模：

$$R_{ij}(\min\{F_i, F_j\}) = \min\{F_i, F_j\}, \quad R_{ij} \in \{A_{ij}, B_{ij}, C_{ij}, D_{ij}\} \tag{3-16}$$

式中：R_{ij} 是值为 1 的影响参数；F_i 和 F_j 是两个节点的重要性度量。不具有父-子关系的两个节点之间的影响通过以下方式建模：

$$R_{ij}(F_i + F_j), \quad R_{ij} \in \{A_{ij}, B_{ij}, C_{ij}, D_{ij}\} \tag{3-17}$$

式中:R_{ij} 为介于 0 和 1 之间的影响参数。

对于分离式产品架构,物理接口的总影响通过以下方式计算:

$$k_A^{(S)} = \sum_s A_{ij}(\min\{F_i, F_j\}) = \sum_s \min\{F_i, F_j\} \tag{3-18}$$

式中:s 表示分离式产品架构。

在全产品架构中,额外关系的影响通过以下方式计算:

$$k_A^{(E)} = \sum_e A_{ij}(F_i + F_j) \tag{3-19}$$

式中:e 表示全产品架构。

比较全产品架构及分离式产品架构,可通过以下方式计算相对可适应性:

$$k_A = \frac{k_A^{(S)}}{k_A^{(S)} + k_A^{(E)}} \tag{3-20}$$

考虑四类关系的总相对可适应性的计算公式为

$$k = \frac{k_A + k_B + k_C + k_D}{4} \tag{3-21}$$

Fletcher 等[7]通过比较实际的全产品架构和理想的分离式产品架构,评估了计算机和计算器的一般产品可适应性。图 3-7 显示了计算机的全产品架构和分离式产品架构。该图还提供了按组成部分划分的成本明细。

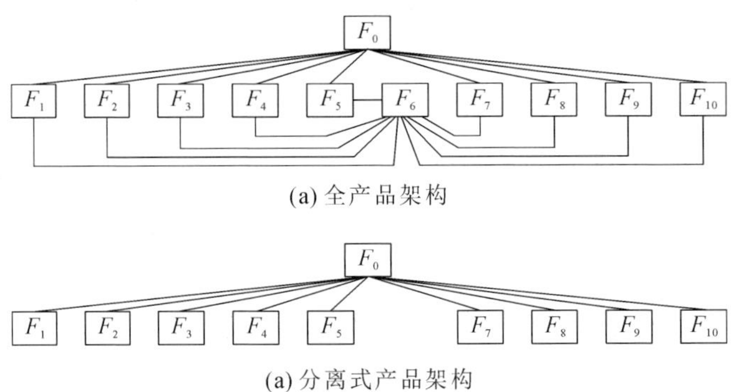

成本分解:

F_0:计算机(100%);F_1:键盘(2%);F_2:鼠标(3%);F_3:光驱(5%);F_4:显示器(25%);

F_5:电源(10%);F_6:主板(20%);F_7:ROM(5%);F_8:RAM(10%);

F_9:CPU(15%);F_{10}:箱体(5%)。

图 3-7　计算机的产品架构[7]

产品体系结构中两个节点的关系由涉及物理/功能与接口/交互的四个参数建模。描述父节点和子节点之间关系的参数值为 1，描述其他关系的参数值介于 0 和 1 之间，如表 3-6 所示。四个相对可适应性 k_A、k_B、k_C 和 k_D 分别计算为 0.67、0.72、0.68 和 0.65，总的相对一般产品可适应性被计算为 0.68。以同样的方式，研究人员还开发了用于计算器的全产品架构和分离式产品架构，并对产品架构中节点之间的关系进行了建模，该计算器的一般产品可适应性为 0.37。因此，在这种定量评估方法的基础上，当考虑一般产品可适应性时，计算机比计算器更好。

表 3-6　有关计算机的关系参数[7]

关系	物理关系		功能关系	
	接口参数 A_{ij}	交互参数 B_{ij}	接口参数 C_{ij}	交互参数 D_{ij}
F_1 至 F_6	0.10	0.10	0.10	0.10
F_2 至 F_6	0.10	0.10	0.10	0.10
F_3 至 F_6	0.20	0.10	0.20	0.20
F_4 至 F_6	0.20	0.10	0.10	0.10
F_5 至 F_6	0.20	0.20	0.10	0.10
F_7 至 F_6	0.10	0.10	0.20	0.20
F_8 至 F_6	0.10	0.10	0.10	0.30
F_9 至 F_6	0.20	0.10	0.30	0.30
F_{10} 至 F_6	0.10	0.20	0.10	0.10

3.2.4　一般设计可适应性

当没有提供设计可适应变更的具体要求时，现有设计能够变更为新设计的能力称为一般设计可适应性。一般设计可适应性可以通过信息系统技术（例如，面向对象编程、本体建模、设计知识库建模和 CAD 库建模）等来实现，使得现有设计的各个模块能够在设计过程中很容易地被改变成其他模块。

一般设计可适应性的计算方法与第 3.2.3 节中介绍的一般产品可适应性的计算方法类似。在计算一般设计可适应性时，仅考虑在设计更改过程中节点之间的影响依赖关系。

父节点 i 及其子节点 j 之间的影响通过以下方式建模：

$$R_{ij}(\min\{F_i,F_j\}) = \min\{F_i,F_j\} \tag{3-22}$$

式中：R_{ij} 是值为 1 的影响参数；F_i 和 F_j 是两个节点的重要性度量。不具有父-子关系的两个节点之间的影响通过以下方式建模：

$$R_{ij}(F_i + F_j) \tag{3-23}$$

式中：R_{ij} 为影响参数，其值介于 0 和 1 之间。

对于分离式产品架构，总影响可以通过以下方式计算：

$$k^{(\mathrm{S})} = \sum_s R_{ij}(\min\{F_i,F_j\}) = \sum_s \min\{F_i,F_j\} \tag{3-24}$$

式中：s 表示分离式产品架构。

在全产品架构中，额外关系的影响可以通过以下方式计算：

$$k^{(\mathrm{E})} = \sum_e R_{ij}(F_i + F_j) \tag{3-25}$$

式中：e 表示全产品架构。

比较全产品架构及分离式产品架构，相对的一般设计可适应性可以通过以下方式计算：

$$k = \frac{k^{(\mathrm{S})}}{k^{(\mathrm{S})} + k^{(\mathrm{E})}} \tag{3-26}$$

3.3 可适应性在设计评估中的作用

可适应性以及生命周期不同阶段的其他评估方法和指标，例如设计中的工作性能和制造中的生产成本，都用于评估设计方案的好坏。当存在多个候选设计方案时，这些评估指标用于比较这些候选设计方案，以确定最佳设计。

不同的评估方法(包括可适应性)具有不同的数值单位。将这些评估指标整合起来评估设计方案的一种方法是将这些评估指标转换为可比较的无单位评估指数[8]。当第 i 个候选设计方案的第 j 个评估指标由 E_{ij} 表示时，其无单位评估指标 I_{ij} 可通过有单位评估指标和无单位评估指标之间的非线性关系来计算。

$$I_{ij} = I_j(E_{ij}), \quad i = 1,2,\cdots,n; j = 1,2,\cdots,m \tag{3-27}$$

总体评估指标 I_i 定义为

$$I_i = \frac{\sum_{j=1}^{m}(W_j I_{ij})}{\sum_{j=1}^{m} W_j}, \quad i = 1,2,\cdots,n \tag{3-28}$$

式中:W_j 是 0 和 1 之间的权重因子,表示第 j 个评估指标的重要性。

Li 等[6]采用灰色关联分析方法[9]通过可适应性和其他评估指标对候选设计方案进行评估和排序。

灰色关联分析方法是灰色理论中定量比较评估指标的一种方法。该方法通过将特定候选设计方案的评估指标与考虑所有候选设计方案的最佳评估指标进行比较,来建立不同评估方法之间的关系。灰色关联分析方法需要的数据较少,并且不需要数据的分布信息,因此可以解决用传统统计分析方法所不能解决的问题。

使用灰色关联分析方法评估可适应设计是通过以下六个步骤进行的。

1) 建立比较系列和标准系列

比较系列由 m 个具有可适应候选设计方案的 n 个评估指标组成:

$$\mathbf{A}_i = (x_{i1}, x_{i2}, \cdots, x_{ij}, \cdots, x_{in}), \quad i = 1,2,\cdots,m \tag{3-29}$$

m 个可适应候选设计方案的 n 个评估指标构成 $m \times n$ 决策矩阵 $\boldsymbol{D}$。

标准系列是目标系列,用以下方程表示:

$$\mathbf{A}_0 = (x_{01}, x_{02}, \cdots, x_{0j}, \cdots, x_{0n}) \tag{3-30}$$

标准系列由所有评估指标的最佳值组成。

2) 生成归一化决策矩阵 $\mathbf{K}$(无量纲)

为了比较不同的评估指标,应首先将这些指标转换为无量纲的评估指标。我们考虑以下三种情况。

(1) 如果评估指标是越大越好的类型(例如可适应性),则归一化指标通过以下公式计算:

$$x_{ij}^* = \frac{x_{ij} - \min_i x_{ij}}{\max_i x_{ij} - \min_i x_{ij}} \tag{3-31}$$

(2) 如果评估指标是越小越好的类型(例如成本),则通过以下公式计算归一化指标:

$$x_{ij}^* = \frac{\max_i x_{ij} - x_{ij}}{\max_i x_{ij} - \min_i x_{ij}} \tag{3-32}$$

(3) 如果评估指标是越接近目标值越好的类型,并且目标值被选择为 x_{obj},则归一化指标通过以下公式计算:

$$x_{ij}^{*} = \frac{|x_{ij} - x_{\text{obj}}|}{\max\limits_{i} x_{ij} - x_{\text{obj}}} \tag{3-33}$$

标准系列以相同方式转换,$\boldsymbol{A}_0^{*} = (x_{01}^{*}, x_{02}^{*}, \cdots, x_{0j}^{*}, \cdots, x_{0n}^{*})$。

3) 计算比较系列和标准系列的差异

为了得出灰色关联的程度,归一化决策矩阵 $\boldsymbol{K}$ 和标准系列 $\boldsymbol{A}_0^{*}$ 之间的差值 Δ_{0ij} 通过以下公式来计算:

$$\Delta_{0ij} = |x_{0j}^{*} - x_{ij}^{*}| \tag{3-34}$$

4) 计算灰色关联系数

灰色关联系数 γ_0 表示比较系列和标准系列之间的关系。灰色关联系数值较高表示比较系列与所有候选设计方案的最佳评估指标的关系较密切。

$$\gamma_{0ij} = \frac{\Delta_{\min} + \zeta \Delta_{\max}}{\Delta_{0ij} + \zeta \Delta_{\max}} \tag{3-35}$$

ζ 称为区分系数,只影响相对值而不改变优先顺序。一般 ζ 取值为 0.5。

这里最大值和最小值用以下公式表示:

$$\Delta_{\max} = \max_{i} \max_{j} \Delta_{0ij} \tag{3-36}$$

$$\Delta_{\min} = \min_{i} \min_{j} \Delta_{0ij} \tag{3-37}$$

5) 确定与标准系列的关联程度

为了计算比较系列与标准系列(即理想设计)的关联程度,必须首先确定评估指标的权重因子。这些权重因子根据专家经验或营销策略来确定。与候选设计方案标准系列的关联程度的计算公式为

$$\Gamma_{0i} = \sum_{j=1}^{n} [w_j \times \gamma_{0ij}] \tag{3-38}$$

式中:w_j 是第 j 个评估指标的权重因子,其满足以下条件

$$\sum_{j=1}^{n} w_j = 1 \tag{3-39}$$

6) 确定候选设计方案的优先顺序

根据比较系列和标准系列之间的关联程度,可以得到候选设计方案的优先顺序。基于产品生命周期不同方面的评估,Γ_{0i} 较大的候选设计方案可以更好地满足需求。

这种灰色关联分析方法将每个候选设计方案作为一个比较系列，然后计算每个候选设计方案的比较系列和标准系列的关联程度，最后，根据所有候选设计方案的排名来选择最佳设计。

对于 Li 等[6]开发的可适应食品处理器，如图 3-4 所示，除了产品可适应性外，总零件成本、总装配成本和可操作性也可作为评估指标。表 3-7 所示为八个候选设计方案的四个评估指标的值。

表 3-7 八个候选设计方案的四个评估指标

候选设计方案	可适应性（0～1）	零件总成本/美元	装配成本/美元	可操作性（0～5）
候选方案 1	0.917	56	10	4.5
候选方案 2	0.991	64	10	4.5
候选方案 3	0.924	66	12	4.5
候选方案 4	1.000	74	12	4.5
候选方案 5	0.668	54	13	5
候选方案 6	0.685	71	13	5
候选方案 7	0.677	64	15	5
候选方案 8	0.694	81	15	5
值的类型	定量的	定量的	定量的	定性的
评估类型	越大越好	越小越好	越小越好	越大越好

四个不同评估指标的权重因子是根据专家经验和营销策略来确定的。这些权重因子如表 3-8 所示。由于本案例注重可适应设计，因此为可适应性指标选择了一个大的权重因子。

表 3-8 四个评估指标的权重因子

评估指标	可适应性	零件总成本	装配成本	可操作性
权重因子	45%	20%	20%	15%

使用灰色关联分析方法对候选设计方案进行优先排序，步骤如下。

1）建立决策矩阵 $\boldsymbol{D}$

$$\boldsymbol{D}=\begin{bmatrix}0.917 & 56 & 10 & 4.5\\0.991 & 64 & 10 & 4.5\\0.924 & 66 & 12 & 4.5\\1.000 & 74 & 12 & 4.5\\0.668 & 54 & 13 & 5.0\\0.685 & 71 & 13 & 5.0\\0.677 & 64 & 15 & 5.0\\0.694 & 81 & 15 & 5.0\end{bmatrix}$$

2）获得标准系列

$$\boldsymbol{A}_0=[1 \quad 54 \quad 10 \quad 5]$$

3）生成归一化决策矩阵 $\boldsymbol{K}$ 和标准系列 $\boldsymbol{A}_0^*$

$$\boldsymbol{K}=\begin{bmatrix}0.750 & 0.926 & 1.000 & 0.000\\0.973 & 0.630 & 1.000 & 0.000\\0.771 & 0.556 & 0.600 & 0.000\\1.000 & 0.259 & 0.600 & 0.000\\0.000 & 1.000 & 0.400 & 1.000\\0.051 & 0.370 & 0.400 & 1.000\\0.027 & 0.630 & 0.000 & 1.000\\0.078 & 0.000 & 0.000 & 1.000\end{bmatrix}$$

$$\boldsymbol{A}_0^*=[1 \quad 1 \quad 1 \quad 1]$$

4）计算比较系列和标准系列之间的差异

$$\boldsymbol{\Delta}_0=\begin{bmatrix}0.250 & 0.074 & 0.000 & 1.000\\0.027 & 0.370 & 0.000 & 1.000\\0.229 & 0.444 & 0.400 & 1.000\\0.000 & 0.741 & 0.400 & 1.000\\1.000 & 0.000 & 0.600 & 0.000\\0.949 & 0.630 & 0.600 & 0.000\\0.973 & 0.370 & 1.000 & 0.000\\0.922 & 1.000 & 1.000 & 0.000\end{bmatrix}$$

$$\boldsymbol{\Delta}_{\max} = [1 \quad 1 \quad 1 \quad 1]$$

$$\boldsymbol{\Delta}_{\min} = [0 \quad 0 \quad 0 \quad 0]$$

5）确定灰色关联系数

$$\boldsymbol{\gamma}_0 = \begin{bmatrix} 0.667 & 0.871 & 1.000 & 0.333 \\ 0.949 & 0.574 & 1.000 & 0.333 \\ 0.686 & 0.529 & 0.556 & 0.333 \\ 1.000 & 0.403 & 0.556 & 0.333 \\ 0.333 & 1.000 & 0.455 & 1.000 \\ 0.345 & 0.443 & 0.455 & 1.000 \\ 0.339 & 0.574 & 0.333 & 1.000 \\ 0.352 & 0.333 & 0.333 & 1.000 \end{bmatrix}$$

6）确定与标准系列的关联程度

使用权重因子和式(3-38)，获得所有八个候选设计方案的关联程度：

$$\Gamma_{01} = 0.724$$

$$\Gamma_{02} = 0.792$$

$$\Gamma_{03} = 0.576$$

$$\Gamma_{04} = 0.692$$

$$\Gamma_{05} = 0.591$$

$$\Gamma_{06} = 0.485$$

$$\Gamma_{07} = 0.484$$

$$\Gamma_{08} = 0.442$$

7）确定八个候选设计方案的优先顺序

根据相关的生命周期评估方法对候选设计方案的评级，候选方案 2 是最佳方案。与候选方案 1 相比，候选方案 2 可以提供一种常用的额外功能（即榨汁机），而额外的成本很低。与候选方案 2 相比，候选方案 4 提供了更多的功能（即绞肉机），但这个功能很少使用，并具有相当高的额外成本。

在评估和优先级排序之后，从设计配置 1 中选择了候选方案 2，最佳候选设计被选定来进行后续的详细设计。

3.4 基于信息熵的可适应性评估

3.4.1 可适应产品的功能、结构和参数

产品的设计可以被认为是从设计功能到设计结构的映射过程，如图 3-8 所示[5]。映射通常以迭代的方式进行。一个功能可以被分解成子功能，并且这些子功能被映射到高层结构的子结构。此外，可以通过设计参数来描述零部件的结构模块。

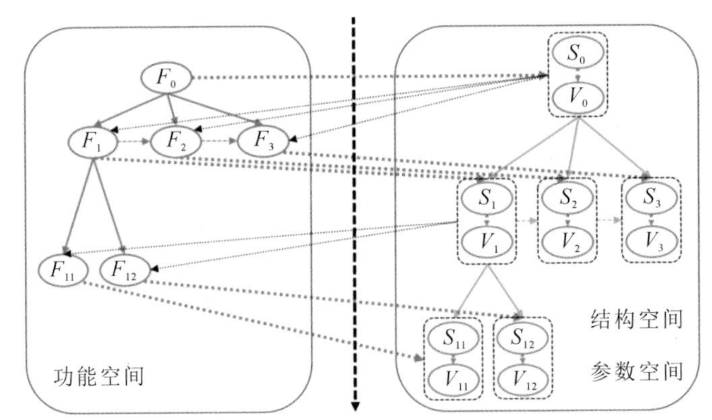

图 3-8 可适应产品的功能、结构和参数

在可适应设计中，产品的功能、结构和参数会根据可适应任务的要求而发生变化。为了适应可适应任务的功能、结构和参数的变化，产品的功能、结构和参数是多样的。

基于产品的功能、结构和参数变化的信息熵可用于评估产品的可适应性。

3.4.2 用于可适应性评估的信息熵

在信息理论中，对于具有 N 个可能结果 $x_t(t=1,2,\cdots,N)$ 的随机实验 X，其熵 $H(X)$（即期望信息量）为每个可能结果的信息量与其对应的概率[10]的乘积的总和：

$$H(X)=-K\sum_{t=1}^{N}(p_t\log_a p_t) \tag{3-40}$$

式中：p_t 是可能结果 x_t 的概率，满足 $\sum_{t=1}^{N}p_t=1$ 且 $0\leqslant p_t\leqslant 1$；$-\log_a p_t$ 是可能结果 x_t 的信息熵；K 是一个正常数，它的值根据对数运算的底来确定，当对数运算的底为 2 时，$K=1$。

由式(3-40)可知，对于具有很大不确定性的随机实验(即 N 个状态的概率分布具有较大的标准差或方差)，其熵也较大。在设计过程中，在早期概念设计阶段，由于不确定性大且设计空间大，信息熵一般较大。而在后期详细设计阶段，由于设计空间小且不确定性小，信息熵一般较小。

1. 考虑产品功能变化的信息熵

假设可适应设计考虑产品功能的变化，第 i 个功能扩展/变化为新的第 j 个功能的工作量可以用功能变化度 r_{fij} $(0\leqslant i,j\leqslant n_f)$来描述，其值在 0 和 1 之间，0 和1 分别对应通过可适应设计增加新功能的最困难和最容易的情景。可适应设计功能变化度如表 3-9 所示。

表 3-9　可适应设计功能变化度

功能变化度	定义
1	可直接扩展该功能，不需要其他操作
0.7	比较容易扩展该功能
0.3	扩展该功能比较费力
0	不能扩展该功能

根据 n_f 功能中任意两个功能的变化，可以获得式(3-41)所示的功能变化度矩阵。

$$\boldsymbol{R}_F=\begin{bmatrix} r_{f11} & r_{f12} & \cdots & r_{f1n_f} \\ r_{f21} & r_{f22} & \cdots & r_{f2n_f} \\ \vdots & \vdots & & \vdots \\ r_{fn_f1} & r_{fn_f2} & \cdots & r_{fn_fn_f} \end{bmatrix} \tag{3-41}$$

对于第 i 个功能，将其扩展到第 j 个功能的概率 p_{fij}，根据其与其他功能变化的比较情况，由式(3-42)计算。

$$p_{fij}=\frac{r_{fij}}{\sum_{i=1}^{n_f} r_{fij}},\quad i,j=1,2,\cdots,n_f \tag{3-42}$$

对于式(3-40),当选择自然对数运算(即底 e=2.71828)时,$K=1/\ln n_f$。考虑到第 i 个功能向所有其他功能的扩展/变化,其功能的变化信息熵计算公式为

$$H(R_{Fi})=-\frac{1}{\ln n_f}\sum_{j=1}^{n_f}(p_{fij}\ln p_{fij}),\quad i=1,2,\cdots,n_f \tag{3-43}$$

考虑所有功能变化的信息熵为

$$H(\boldsymbol{R}_F)=\sum_{i=1}^{n_f}H(R_{Fi}) \tag{3-44}$$

功能变化信息熵较小的产品设计方案具有较高的产品可适应性。当存在多种设计方案时,应选择功能变化信息熵最小的方案。

2. 考虑产品结构变化的信息熵

假设 n_s 个产品结构变化用于可适应设计。第 i 个结构变化为新的第 j 个结构的工作量用结构变化度 r_{sij} $(0\leqslant i,j\leqslant n_s)$来描述,$r_{sij}$ 的值在 0 和 1 之间,0 和1 分别对应通过可适应设计变化得到新结构的最困难和最容易的情景。可适应设计结构变化度如表 3-10 所示。

表 3-10　可适应设计结构变化度

结构变化度	定义
1	可直接满足该需求,不需要更改结构
0.7	产品结构变化较容易
0.3	产品结构变化较困难
0	产品结构无法变化

根据 n_s 个结构变化中任意两个结构变化,可以获得式(3-45)所示的结构变化度矩阵 $\boldsymbol{R}_S$。

$$\boldsymbol{R}_S=\begin{bmatrix} r_{s11} & r_{s12} & \cdots & r_{s1n_s} \\ r_{s21} & r_{s22} & \cdots & r_{s2n_s} \\ \vdots & \vdots & & \vdots \\ r_{sn_s1} & r_{sn_s2} & \cdots & r_{sn_sn_s} \end{bmatrix} \tag{3-45}$$

对于第 i 个结构,将其变化到第 j 个结构的概率 p_{sij},可以根据其与其他结

构变化的比较情况，通过式(3-46)计算。

$$p_{sij} = \frac{r_{sij}}{\sum_{i=1}^{n_s} r_{sij}}, \quad i,j = 1,2,\cdots,n_s \tag{3-46}$$

对于式(3-40)，当选择自然对数运算(即底 e=2.71828)时，$K=1/\ln n_s$。考虑到第 i 个结构变化到所有其他结构，其结构的变化信息熵计算公式为

$$H(R_{Si}) = -\frac{1}{\ln n_s}\sum_{j=1}^{n_s}(p_{sij}\ln p_{sij}), \quad i = 1,2,\cdots,n_s \tag{3-47}$$

考虑所有结构变化的信息熵为

$$H(\boldsymbol{R}_S) = \sum_{i=1}^{n_s} H(R_{Si}) \tag{3-48}$$

结构变化信息熵较小的产品设计方案具有较高的产品可适应性。当存在多种设计方案时，应选择结构变化信息熵最小的方案。

3. 考虑产品参数变化的信息熵

假设可适应设计中考虑 n_p 个可适应设计任务，且 m_p 个设计参数用于完成这些可适应设计任务，n_p 个可适应设计任务和 m_p 个设计参数所对应的产品参数变化度 **V** 可由式(3-49)计算。

$$\boldsymbol{V} = \begin{bmatrix} v_{11} & v_{12} & \cdots & v_{1m_p} \\ v_{21} & v_{22} & \cdots & v_{2m_p} \\ \vdots & \vdots & & \vdots \\ v_{n_p1} & v_{n_p2} & \cdots & v_{n_pm_p} \end{bmatrix} \tag{3-49}$$

式中：v_{ij}($i=1,2,\cdots,n_p$；$j=1,2,\cdots,m_p$)表示第 i 个可适应设计任务的第 j 个设计参数的具体值。

由于这些不同的参数具有不同的尺度和不同的单位，因此需进行归一化处理，把式(3-49)中的参数值改变为 0 和 1 之间的归一化值[11]。

参数可分为越大越好型的参数和越小越好型的参数，式(3-50)和式(3-51)分别用于参数值归一化的计算，使得所有参数值在 0 和 1 之间，分别对应最差参数值和最佳参数值。

(1) 对于越大越好型的参数：

$$u_{ij} = \frac{v_{ij} - \min\{v_{1j}, v_{2j}, \cdots, v_{n_pj}\}}{\max\{v_{1j}, v_{2j}, \cdots, v_{n_pj}\} - \min\{v_{1j}, v_{2j}, \cdots, v_{n_pj}\}}$$

$$i=1,2,\cdots,n_{\mathrm{p}};j=1,2,\cdots,m_{\mathrm{p}} \tag{3-50}$$

(2) 对于越小越好型的参数：

$$u_{ij}=\frac{\max\{v_{1j},v_{2j},\cdots,v_{n_{\mathrm{p}}j}\}-v_{ij}}{\max\{v_{1j},v_{2j},\cdots,v_{n_{\mathrm{p}}j}\}-\min\{v_{1j},v_{2j},\cdots,v_{n_{\mathrm{p}}j}\}}$$

$$i=1,2,\cdots,n_{\mathrm{p}};j=1,2,\cdots,m_{\mathrm{p}} \tag{3-51}$$

归一化后的参数值形成参数值变化度矩阵 $\boldsymbol{U}_{\mathrm{P}}$：

$$\boldsymbol{U}_{\mathrm{P}}=\begin{bmatrix} u_{\mathrm{p}11} & u_{\mathrm{p}12} & \cdots & u_{\mathrm{p}1m_{\mathrm{p}}} \\ u_{\mathrm{p}21} & u_{\mathrm{p}22} & \cdots & u_{\mathrm{p}2m_{\mathrm{p}}} \\ \vdots & \vdots & & \vdots \\ u_{\mathrm{p}n_{\mathrm{p}}1} & u_{\mathrm{p}n_{\mathrm{p}}2} & \cdots & u_{\mathrm{p}n_{\mathrm{p}}m_{\mathrm{p}}} \end{bmatrix} \tag{3-52}$$

对于第 i 个可适应设计任务，第 j 个设计参数变化的概率 $u_{\mathrm{p}ij}$ 可以通过式(3-53)计算。

$$p_{\mathrm{p}ij}=\frac{u_{\mathrm{p}ij}}{\sum_{j=1}^{m_{\mathrm{p}}}u_{\mathrm{p}ij}},\quad i=1,2,\cdots,n_{\mathrm{p}};j=1,2,\cdots,m_{\mathrm{p}} \tag{3-53}$$

对于式(3-40)，当选择自然对数运算(即底 e=2.71828)时，$K=1/\ln n_{\mathrm{p}}$。考虑到第 j 个设计参数的变化，其参数变化信息熵计算公式为

$$H(U_{\mathrm{P}j})=-\frac{1}{\ln n_{\mathrm{p}}}\sum_{i=1}^{n_{\mathrm{p}}}(p_{\mathrm{p}ij}\ln p_{\mathrm{p}ij}),\quad j=1,2,\cdots,m_{\mathrm{p}} \tag{3-54}$$

由于设计参数权重因子的差异，在计算考虑所有参数值变化的信息熵时也需要考虑它们的权重因子。第 j 个设计参数的权重因子计算公式为

$$\lambda(U_{\mathrm{P}j})=\frac{1-H(U_{\mathrm{P}j})}{\sum_{j=1}^{m_{\mathrm{p}}}(1-H(U_{\mathrm{P}j}))},\quad j=1,2,\cdots,m_{\mathrm{p}} \tag{3-55}$$

考虑所有参数变化的信息熵为

$$H(\boldsymbol{U}_{\mathrm{P}})=\sum_{j=1}^{m_{\mathrm{p}}}(\lambda(U_{\mathrm{P}j})H(U_{\mathrm{P}j})) \tag{3-56}$$

参数变化信息熵较小的产品设计方案具有较高的产品可适应性。当存在多种设计方案时，应选择参数变化信息熵最小的方案。

3.5 总结

开发有效的评估方法对工程设计至关重要。为了找出具有最佳可适应性的候选设计方案,需要对可适应设计进行定量评估。

目前,产品的可适应性通常用于评估可适应设计。产品的可适应性被定义为一个物理产品能够通过可适应变化来满足需求变化的能力。在产品的可适应设计中,新产品是通过更改现有产品来得到的,如增加新的组件/模块,用新的组件/模块来替换或升级现有的组件/模块,以及重新配置现有的组件/模块。

可适应设计任务及其概率可能是可预测的,也可能是不可预测的,产品的可适应性也可分为两类:具体可适应性和一般可适应性。当可适应设计任务及其概率能够被预测时,可适应性是具体可适应性。当不能预测可适应设计任务或其概率时,可适应性是一般可适应性。本章介绍了基于成本节约来计算具体可适应性和通过产品的实际结构与其理想结构的比较来计算一般可适应性的方法。

为了提供可适应设计的指导方针和工具,以提升产品的可适应性,第 4 章将介绍可适应设计的流程和方法。

本章参考文献

[1] SUH N P. The principles of design [M]. New York: Oxford University Press, 1990.

[2] GU P H, SLEVINSKY M. Mechanical bus for modular product design [J]. CIRP Annals, 2003, 52(1): 113-116.

[3] GU P H, HASHEMIAN M, NEE A Y C. Adaptable design [J]. CIRP Annals, 2004, 53(2): 539-557.

[4] BOOTHROYD G. Product design for manufacture and assembly [J]. Computer-Aided Design, 1994, 26(7): 505-520.

[5] SUH N P. Axiomatic design: advances and applications [M]. New York: Oxford University Press, 2001.

[6] LI Y, XUE D Y, GU P H. Design for product adaptability [J]. Concurrent Engineering: Research and Applications, 2008, 16(3): 221-232.

[7] FLETCHER D, BRENNAN R W, GU P H. A method for quantifying adaptability in engineering design [J]. Concurrent Engineering: Research and Applications, 2009, 17(4): 279-289.

[8] YANG H, XUE D Y, TU Y L. Modeling of the non-linear relations among different design and manufacturing evaluation measures for multi-objective optimal concurrent design [J]. Concurrent Engineering: Research and Applications, 2006, 14(1): 43-53.

[9] SIH K C. The theory of grey information relation [M]. Taipei: Chun-Hwa Publishing Co, 1997.

[10] SHANNON C E. A mathematical theory of communication [J]. The Bell System Technical Journal, 1948, 27(3): 379-423, 623-656.

[11] JOHNSON R A, WICHERN D W. Applied multivariate statistical analysis [M]. Upper Saddle River: Pearson, 2002.

第 4 章 可适应设计的流程和方法

4.1 可适应设计流程

4.1.1 产品可适应性的设计流程

自从可适应设计被提出以来，如何制定可适应设计的基本原则和设计流程以提高设计的可适应能力一直受到重视。本节将讨论与产品可适应性相关的设计规则与设计流程。产品的适应性调整是由用户来完成的，以延长产品的寿命。

针对具体产品可适应性和一般产品可适应性，Hashemian[1]引入了可适应设计的指导准则。

考虑具体产品可适应性的设计准则包括以下内容。

(1) 确定产品设计中必须满足的主要功能需求(functional requirements, FRs)和可能需要的额外功能需求(additional FRs, AFRs)。

(2) 在设计中提供额外的特性和功能，以满足未来可能的需求。

(3) 利用现有功能和组件实现额外功能。

(4) 确定所要开发的系列产品，使得这些产品能够由同一个设计通过适应性调整获得。在系列产品中确定共同或可重复使用的元素，这些元素可以是功能性的也可以是结构性的。将这些通用元素设计为共享平台。

(5) 确定产品组合或产品系列中的差异化功能，并将其设计为附加模块。

(6) 设计平台和模块之间的接口，以便于连接和拆卸操作。

(7) 使得可能需要升级的部件便于更换。

(8) 识别可定制的功能，并设计一个产品使得这些功能能够轻松替换或更改。

考虑一般产品可适应性的准则包括以下内容。

(1) 首先，可适应性强的产品应该具有分离式产品架构，使得适应性调整能够限定在局部范围内，而不会引起产品其他地方的变化。

(2) 其次，各子系统是设计用来执行明确功能的模块。

(3) 最后，子系统是自主和独立的，它们的功能能够独立于其工作环境而实现。

Gu[2]提出了一种用于提高产品可适应性的设计过程。该方法的步骤如下(可在任何步骤进行迭代)。

(1) 确定可适应设计目标：确定主要功能需求和额外功能需求。此外，确定对设计问题具有重要意义的生命周期目标。

(2) 产品/系统的概念和架构设计：基于主要功能需求和额外功能需求开发产品架构。

(3) 设计具备可适应能力的产品：开发能够满足主要功能需求和额外功能需求的整体可适应产品的初始架构。这是可适应设计中最具创造性的部分。

(4) 考虑全生命周期性能：运用生命周期性能目标进行零部件聚类。

(5) 评价：对设计和可适应性进行评价。

Li 等[3]和 Li[4]将产品可适应设计过程进一步细化为以下步骤。

(1) 产品规划。这一步包括确定可适应设计的任务需求、确定客户需求、确定主要功能和可选择的功能，以及建立用于建模的功能树模型和满足功能的物理部件树模型。

(2) 模块化。与设计功能具有依赖关系的组件被分为同一模块。

(3) 建立产品架构。基于模块聚类开发产品架构，这些模块之间的相互作用通过物质、能量和信息流进行建模，对模块进行几何空间布局。

(4) 可适应接口设计。开发接口和接口连接器，以便在平台和模块之间，以及各个模块之间进行连接与功能交互。

(5) 概念设计评价。对每一个候选设计方案进行评价，主要有四个评估指标，包括设计的具体产品可适应性、零件总成本、装配成本和客户可操作性。使用灰色关联分析方法[5]对候选设计方案进行优先排序。

(6) 详细设计。一旦确定了最佳设计方案,使用CAD系统对包括零部件在内的设计细节进行建模。

4.1.2 设计可适应性的设计流程

设计可适应性主要用于一系列产品的设计和生产,或用于产生新的设计。与产品可适应性相同,我们提出了设计可适应性的设计准则和流程。

Gu[2]提出了一个设计可适应性的设计流程。这种设计方法的步骤如下。

(1) 确定可适应设计目标:确定产品组合(可由一个可适应设计开发的不同产品)及其全生命周期目标。

(2) 产品/系统概念与架构设计:确定目标产品的功能需求,并根据主要功能需求和附加功能需求为每个产品制订初始设计方案。

(3) 对不同方案进行共性评估:对于一个产品系列,识别这些设计之间的共性,可以是功能上的共性,也可以是结构上的共性。对于单件生产的产品,确定设计中可用于新产品开发的可重复使用元素。

(4) 通用设计:开发可在产品之间共享的通用设计。

(5) 考虑生命周期性能:基于生命周期目标对零部件聚类。

(6) 评价:评价设计和产品可适应性。

4.2 可适应设计的要素

本节详细讨论可适应设计的四个要素:设计需求、候选设计方案、设计评估和设计优化。

4.2.1 设计需求

与传统设计过程中的设计需求相比,可适应设计中的设计需求可在不同的运行阶段发生变化。

在可适应设计中,在产品生命周期的不同阶段,设计需求可能不同。表4-1显示了测试水平风力发电机组的可适应设备的设计需求[6]。在本设计中,测试设备在不同阶段需要进行变更,以满足发电、振动模拟和温度控制的不同测试要求。

表 4-1　可适应风力发电机组测试设备要求[6]

阶段	要求
第一阶段(1～3 年)	功率 600～1000 kW,无受力振动,无高温导致的磨损
第二阶段(4～6 年)	功率 1200～1800 kW,有轻微的受力振动,无高温导致的磨损
第三阶段(7～9 年)	功率 2000～5000 kW,有剧烈的受力振动,有高温导致的磨损

产品从购买到报废的使用生命周期时间由时间参数 T 描述。该时间参数的值从 T_0 变为 T_{max},二者分别表示产品购买时的时间和产品处置/回收时的时间。产品使用生命周期时间参数 T 可分为连续型、离散型或整数型。

对于一个可适应产品,其整个使用生命周期通常分为若干运行阶段,如图 4-1 所示。这 n 个运行阶段中的每一个阶段 $L_i(i=1,2,\cdots,n)$都通过其设计需求 R_i 和设计解决方案 D_i 来描述。

$$L_i = \{R_i, D_i\} \tag{4-1}$$

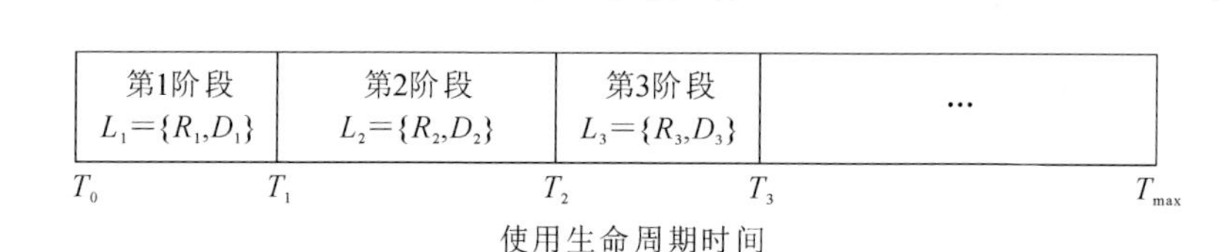

图 4-1　产品的不同运行阶段[6]

使用生命周期时间参数 T 可具有不同类型的值。

(1) 连续型 T:例如,车辆中使用蓄电池的时间可以用 $T\in[0,5]$(年)表示。

(2) 离散型 T:例如,车辆电池需要检查的时间可以用 $T\in\{0,2,2.5,3,3.2,\cdots\}$(年)来描述。

(3) 整数型 T:例如,车辆需要大修的时间可以用 $T\in\{1,2,3,4,\cdots\}$(年)来描述。

设计需求可以是定性的,也可以是定量的。

(1) 定性设计需求　定性设计需求可以通过文字串的布尔数(即是与否)进行描述。例如,对个人计算机系统中蓝光驱动器的要求可描述为

$$R_1(T)=\text{“Blu-ray Drive”}, 2\leqslant T(\text{year})\leqslant 4$$

(2) 定量设计需求　定量设计需求由数值函数和约束条件描述。例如,车

辆蓄电池的电压要求被定义为

$$11\ \mathrm{V}\leqslant \mathrm{Voltage}(T)\leqslant 12.5\ \mathrm{V}, 0\leqslant T(\mathrm{year})\leqslant 5$$

第 2.1.1 节中介绍的功能建模方法也可用于设计需求的定性描述。图 4-2 展示了一个与或树，用于可适应移动式起重机设计中对设计需求的功能的定性描述[7]。

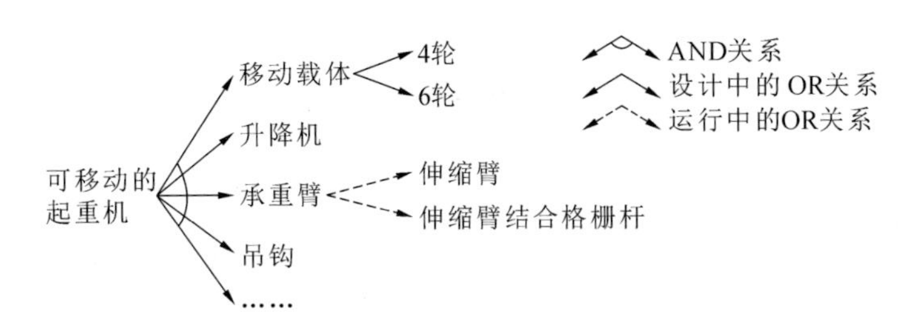

图 4-2　利用与或树描述设计需求的功能[7]

这个与或树考虑了不同的候选设计配置和每个候选设计配置的不同操作配置状态。在这个树中，部分设计解决方案的需求，例如组件和模块，是通过节点进行描述的。父节点的子节点之间的关系分为三类。

(1) 与(AND)关系。与关系用于描述候选设计配置和操作配置中子节点之间的与关系。

(2) 设计(design)中的或(OR)关系(OR-D)。OR-D 关系用于描述代表不同的候选设计配置的子节点之间的关系。

(3) 运行(operation)中的或(OR)关系(OR-O)。OR-O 关系用于描述不同的操作配置的子节点之间的关系。

当需要选择所有的子节点来满足父节点时，所有这些子节点之间的关系是 AND 关系。在图 4-2 所示的例子中，移动式起重机的移动载体(托架)、升降机、承重臂和吊钩等之间的关系是 AND 关系。在候选设计方案中，父节点可由其任意一个子节点来满足时，这些子节点之间有 OR-D 关系。例如，具有 4 个车轮的托架和具有 6 个车轮的托架是两种设计方案，具有 OR-D 关系。当父节点在运行阶段由其任意一个子节点来满足时，这些子节点之间有 OR-O 关系。例如，在运行中，我们可以只选用伸缩臂或选用伸缩臂和格栅杆的组合。

设计需求通常通过获取客户需求并将客户需求转化为工程技术指标的方式来实现。质量功能展开(quality function deployment，QFD)[8]是一种将客户需求转换为工程技术指标的方法。

Cheng 等[9]在为重型龙门铣床开发可适应产品平台的设计研究中，使用表 4-2 所示的关系将客户需求转换为工程技术指标。表 4-3 给出了工程技术指标中描述的 19 个客户的需求。为了得出可适应产品平台的模块，该研究使用了 K 均值分类方法，将需求分类为通用需求和个性化需求。在此研究中，基本的通用模块用来满足通用需求，特殊的附加模块用来满足个性化需求。

表 4-2　客户需求和工程技术指标之间的映射关系[9]

客户需求	工程技术指标					
	龙门架跨距	主轴最大转速	主轴电动机功率	工作台最大负载	横梁类型	坐标轴数
高精度				×	×	×
低成本			×			×
高可靠性			×		×	
工作稳健性	×	×		×		
人机交互便利性					×	×
低噪声		×	×	×		

表 4-3　工程技术指标设计需求[9]

客户	龙门架跨距/mm	龙门架行程/mm	滑动托架行程/mm	滑枕行程/mm	主轴电动机功率/kW	主轴最大转速/(r/min)	工作台最大负载/(t/m²)	横梁类型(0:固定；1:可移动)	轴数(0:3 轴；1:5 轴)
X1	8500	16500	9000	3000	100	1500	25	0	1
X2	4800	13500	6000	2000	100	1240	25	1	0
X3	10500	17500	11500	3000	100	1500	25	1	0
X4	9500	16500	10000	2500	100	1500	25	1	1
X5	3800	11500	5000	1500	100	2000	25	0	0
X6	8000	17500	8000	1500	100	1500	25	0	1
X7	9500	21500	10000	2500	100	2000	25	1	1
X8	8000	16500	8500	2000	100	3000	25	0	1
X9	5800	16500	7000	1500	100	1500	25	1	0
X10	8500	17500	10000	2000	100	2000	25	0	1
X11	6800	17500	8000	3000	100	1500	25	1	1

续表

客户	龙门架跨距/mm	龙门架行程/mm	滑动托架行程/mm	滑枕行程/mm	主轴电动机功率/kW	主轴最大转速/(r/min)	工作台最大负载/(t/m^2)	横梁类型(0:固定;1:可移动)	轴数(0:3 轴;1:5 轴)
X12	10500	16500	11500	2000	100	2000	25	1	1
X13	4800	11500	6000	1500	100	1240	25	0	0
X14	6800	16500	8000	2500	100	1240	25	0	1
X15	3800	11500	5000	1500	100	2000	25	1	1
X16	9500	16500	10000	3000	100	1500	25	1	0
X17	5800	17500	7000	2000	100	1240	25	0	1
X18	4800	17500	6000	2000	100	1240	25	1	0
X19	7500	16500	8000	2000	100	1240	25	1	1

4.2.2 候选设计方案

可适应产品的总体设计方案是通过不同运行阶段的不同配置以及这些配置的参数来描述的,如图 4-1 所示。

一个设计配置可以由零件基本单元构建,多个零件可以组合成一个部件,一个部件也可由零件和子部件组成。当一组零部件能够在可适应产品中方便地进行装配、拆卸、更改、重新定位和更换时,该组零部件也被称为模块。设计配置的描述本质上是定性描述。

例如,内燃发动机(IC Engine)车辆和电动发动机(Electric Engine)车辆的配置可描述为

$$C(T) = \{\text{IC Engine}, \text{Gas Tank}, \cdots\}, \quad 0 \leqslant T\ (\text{year}) \leqslant 5$$

$$\{\text{Electric Engine}, \text{Rechargeable Batteries}, \cdots\}, \quad 5 < T(\text{year}) \leqslant 10$$

参数用于对一个配置中零部件的属性进行描述,参数可被赋值,参数值可以是连续值、离散值、整数值和布尔值。典型的参数包括尺寸、公差、材料特性等。此外,还可以用参数进行定性描述(如组件的颜色和材质)。

产品生命周期时间 T 可用于计算产品生命周期不同时间段的参数值。例如,汽油的单位成本可定义为

$$\text{unit\_cost}(T) = 1 \times (1 + 2\% T)(\$/\text{liter}), \quad 0 < T(\text{year}) \leqslant 10$$

设计参数也可定义为其他参数的数值函数。例如,开车所需的汽油成本可

通过以下公式计算：

$$\text{total\_cost}(T) = \text{unit\_cost}(T) \times d/m\ (\$), \quad 0 < T(\text{year}) \leqslant 10$$

式中：d 和 m 分别是距离(km)和单位汽油所开里程(km/L)参数；unit_cost(T)是单位汽油的价格。使用 unit_cost(T)、d 和 m 作为输入参数来计算输出参数总汽油价格 total_cost(T)的值。在生命周期的不同时间 T，参数值是不同的。

图 4-3 显示了用生命周期时间 T 构成的数值函数参数。

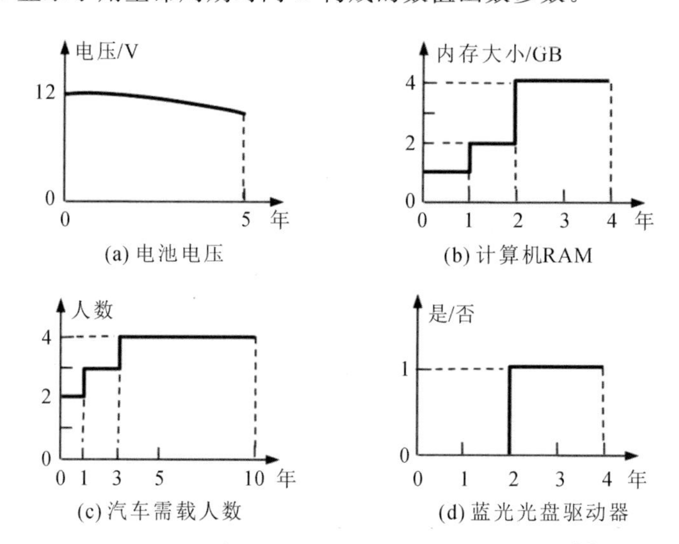

图 4-3 设计参数被定义为随时间 T 变化的函数[6]

各种设计配置候选方案和候选运行配置可以用满足设计需求的与或树来表达，如图 4-2 所示。根据图 4-2 给出的与或树通过树搜索可以生成设计配置候选方案和运行配置，如图 4-4 所示。

以下规则用于根据与或树生成不同的设计配置候选方案：

(1) 首先必须选择根节点；

(2) 当一个节点被选中并且其所有子节点之间具有与(AND)关系时，这些子节点都应该被选中；

(3) 当一个节点被选中并且其所有子节点之间具有设计或(OR-D)关系时，应该仅选择这些子节点中的一个；

(4) 当一个节点被选中并且其所有子节点之间具有运行或(OR-O)关系时，所有这些子节点都应该被选中。

通常情况下，每个可行的设计配置候选方案都是通过 AND 关系和 OR-O

关系的与或树来表述的。图 4-4(a)所示的设计配置候选方案是由图 4-2 所示的混合与或树通过树搜索生成的。

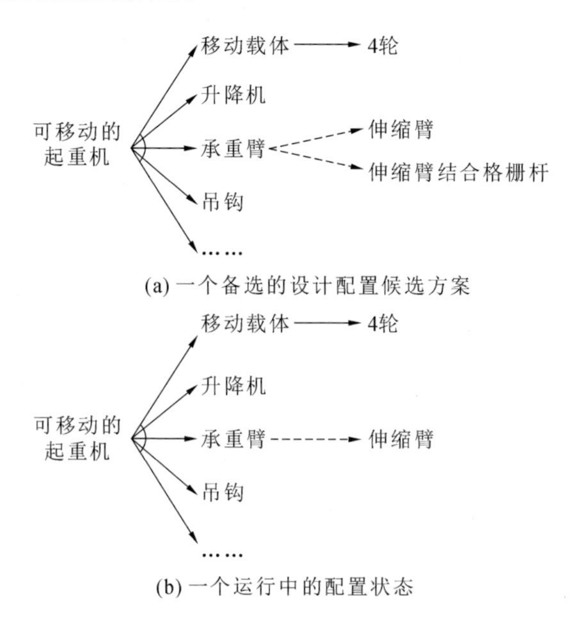

图 4-4　根据混合与或树生成的设计配置候选方案和运行配置[7]

根据一个可行的设计配置候选方案,可以生成产品在运行阶段的不同运行配置状态。生成产品运行配置状态的规则如下:

(1) 首先必须选择设计配置候选方案与或树中的根节点;

(2) 当一个节点被选中并且其所有子节点之间具有与(AND)关系时,所有这些子节点都应该被选中;

(3) 当一个节点被选中并且其所有子节点之间具有运行或(OR-O)关系时,应该仅选择这些子节点中的一个。

根据一个设计配置候选方案的与或树可以生成多个产品运行配置状态。运行阶段中每一个可能的产品运行配置状态都由一个仅具有与关系的树构成。图 4-4(b)所示的运行配置状态是由图 4-4(a)所示的设计配置候选方案生成的。

满足不同运行阶段不同要求的可适应设计的候选设计方案也可以用与或树来生成。图 4-5 展示了用于测试新飞机中使用的两个泵(包括一个燃油泵和一个油泵)的可适应设备的设计方案的与或树。

燃油泵用于向涡轮机燃烧室提供燃料。油泵用于向燃料系统中的轴承和

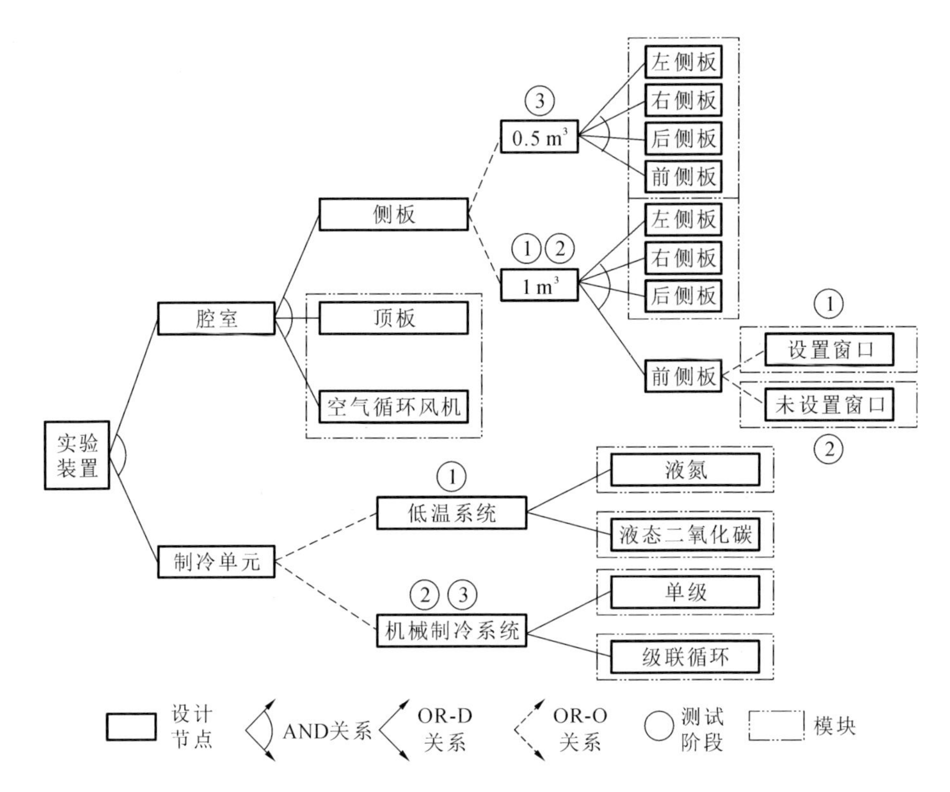

图 4-5　用于测试两个新泵的可适应设备的设计方案的与或树[10]

其他部件提供润滑油。可对燃油泵进行两种不同类型的测试，包括在－54 ℃的极低温下进行泄漏测试，以及在－28 ℃的低温下进行压力和流量测试。油泵仅进行一类测试，以检查在－28 ℃的低温条件下的压力和流量。考虑到不同的测试任务，对三个运行阶段提出可适应设备的设计需求。

阶段Ⅰ：在极低温下测量燃油泵泄漏的试验。

阶段Ⅱ：在低温下测量燃油泵压力和流量的试验。

阶段Ⅲ：在低温下测量油泵压力和流量的试验。

可适应的测试设备主要由用于放置泵的腔室（chamber）和用于保持腔室内低温的制冷单元（refrigeration equipment）组成。风机（fan）被安装在腔室的顶板（top panel）上，以提供空气循环。在阶段Ⅰ，需要为腔室设置一个窗口（window）以便观察。对于制冷机组，阶段Ⅰ考虑使用液氮（LN_2）或液态二氧化碳（LCO_2）的低温系统（cryogenic system），阶段Ⅱ和阶段Ⅲ考虑使用单级（single stage）或级联循环（cascade cycles）的机械制冷系统（mechanical refrigeration system)。图 4-5 展示了考虑不同阶段的设计配置候选方案和运行配置状态的混合与或树。

根据图 4-5 所示的混合与或树的 OR-D 关系可以生成表 4-4 所示的四个设计配置候选方案。这些候选方案采用了腔室的所有设计节点。通过评估比较这四个设计配置候选方案,第一个方案被选为最佳方案。图 4-6 展示了通过与或树表达的第一个设计配置候选方案。图 4-7 所示为第一个设计配置候选方案的三个运行配置状态。

表 4-4 设计配置候选方案

设计配置候选方案	选用的设计节点
1	腔室,液氮(阶段Ⅰ),单级(阶段Ⅱ和阶段Ⅲ)
2	腔室,液态二氧化碳(阶段Ⅰ),单级(阶段Ⅱ和阶段Ⅲ)
3	腔室,液氮(阶段Ⅰ),级联循环(阶段Ⅱ和阶段Ⅲ)
4	腔室,液态二氧化碳(阶段Ⅰ),级联循环(阶段Ⅱ和阶段Ⅲ)

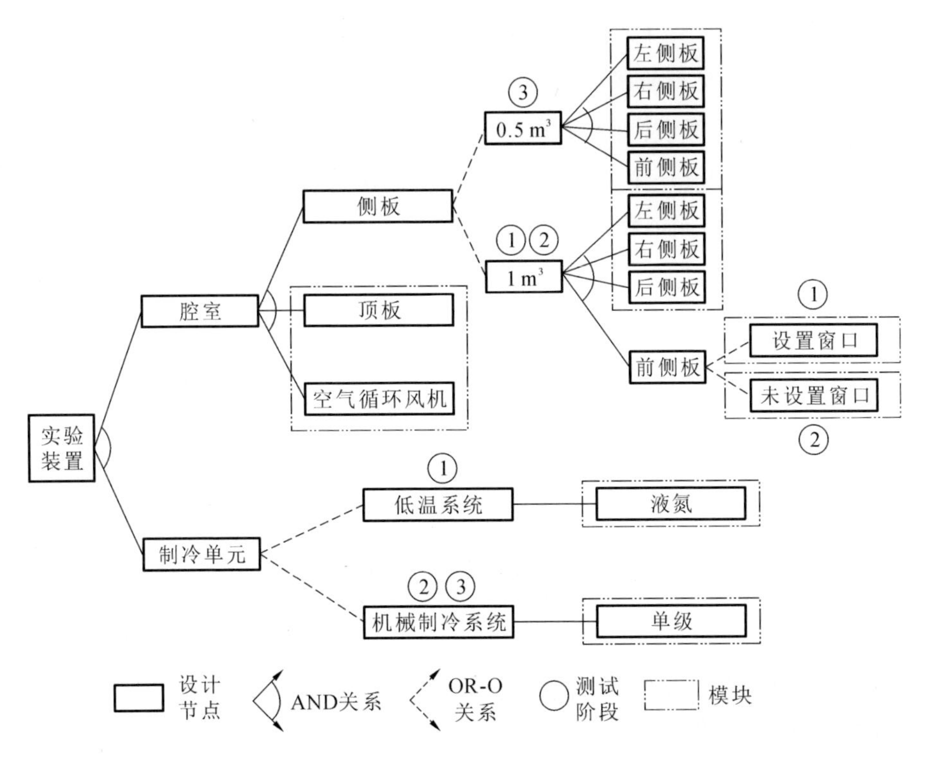

图 4-6 通过与或树表达的第一个设计配置候选方案[10]

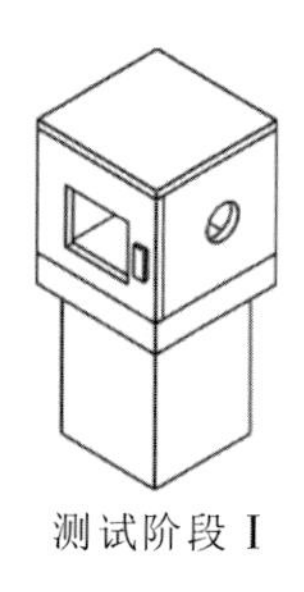

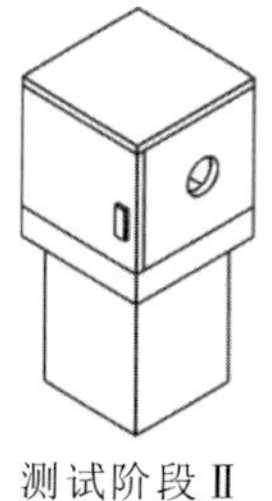

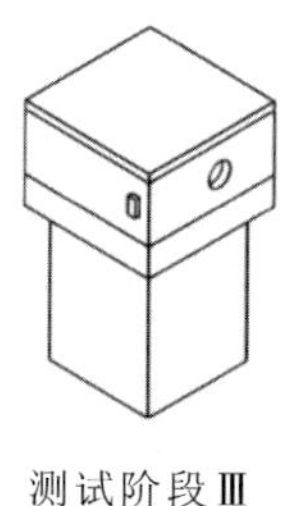

图 4-7　第一个设计配置候选方案的三个运行配置状态[10]

4.2.3　设计评估

可通过多种评估方法对可适应产品使用过程进行评估。由于可适应产品的配置和参数值通常会在整个产品使用过程中发生变化，因此评估指标也通常在整个产品使用过程中发生变化。在第 i 个运行阶段的特定生命周期时间 T 的评估指标可以通过以下公式计算：

$$E_j(T) = E_j(\boldsymbol{P}_i, T_i), \quad i = 1,2,\cdots,n; j = 1,2,\cdots,m \tag{4-2}$$

式中：$\boldsymbol{P}_i$ 是第 i 个运行阶段中的配置参数集合；n 是运行阶段的数量；m 是评估指标的数量；T_i 是第 i 个运行阶段的生命周期时间参数。在整个产品使用过程中的评估指标可以是一个常数、关于 T 的单调函数（即递增函数或递减函数），或者关于 T 的非单调函数，如图 4-8 所示。

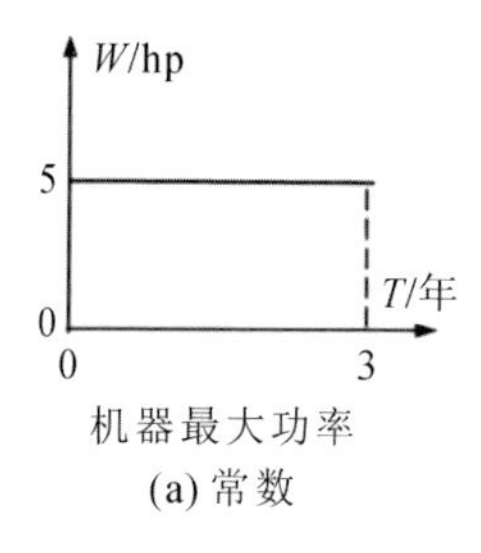

(a) 常数

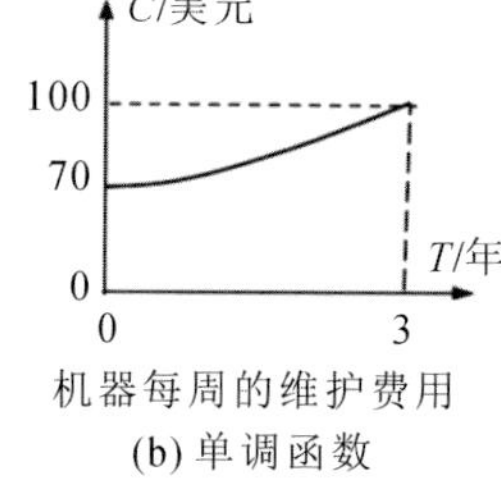

(b) 单调函数

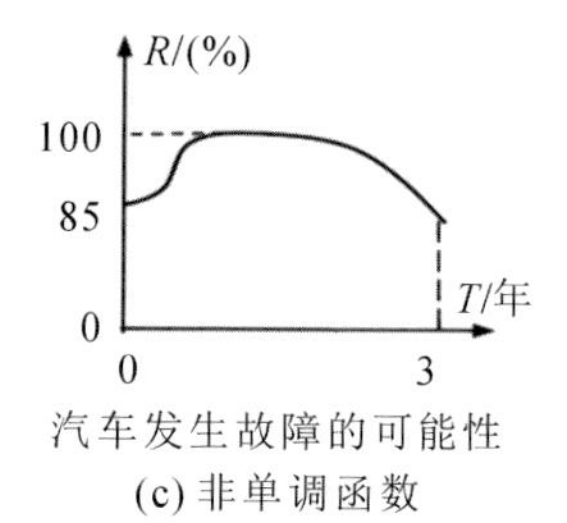

(c) 非单调函数

图 4-8　产品使用过程中评估指标的变化[10]

注 1 hp＝746 W。

为了比较具有不同单位的不同评估指标，这些评估指标需要转换为 0～1 的可比评估指标，如满意度[11]。

$$I_j(T) = I_j[E_j(T)], \quad j = 1,2,\cdots,m \tag{4-3}$$

有单位评估指标和无单位评估指标之间的关系可以是线性关系，也可以是非线性关系。

由于无单位评估指标越高表示满意度越高，因此根据有单位评估指标与无单位评估指标之间的关系，可将评估方法分为 3 类，即越小越好、越大越好和越接近理想值越好。

当用第 j 个无单位评估指标 $I_j(T)$ 评估在某个生命周期时间 T 的可适应产品时，在产品生命周期时间 T 内所有 m 个评估指标的总评估指标 $I(T)$ 可通过以下公式获得：

$$I(T)=\frac{\sum_{j=1}^{m}[W_j I_j(T)]}{\sum_{j=1}^{m}W_j} \tag{4-4}$$

式中：W_j 是表示第 j 个评估方面的重要性的权重因子(0～1)。

考虑产品的整个使用生命周期，可适应产品的总体评估指标 I 可定义为

$$I=\int_{T_0}^{T_{\max}} I(T)\mathrm{d}T \tag{4-5}$$

式中：T_0 和 $T_{\max}$ 是产品使用生命周期的开始时间和结束时间。当不考虑生命周期时间参数 T 时，式(4-3)和式(4-4)与第 3.3 节中的式(3-27)和式(3-28)相同。

在 Gadalla 和 Xue[12] 开发的可重构机床的设计中，主轴电动机功率的有单位评估指标 P_{m}(kW)与其无单位评估指标 $I_{P_{\mathrm{m}}}$ 之间的关系由三次多项式表示：

$$I_{P_{\mathrm{m}}}=-5.6\times10^{-6}P_{\mathrm{m}}^3-0.0011P_{\mathrm{m}}^2+0.071P_{\mathrm{m}}-0.0037$$

4.2.4 设计优化

由于有大量的设计配置候选方案、运行配置状态，以及这些配置的不同参数值可满足设计需求，本研究采用优化方法来寻找考虑产品整个使用生命周期的最佳设计解决方案。

本研究采用多层次优化模型[13]来求解最佳设计配置方案及其设计参数值。用此优化模型，首先应通过参数优化来获得第 i 个设计配置方案的最佳设计参数值。

$$\begin{aligned}
&\text{搜索：参数 } \boldsymbol{X}_i \\
&\text{优化：} I^{(i)} \\
&\text{约束：} \boldsymbol{X}_i^{(\mathrm{L})} \leqslant \boldsymbol{X}_i \leqslant \boldsymbol{X}_i^{(\mathrm{U})} \\
&\qquad h_j(\boldsymbol{X}_i) = 0, \quad j = 1,2,\cdots \\
&\qquad g_j(\boldsymbol{X}_i) \leqslant 0, \quad j = 1,2,\cdots
\end{aligned} \tag{4-6}$$

式中：$I^{(i)}$ 是考虑产品整个使用生命周期而选择的评估指标；$\boldsymbol{X}_i^{(\mathrm{L})}$ 和 $\boldsymbol{X}_i^{(\mathrm{U})}$ 分别表示 $\boldsymbol{X}_i$ 的下限和上限。

在所有 p 个可行的产品设计配置候选方案中，通过配置优化获得最佳设计方案。

搜索：最佳的设计配置

$$\begin{aligned}
&\text{最大化：} I = I(i) \\
&\text{约束：} 1 \leqslant i \leqslant p
\end{aligned} \tag{4-7}$$

式中：i 表示第 i 个设计配置候选方案；p 是所有可行的设计配置候选方案的数量。

参数优化可以通过数值计算和搜索来进行[14]。当考虑约束时，使用惩罚函数可将有约束优化问题转换为无约束优化问题。当可能的设计配置候选方案的数量不多时，可以用穷举法评估所有的设计配置候选方案并选择最佳设计方案。当可能的设计配置候选方案的数量较多时，可以使用遗传规划[15]来选择最佳设计方案。遗传规划是一种进化的计算方法，在遗传规划中，优化问题的解是用树的结构表示的，多个个体（也称为染色体）用来描述一代群体中的多个解决方案，繁殖、交叉和变异是用来将个体从一代进化到具有更好的平均评估值的下一代的三种操作[16]。

式(4-6)中的优化目标函数由表 4-5 和图 4-9 所示的三种方法中的一种来表达。

1. 平均评估值法

在该方法中，将考虑产品整个使用生命周期的平均评估指标用作评估一个设计配置候选方案的参数优化的目标函数。对于可适应产品的优化设计，通常选择平均评估值法。图 4-9(a) 显示了一个基于平均评估值法从两个设计配置候选方案中选择更好方案的示例。

表 4-5 选择优化目标函数的三种方法

方法	参数优化的目标函数
平均评估值法(average-case method)	Maximize $I^{(i)} = \int_{T_0}^{T_{max}} I(T)\mathrm{d}T$
最佳评估值法(best-case method)	Maximize $I^{(i)} = I(T)$
最劣评估值法(worst-case method)	Minimize $I^{(i)} = I(T)$

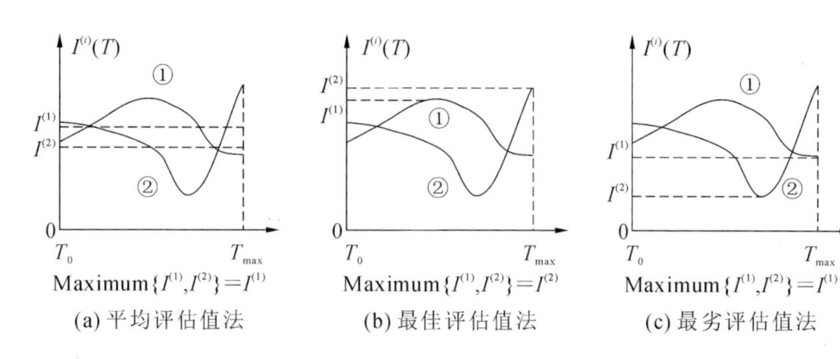

图 4-9 选择优化目标函数的三种方法[10]

2. 最佳评估值法

在该方法中,将考虑产品整个使用生命周期的最佳评估指标用作评估一个设计配置候选方案的参数优化的目标函数。当希望在产品整个使用生命周期中的某个时间点得到最大的评估值,例如在赛车的设计中希望达到最大速度时,使用最佳评估值法。图 4-9(b)显示了基于最佳评估值法从两个设计配置候选方案中选择更好方案的示例。

3. 最劣评估值法

在该方法中,将考虑产品整个使用生命周期的最差评估指标用作评估一个设计配置候选方案的参数优化的目标函数。当希望避免在产品整个使用生命周期的某个时间点得到最小评估值,例如在设计具有最低故障风险的卫星时,使用最劣评估值法。图 4-9(c)显示了根据最劣评估值法从两个设计配置候选方案中选择更好方案的示例。

在上述三种方法中,对应于最佳设计参数值的最佳目标函数评估值被选为该设计配置候选方案的评估值。在所有的设计配置候选方案中,最佳设计配置方案是通过配置优化来确定的。在用于测试两个新泵的可适应设备设计研究

中[10],考虑到表 4-4 所示的四个设计配置候选方案和两个设计参数(即真空压强 P(Pa)和辐射屏蔽屏数量 n),最佳设计如下(见图 4-10)。

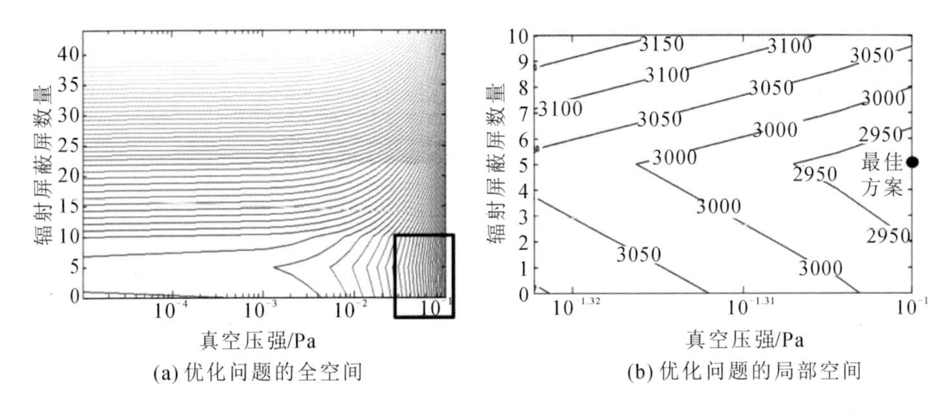

(a) 优化问题的全空间 (b) 优化问题的局部空间

图 4-10 有两个设计参数的最优设计[10]

(1) 最佳配置方案:设计配置候选方案 1(腔室,液氮(阶段Ⅰ),单级(阶段Ⅱ和阶段Ⅲ))。

(2) 最佳参数值:P=0.1 Pa,n=5。

4.3 稳健可适应设计

可适应设计常常用于设计具备可适应能力的产品。由于不确定性导致的参数变化会影响可适应产品的质量,因此在可适应设计中有必要考虑产品性能的稳健性。本节旨在提出一种可适应设计方法,使产品能够适应各种需求的变化,并且使可适应产品性能对参数变化的敏感性降低。在本节中,分别从参数、配置和架构三个层面考虑稳健可适应设计。

4.3.1 考虑需求和参数变化的稳健可适应设计

本小节介绍了一种稳健可适应设计方法,用于设计可适应产品,并能够降低性能对不确定因素的敏感性。对于可适应产品,参数可以分为两类,即设计参数(design parameters,DPs)和非设计参数(non-design parameters,NPs),如图 4-11 所示。

设计参数为设计工程师能够确定与优化的参数。设计参数又分为两类:不

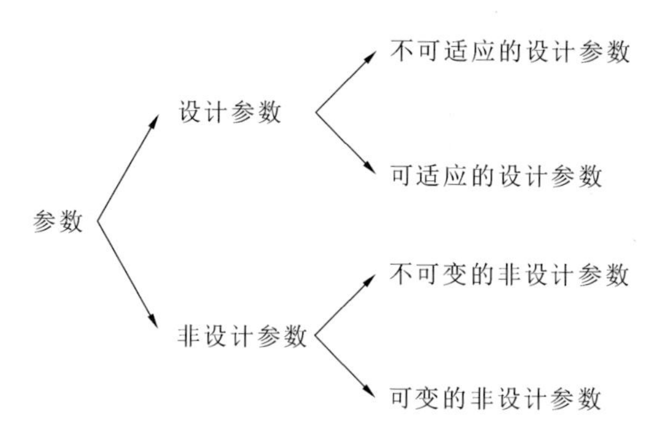

图 4-11 参数分类

可适应的设计参数(un-adaptable design parameters,U-DPs)和可适应的设计参数(adaptable design parameters,A-DPs)。产品运行过程中不可适应的设计参数的数值不能够改变。与之相反,当使用需求和工作条件发生变化时,可适应的设计参数的数值可以在产品使用过程中进行适应性调整。根据以下设计原则进行设计参数值的适应性调整,以适应变化的要求和工作条件。

非设计参数为设计过程中不能自由确定的参数。非设计参数(如工作条件和给定的产品参数)往往在设计之前提供。非设计参数也分为两类:不可变的非设计参数(unchangeable non-design parameters,U-NPs)和可变的非设计参数(changeable non-design parameters,C-NPs)。不可变的非设计参数是指其值在产品运行阶段不发生更改的参数,可变的非设计参数是指其值在产品运行阶段能够变动的参数。

对于可适应产品,参数数值能够在产品使用阶段变化与调整。在可适应设计中,考虑了两类参数变化。

(1) 同一时间段内具有不同的参数值　在这种情况下,这些不同的参数值与不同的概率相关联。例如,笔记本电脑 80%的时间在 110 V 的电源电压下使用,20%的时间在 220 V 的电源电压下使用。

(2) 在不同时间段具有不同的参数值　在这种情况下,引入生命周期时间参数 $T(T_{\min}\leqslant T\leqslant T_{\max})$,其中 $T_{\min}$是产品购买时的时间,$T_{\max}$是产品处置/回收时的时间,这些参数值被定义为该时间参数的数值函数。例如,第 1 年至第 3 年的汽油价格估计为每升 1.2 美元,第 4 年至第 6 年的汽油价格估计为每升 1.5 美元。

在可适应产品运行阶段，当功能需求值和可变的非设计参数值发生变化时，必须对可适应的设计参数进行适应性调整。在产品适应性调整过程中，根据新的功能需求、不可适应的设计参数、不可变的非设计参数，以及可变的非设计参数，计算出可适应的设计参数数值，如图 4-12 所示。

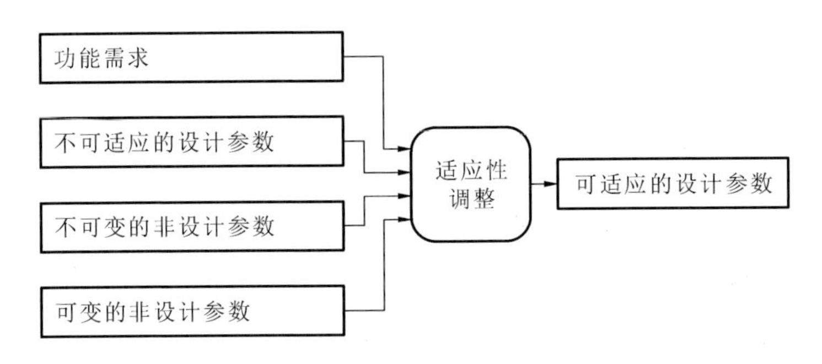

图 4-12　产品运行阶段参数的适应性调整

由于设计、制造和运行过程中的不确定性，有时产品运行参数的数值会偏离其预定值，从而导致性能偏差。与产品适应性调整过程中的功能需求变动、可变的非设计参数和可适应的设计参数的数值变化相比，由不确定性导致的参数和性能的变化相对较小。

在图 4-13 所示的稳健可适应设计中，用性能的稳健性作为设计评价标准。由于可适应的设计参数在产品运行阶段能够根据不同的要求和工作条件进行适应性调整，因此可以获得不同产品适应性状态下的稳健性 $S_i(i=1,2,\cdots,n)$，考虑所有不同产品适应性状态下的稳健性可以得到总体的稳健性 S，可以以整体稳健性的最大化为目标对不可适应的设计参数进行优化。根据四种类型的不可适应的设计参数 $\boldsymbol{P}^{(\text{U-DP})}$、可适应的设计参数 $\boldsymbol{P}^{(\text{A-DP})}$、不可变的非设计参数 $\boldsymbol{P}^{(\text{U-NP})}$ 和可变的非设计参数 $\boldsymbol{P}^{(\text{C-NP})}$，不同参数在不确定因素影响下的变化 $\Delta\boldsymbol{P}^{(\text{U-DP})}$、$\Delta\boldsymbol{P}^{(\text{A-DP})}$、$\Delta\boldsymbol{P}^{(\text{U-NP})}$ 和 $\Delta\boldsymbol{P}^{(\text{C-NP})}$，以及参数和性能之间的关系 $f()$，可以计算第 i 个产品在适应性状态下的各种性能 F_i 及其变化 ΔF_i。一般而言，主要存在两种不同类型的产品适应性调整：

(1) 同一时间段内，以不同概率调整为不同的适应性状态；

(2) 在不同时间段内，以不同概率调整为不同的适应性状态。

1. 功能需求和产品/运行参数建模

如上所述，考虑两类产品适应性调整。功能需求和可变的非设计参数分别

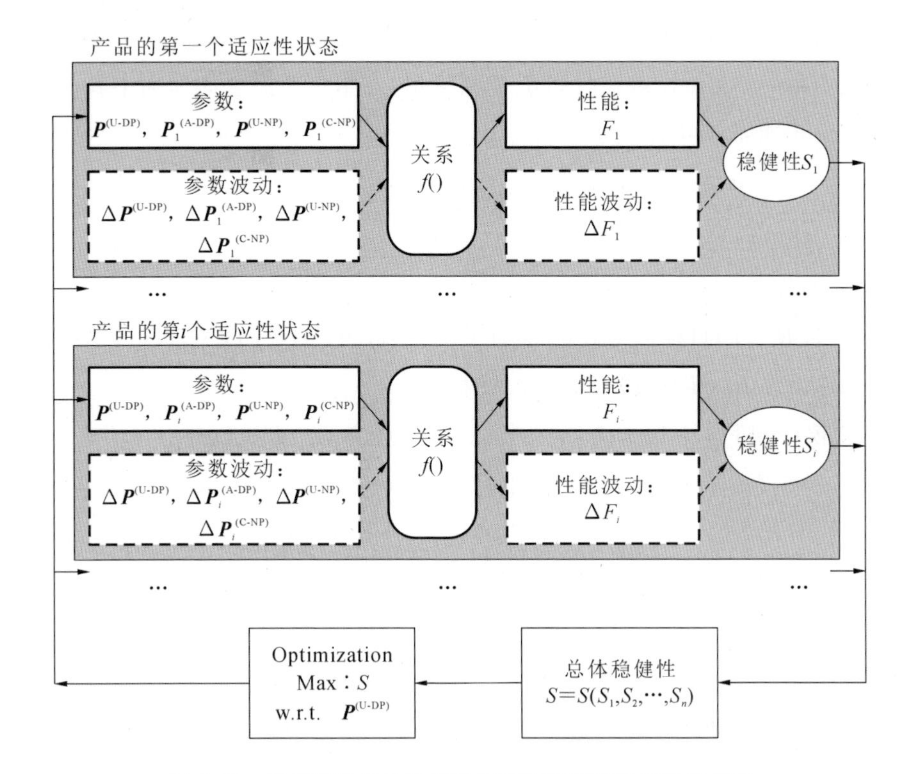

图 4-13　考虑不同产品适应性状态的稳健可适应设计优化

通过需求的指标值与可变的参数值进行建模。同一时间段内，不同的需求与概率相关。不同时间段内的不同需求通过生命周期时间参数 T 的数值函数进行描述。可适应的设计参数的数值可以根据功能需求值和可变的非设计参数数值计算。

功能需求由性能指标的目标值表示。假设有 m 个功能需求，那么在时间 T 时产品的所有功能需求都可以通过向量 $\boldsymbol{R}(T)=(R_1(T),\cdots,R_m(T))$来描述。在产品运行阶段，如图 4-14 所示，根据不同的功能需求，整个生命周期可分为不同的阶段以对需求进行建模。

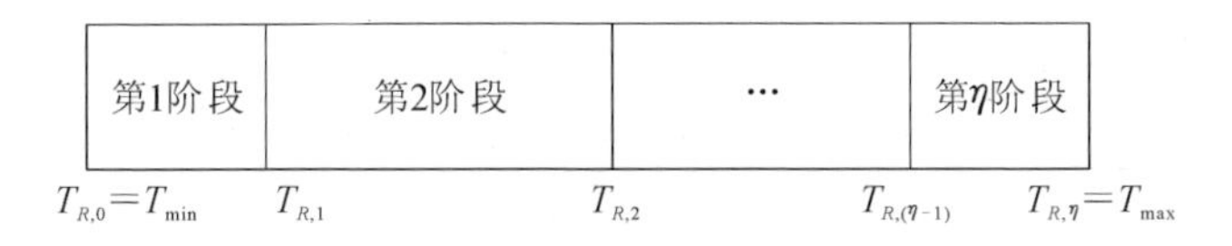

图 4-14　功能需求的不同阶段

功能需求的目标值可以是离散的，也可以是连续的。假设 $z_{ij}(T)$ 表示第 j 个阶段中第 i 个功能需求在时间 T 的目标值，在整个产品生命周期中具有离散目标值的功能需求可描述为

$$z_{ij}(T)=\begin{cases} z_{ij1}(T), & p_{ij1}(T) \\ \vdots & \vdots \\ z_{ij\tau_{ij}}(T), & p_{ij\tau_{ij}}(T) \end{cases},\quad i=1,\cdots,m;j=1,\cdots,\eta \tag{4-8}$$

式中：τ_{ij} 是 $R_{ij}(T)$ 目标值的数量；$p_{ijk}(T)$ $(i=1,\cdots,m;j=1,\cdots,\eta;k=1,\cdots,\tau_{ij})$ 表示功能需求 $R_{ij}(T)$ 被选为 $z_{ijk}(T)$ 的概率。

当第 j 个阶段中第 i 个功能需求的目标值是连续的，并且 $L_{ij}^{(R)}(T)$ 和 $U_{ij}^{(R)}(T)$ 分别是目标值的下限和上限时，功能需求的目标值 $z_{ij}(T)$ 满足：

$$L_{ij}^{(R)}(T)\leqslant z_{ij}(T)\leqslant U_{ij}^{(R)}(T),\quad i=1,\cdots,m;j=1,\cdots,\eta \tag{4-9}$$

在这种情况下，$z_{ij}(T)$ 的概率密度函数为 $p_{ij}[z_{ij}(T)]$。

产品和运行参数分为四类：不可适应的设计参数 $\boldsymbol{P}^{(\text{U-DP})}$、可适应的设计参数 $\boldsymbol{P}^{(\text{A-DP})}$、不可变的非设计参数 $\boldsymbol{P}^{(\text{U-NP})}$ 和可变的非设计参数 $\boldsymbol{P}^{(\text{C-NP})}$。

不可适应的设计参数的数值在稳健可适应设计中是通过优化确定的。不可适应的设计参数由向量 $\boldsymbol{P}^{(\text{U-DP})}=(P_1^{(\text{U-DP})},\cdots,P_l^{(\text{U-DP})})$ 来描述，l 为不可适应的设计参数的个数。不可适应的设计参数数值在产品运行阶段不变。

可变的非设计参数是指其值在产品运行阶段可以变动的非设计参数。假设可变的非设计参数的数量是 n，则可变的非设计参数向量 $\boldsymbol{P}^{(\text{C-NP})}(T)$ 在时间 T 可以被描述为 $\boldsymbol{P}^{(\text{C-NP})}(T)=(P_1^{(\text{C-NP})}(T),\cdots,P_n^{(\text{C-NP})}(T))$。在产品运行阶段，$T$ 时刻可变的非设计参数可以以不同的概率变为不同的值。可变的非设计参数也可以在不同的时间点改变为不同的值。与功能需求类似，从 $T_{\min}$ 到 $T_{\max}$ 可变的非设计参数的整个生命周期也可分为几个阶段，如图 4-15 所示。

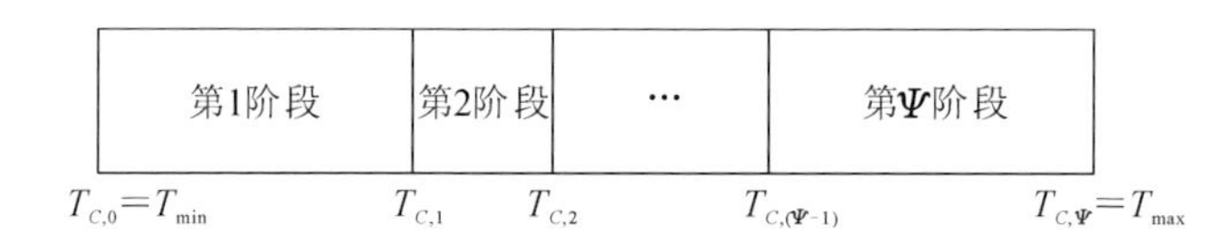

图 4-15　可变的非设计参数的不同阶段

可变的非设计参数的变化可以是离散的或连续的。假设 $y_{ij}(T)$ $(i=1,\cdots,n;j=1,\cdots,\Psi)$ 表示第 j 个阶段中第 i 个可变的非设计参数在时间 T 的值，当仅

考虑离散变化时，$y_{ij}(T)$可描述为

$$y_{ij}(T)=\begin{cases} y_{ij1}(T), & q_{ij1}(T) \\ \vdots & \vdots \\ y_{ij\upsilon_{ij}}(T), & q_{ij\upsilon_{ij}}(T) \end{cases}, \quad i=1,\cdots,n;j=1,\cdots,\Psi \tag{4-10}$$

式中：υ_{ij}是 $y_{ij}(T)$目标值的数量；$q_{ijk}(T)$（$i=1,\cdots,n;j=1,\cdots,\Psi;k=1,\cdots,\upsilon_{ij}$）表示 $y_{ij}(T)$被选为 $y_{ijk}(T)$的概率。

当可变的非设计参数数值能够连续变化，并且 $L_{ij}^{(\text{C-NP})}(T)$和 $U_{ij}^{(\text{C-NP})}(T)$分别是可变的非设计参数的下限和上限时，第 j 个阶段中第 i 个可变的非设计参数在时间 T 的值 $y_{ij}(T)$满足：

$$L_{ij}^{(\text{C-NP})}(T)\leqslant y_{ij}(T)\leqslant U_{ij}^{(\text{C-NP})}(T), \quad i=1,\cdots,n;j=1,\cdots,\Psi \tag{4-11}$$

在这种情况下，连续可变的非设计参数值 $y_{ij}(T)$的概率密度函数可以表示为 $q_{ij}[y_{ij}(T)]$。

可适应的设计参数数值是根据功能需求目标值和可变的非设计参数数值计算得出的。当功能需求和可变的非设计参数在时间 T 发生变化时，需要调整可适应的设计参数的值。在时间 T 的 r 个可适应的设计参数由向量 $\boldsymbol{P}^{(\text{A-DP})}(T)=(P_1^{(\text{A-DP})}(T),\cdots,P_r^{(\text{A-DP})}(T))$表示。

不可变的非设计参数是指在产品运行阶段其值不改变的参数。不可变的非设计参数由向量 $\boldsymbol{P}^{(\text{U-NP})}=(P_1^{(\text{U-NP})},\cdots,P_t^{(\text{U-NP})})$表示。

由于不确定性因素的影响，四种类型的参数数值在运行阶段会产生波动，从而导致产品性能的波动。稳健可适应设计旨在对不可适应的设计参数进行优化，降低产品性能对各种参数波动的敏感性。

2. 参数与性能指标之间的关系

为了对不可适应的设计参数进行优化，需要确定功能需求、非设计参数、设计参数以及各种参数的波动之间的关系。假设 $F_i(T)$表示在时间 T 的第 i 个功能/性能，该功能/性能可以通过以下公式计算：

$$F_i(T)=f_i[\boldsymbol{P}^{(\text{U-DP})},\boldsymbol{P}^{(\text{A-DP})}(T),\boldsymbol{P}^{(\text{U-NP})},\boldsymbol{P}^{(\text{C-NP})}(T)],i=1,\cdots,m \tag{4-12}$$

式中：$\boldsymbol{P}^{(\text{U-DP})}$、$\boldsymbol{P}^{(\text{A-DP})}(T)$、$\boldsymbol{P}^{(\text{U-NP})}$和 $\boldsymbol{P}^{(\text{C-NP})}(T)$分别代表不可适应的设计参数、在时间 T 时可适应的设计参数、不可变的非设计参数和在时间 T 时可变的非设计参数；$f_i()$表示各种参数和第 i 个功能/性能之间的关系。

在不确定因素导致的参数波动影响下，产品性能的波动可通过下式计算：

$$\Delta F_i(T) = f_i[\boldsymbol{P}^{(\text{U-DP})} + \Delta\boldsymbol{P}^{(\text{U-DP})}, \boldsymbol{P}^{(\text{A-DP})}(T) + \Delta\boldsymbol{P}^{(\text{A-DP})}(T), \boldsymbol{P}^{(\text{U-NP})} + \Delta\boldsymbol{P}^{(\text{U-NP})}, \boldsymbol{P}^{(\text{C-NP})}(T) + \Delta\boldsymbol{P}^{(\text{C-NP})}(T)] - F_i(T) \tag{4-13}$$

式中：$\Delta\boldsymbol{P}^{(\text{U-DP})}$、$\Delta\boldsymbol{P}^{(\text{A-DP})}(T)$、$\Delta\boldsymbol{P}^{(\text{U-NP})}$和$\Delta\boldsymbol{P}^{(\text{C-NP})}(T)$分别代表参数$\boldsymbol{P}^{(\text{U-DP})}$、$\boldsymbol{P}^{(\text{A-DP})}(T)$、$\boldsymbol{P}^{(\text{U-NP})}$和$\boldsymbol{P}^{(\text{C-NP})}(T)$在不确定因素影响下的变化。

3. 产品性能评价

产品的功能/性能可分为三类：越大越好型、特定目标值型、越小越好型。通常而言，一个产品会有多种功能/性能[17,18]。为了考虑不同类型功能/性能的产品设计，需要利用性能指标及其满意度之间的非线性关系，将性能指标转换为 0～1 的性能满意度指标[11]，如图 4-16 所示。

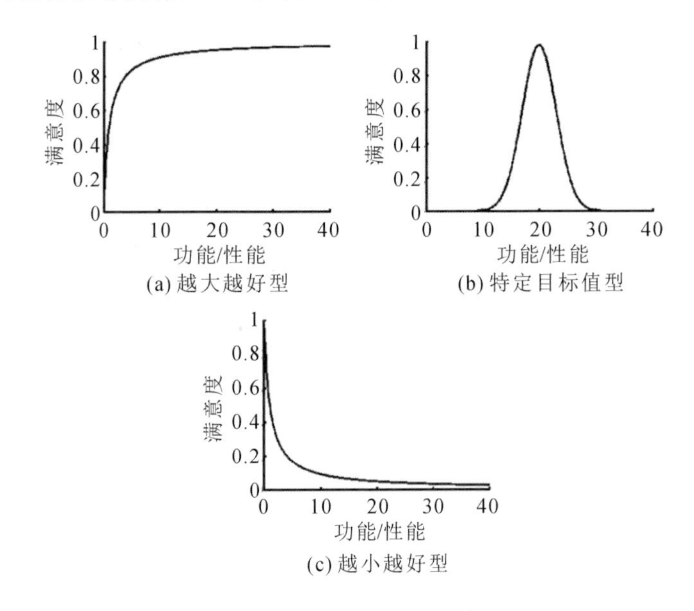

图 4-16　性能及其满意度

当考虑一个产品的多个性能指标时，性能指标的值 $F_i(T)(i=1,\cdots,m)$可以使用以下公式转换为 0～1 的满意度指数 $I_i(T)$：

$$I_i(T) = \psi_i[F_i(T)], \quad i = 1,\cdots,m \tag{4-14}$$

式中：$\psi_i()$表示 $F_i(T)$和 $I_i(T)$之间的非线性关系。

在参数不确定性的影响下，满意度指标会在产品运行阶段出现波动。根据式(4-13)和式(4-14)，满意度指标的偏差可通过以下公式计算：

$$\Delta I_i(T) = \psi_i[F_i(T) + \Delta F_i(T)] - \psi_i[F_i(T)], \quad i = 1,2,\cdots,m \qquad (4\text{-}15)$$

当功能需求的目标值和可变的非设计参数数值发生变化时，可适应的设计参数数值会发生变化。由于功能需求的目标值被分阶段定义，如图 4-14 所示，可变的非设计参数的值被分阶段定义，如图 4-15 所示，因此，考虑功能需求 η 阶段和可变的非设计参数 Ψ 阶段的组合，可适应的设计参数从 $T_{\min}$ 到 $T_{\max}$ 的整个生命周期可以被划分为 χ 个阶段，如图 4-17 所示。

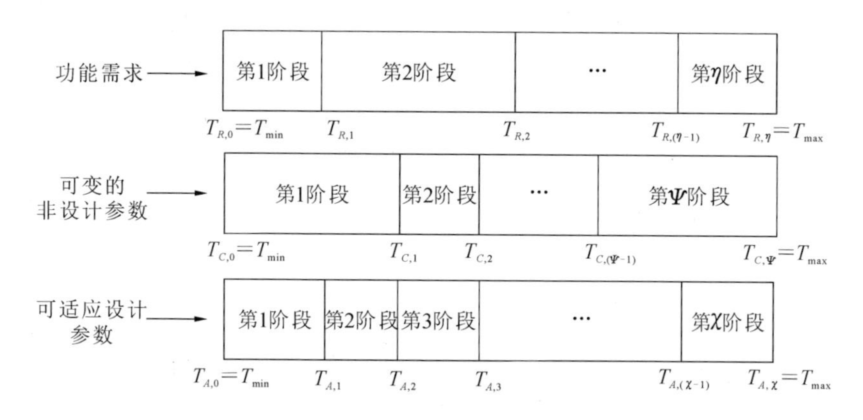

图 4-17 可适应产品的不同阶段

4. 可适应产品的稳健设计

在参数波动的影响下，性能指标在产品运行阶段会出现波动，导致性能满意度指标出现波动。式(4-15)给出的满意度指标偏差可用于产品稳健性评价。当达到功能需求的目标值时，设计的满意度指标达到最大值 1。因此，稳健设计的目标是确定不可适应的设计参数的数值，使得满意度指标偏差最小。产品稳健性 S 定义为

$$S = 1 - 3\sigma_I \qquad (4\text{-}16)$$

式中：I 为满意度指标；σ_I 为该满意度指标的标准偏差。

与通常只考虑一个评估指标的稳健设计相比，我们还需要考虑以下因素：

(1) 多个性能指标需求；

(2) 性能需求目标值的变化及其概率、可变的非设计参数数值的变化及其概率；

(3) 同一运行阶段的不同时间点；

(4) 不同的运行阶段。

首先，计算在特定时间点考虑单个性能需求、性能需求目标值和可变的非设计参数数值的组合的稳健性。然后，考虑不同性能指标的重要性，计算多个性能需求的稳健性。在考虑性能需求目标值的变化以及可变的非设计参数数值的变化组合的概率的情况下，计算并获得在特定时间点考虑性能需求目标值和可变的非设计参数的不同组合的稳健性。当性能需求和可变的非设计参数被定义为时间 T 的数值函数时，计算考虑单个运行阶段的时间范围内的平均稳健性。当考虑多个运行阶段时，整体稳健性被定义为考虑这些不同阶段的平均稳健性。

假设 $S_{ij}[z_{1j}(T),\cdots,z_{mj}(T),y_{1j}(T),\cdots,y_{nj}(T)]$表示在第 j 个阶段时间 T 时第 i 个性能的目标值分别被选择为$R_{1j}(T)=z_{1j}(T),\cdots,R_{mj}(T)=z_{mj}(T)$，且可变的非设计参数被选择为 $P_{1j}^{(\text{C-NP})}(T)=y_{1j}(T),\cdots,P_{nj}^{(\text{C-NP})}(T)=y_{nj}(T)$时产品的稳健性，那么当所有性能需求的目标值被选择为 $R_{1j}(T)=z_{1j}(T),\cdots,R_{mj}(T)=z_{mj}(T)$，且可变的非设计参数被选择为 $P_{1j}^{(\text{C-NP})}(T)=y_{1j}(T),\cdots,P_{nj}^{(\text{C-NP})}(T)=y_{nj}(T)$时，产品稳健性 $S_j[z_{1j}(T),\cdots,z_{mj}(T),y_{1j}(T),\cdots,y_{nj}(T)]$可以通过以下公式计算：

$$S_j[z_{1j}(T),\cdots,z_{mj}(T),y_{1j}(T),\cdots,y_{nj}(T)]=\frac{\sum_{i=1}^{m}\{\omega_{ij}\cdot S_{ij}[z_{1j}(T),\cdots,z_{mj}(T),y_{1j}(T),\cdots,y_{nj}(T)]\}}{\sum_{i=1}^{m}\omega_{ij}} \tag{4-17}$$

式中：$\omega_{ij}(i=1,\cdots,m;j=1,\cdots,\chi)$是 0 和 1 之间的权重因子，表示这些性能的相对重要性。

假设 $q[y_{1j}(T),\cdots,y_{nj}(T)]$表示当可变的非设计参数被选择为 $P_{1j}^{(\text{C-NP})}(T)=y_{1j}(T),\cdots,P_{nj}^{(\text{C-NP})}(T)=y_{nj}(T)$时的概率，并且 $q_{ij}(T)$表示 $P_{ij}^{(\text{C-NP})}(T)=y_{ij}(T)$时的概率。如果可变的设计参数的变化是离散的，则概率计算公式为

$$q[y_{1j}(T),\cdots,y_{nj}(T)]=\prod_{i=1}^{n}q_{ij}(T),\quad j=1,2,\cdots,\chi \tag{4-18}$$

如果可变的非设计参数的变化是连续的，则概率密度计算公式为

$$q[y_{1j}(T),\cdots,y_{nj}(T)]=\prod_{i=1}^{n}q_{ij}[y_{ij}(T)],\quad j=1,2,\cdots,\chi \tag{4-19}$$

式中：$q_{ij}[y_{ij}(T)]$为 $y_{ij}(T)$的概率密度。

假设 $S_j[z_{1j}(T),\cdots,z_{mj}(T)]$表示当 $R_{1j}(T)=z_{1j}(T),\cdots,R_{mj}(T)=z_{mj}(T)$时，在第 j 个阶段时间 T 时的稳健性。如果可变的非设计参数值的变化是离散的，则 $S_j[z_{1j}(T),\cdots,z_{mj}(T)]$可通过以下公式计算：

$$S_j[z_{1j}(T),\cdots,z_{mj}(T)]=\sum_{y_{1j}=y_{1j1}}^{y_{1j\upsilon_{1j}}}\cdots\sum_{y_{nj}=y_{nj1}}^{y_{nj\upsilon_{nj}}}\{q[y_{1j}(T),\cdots,y_{nj}(T)]\times S_j[z_{1j}(T),\cdots,z_{mj}(T),y_{1j}(T),\cdots,y_{nj}(T)]\},\quad j=1,2,\cdots,\chi \tag{4-20}$$

如果可变的非设计参数值的变化是连续的，则 $S_j[z_{1j}(T),\cdots,z_{mj}(T)]$可通过以下公式计算：

$$S_j[z_{1j}(T),\cdots,z_{mj}(T)]=\int_{L_{1j}^{(P)}(T)}^{U_{1j}^{(P)}(T)}\cdots\int_{L_{nj}^{(P)}(T)}^{U_{nj}^{(P)}(T)}\{q[y_{1j}(T),\cdots,y_{nj}(T)]\times S_j[z_{1j}(T),\cdots,z_{mj}(T),y_{1j}(T),\cdots,y_{nj}(T)]\cdot \mathrm{d}[y_{1j}(T)]\cdots\mathrm{d}[y_{nj}(T)]\}\quad j=1,2,\cdots,\chi \tag{4-21}$$

假设 $p[z_{1j}(T),\cdots,z_{mj}(T)]$表示 $R_{1j}(T)=z_{1j}(T),\cdots,R_{mj}(T)=z_{mj}(T)$时的概率，并且 $p_{ij}(T)$表示 $R_{ij}(T)=z_{ij}(T)$时的概率。如果性能的目标值是离散的，则概率可通过以下公式计算：

$$p[z_{1j}(T),\cdots,z_{mj}(T)]=\prod_{i=1}^{m}p_{ij}(T),\quad j=1,2,\cdots,\chi \tag{4-22}$$

如果性能的目标值是连续的，则概率可通过下式计算：

$$p[z_{1j}(T),\cdots,z_{mj}(T)]=\prod_{i=1}^{m}p_{ij}[z_{ij}(T)],\quad j=1,2,\cdots,\chi \tag{4-23}$$

式中：$p_{ij}[z_{ij}(T)]$为 $z_{ij}(T)$的概率密度。

假设 $S_j(T)$表示产品在第 j 个阶段时间 T 时的稳健性，如果性能的目标值变化是离散的，则 $S_j(T)$通过以下公式计算：

$$S_j(T)=\sum_{z_{1j}=z_{1j1}}^{z_{1j\tau_{1j}}}\cdots\sum_{z_{mj}=z_{mj1}}^{z_{mj\tau_{nj}}}\{p[z_{1j}(T),\cdots,z_{mj}(T)]\cdot S_j[z_{1j}(T),\cdots,z_{mj}(T)]\} \tag{4-24}$$

如果性能目标值的变化是连续的，则 $S_j(T)$ 通过以下公式计算：

$$S_j(T)=\int_{L_{1j}^{(R)}(T)}^{U_{1j}^{(R)}(T)}\cdots\int_{L_{mj}^{(R)}(T)}^{U_{mj}^{(R)}(T)}\{p[z_{1j}(T),\cdots,z_{mj}(T)]\cdot S_j[z_{1j}(T),\cdots,z_{mj}(T)]\cdot \mathrm{d}[z_{1j}(T)]\cdots\mathrm{d}[z_{mj}(T)]\} \tag{4-25}$$

假设 S_j 表示产品在第 j 个阶段的稳健性，考虑到第 j 个阶段的整个时间段、多种性能以及不同性能目标值和可变的非设计参数，S_j 可通过以下公式计算：

$$S_j=\frac{\int_{T_{j-1}}^{T_j} S_j(T)\cdot \mathrm{d}T}{T_j-T_{j-1}} \tag{4-26}$$

式中：T_{j-1} 和 T_j 是第 j 个阶段的开始时间和结束时间。

当考虑整个 χ 阶段时，系统整体稳健性 S 为

$$S=\frac{\sum_{j=1}^{\chi}[(T_j-T_{j-1})\cdot S_j]}{T_{\max}-T_{\min}} \tag{4-27}$$

稳健可适应设计是通过优化来实现整体稳健性 S 的最大化的。优化过程中，应添加这些参数之间的关系作为约束。因此，可以建立如下稳健可适应设计的优化模型。

搜索：不可适应的设计参数，$\boldsymbol{P}^{(\text{U-DP})}=(P_1^{(\text{U-DP})},\cdots,P_l^{(\text{U-DP})})$

最大化：S

约束：$h_v[\boldsymbol{P}^{(\text{U-DP})},\boldsymbol{P}^{(\text{A-DP})}(T),\boldsymbol{P}^{(\text{U-NP})},\boldsymbol{P}^{(\text{C-NP})}(T)]=0$,

$$g_w[\boldsymbol{P}^{(\text{U-DP})},\boldsymbol{P}^{(\text{A-DP})}(T),\boldsymbol{P}^{(\text{U-NP})},\boldsymbol{P}^{(\text{C-NP})}(T)]\leqslant 0,\quad v=1,2,\cdots;w=1,2,\cdots \tag{4-28}$$

式中：$\boldsymbol{P}^{(\text{U-DP})}$、$\boldsymbol{P}^{(\text{A-DP})}(T)$、$\boldsymbol{P}^{(\text{U-NP})}$ 和 $\boldsymbol{P}^{(\text{C-NP})}(T)$ 分别代表不可适应的设计参数、在时间 T 时的可适应设计参数、不可变的非设计参数和在时间 T 时的可变非设计参数；h_v 与 g_w 分别代表第 v 个等式约束和第 w 个非等式约束。

在产品运行阶段，可变的非设计参数和性能需求的值可以更改，需要对可适应设计参数的值进行适应性调整，以满足性能需求的变化和/或可变非设计参数的变化。这里假设了一个前提，即可适应设计参数的值可以根据可变的非设计参数和目标性能需求来计算。

当在实际设计案例中，需要考虑大量的性能指标和产品/运行参数时，包括

不同类型数学模型的计算机程序可用于定义性能指标和产品/运行参数。设计者需要从计算机程序中选择不同的模型，而性能指标的计算可以根据式(4-12)所定义的关系自动进行。

4.3.2 考虑产品配置变化的稳健可适应设计

第 4.3.1 节介绍了考虑运行阶段参数值变化的稳健可适应设计方法。由于可适应产品的配置可能需要在运行阶段进行更改/调整以满足不同的要求，因此需要一种考虑配置变化的稳健可适应设计方法。本小节介绍了一种考虑产品配置变化的稳健可适应设计方法。首先，介绍了在设计中对不同配置方案进行建模的方法，然后讨论了每个设计方案在不同运行阶段的配置建模。考虑到每个产品配置都可以通过参数进行描述，本小节建立了一个两级优化模型，以确定最佳的产品配置和参数设计。

在可适应设计中，供设计阶段选择的不同配置称为配置设计方案，而所选择的配置设计方案在运行阶段的不同配置称为运行配置状态。对于可适应产品设计，如图 4-18 所示，可以由相同的设计需求创建不同可行的配置设计方案。对于每一个备选的配置设计方案，其可以在产品运行阶段呈现不同的运行配置状态，以适应需求的变化。例如，手动变速器和自动变速器是汽车中变速器单元的两个配置设计方案，而在驾驶汽车时，不同变速器等级的变速器单元中部件的不同布局是不同的运行配置状态。

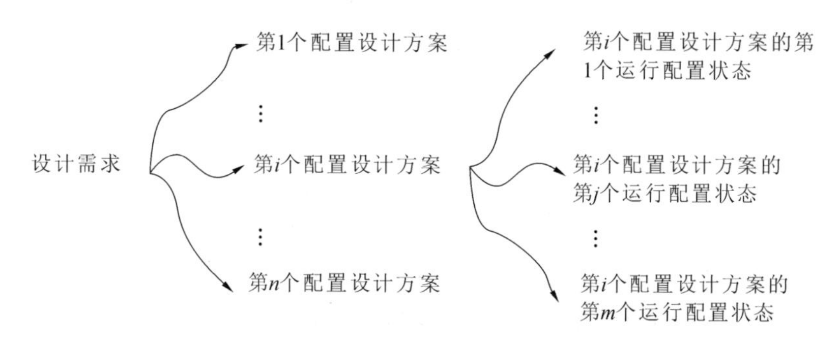

图 4-18 设计需求、不同配置设计方案和不同运行配置状态

本小节介绍了一种混合 AND-OR 树，以对不同可行的配置设计方案和每个配置设计方案的可能的不同运行配置状态进行建模，还介绍了用于根据混合

AND-OR 树创建不同可行配置设计方案的规则，以及用于根据每个可行配置设计方案创建不同运行配置状态的规则。由于可适应产品既包括配置也包含参数，因此包括配置设计方案和运行配置状态的产品配置需要通过参数进一步建模。

为了设计具有稳健性的可适应产品，可以运用可适应产品在不同运行配置状态下的稳健性对设计进行评价。为了实现这个目的，这里提出了两级优化模型，以确定可适应设计的最佳配置和参数值。第一级优化用于确定最佳产品配置，第二级优化用于确定最佳产品/运行参数值。为了降低复杂度，假设所有可行的设计方案的成本差异不大，在产品配置及其参数值的优化中不予考虑。

1. 产品配置建模

在可适应设计中，引入混合 AND-OR 树来对不同的配置设计方案以及每个配置设计方案的不同运行配置状态进行建模。在该树结构中，部分设计解决方案，例如组件和模块，由配置节点来描述。父节点的子节点之间的关系可以分为以下三类。

(1) AND 关系。AND 关系用于对设计配置和操作配置进行建模。

(2) 设计中的 OR 关系。设计中的 OR 关系用于对不同配置设计方案进行建模。

(3) 运行中的 OR 关系。运行中的 OR 关系用于对不同运行状态下的配置进行建模。

混合 AND-OR 树示例如图 4-19 所示。当需要选择所有子节点来支持父节点时，所有这些子节点都具有 AND 关系。例如，汽车中的动力传输系统需要发动机、变速器、轴等，这些模块通过 AND 关系相关联。在配置设计方案选择过程中，当父节点由其子节点中的单个子节点支持时，所有这些子节点具有设计中的 OR 关系。例如，在汽车变速系统中仅需要选择手动单元或自动单元这两个单元中的一个，这两个单元是设计中的 OR 关系。当父节点在运行阶段由其子节点中的一个子节点支持时，所有这些子节点都具有运行中的 OR 关系。例如，在运行阶段针对特定汽车变速器可仅选择不同挡位布局中的一个，这些挡位布局是运行中的 OR 关系。

从设计需求来看，这三种类型的 AND-OR 关系用于构建混合 AND-OR 树，该树可用于描述不同的配置设计方案和不同的运行配置状态。在本小节

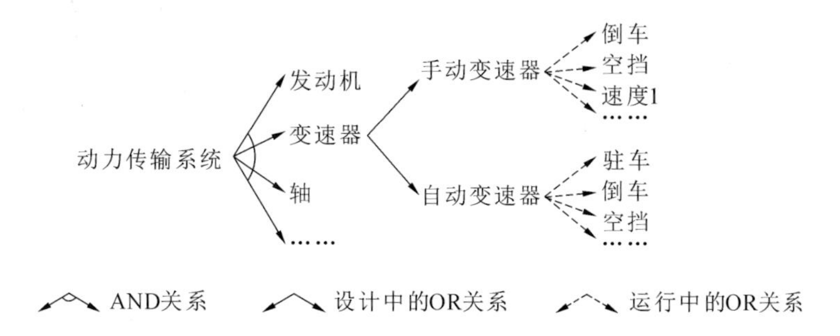

图4-19　一种用于配置设计方案和运行配置状态建模的混合 AND-OR 树

中，以下规则用于由混合 AND-OR 树生成不同可行的配置设计方案：

(1) 首先选择根节点；

(2) 当一个节点被选择，并且它的所有子节点都具备 AND 关系时，所有这些子节点都应该被选择；

(3) 当一个节点被选择，并且其所有子节点具备设计中的 OR 关系时，那么应该仅选择这些子节点中的一个；

(4) 当一个节点被选择，并且其所有子节点具备运行中的 OR 关系时，那么所有这些子节点都应该被选择。

通常情况下，每个可行的配置设计方案都是通过 AND 关系和运行中的 OR 关系的 AND-OR 树来建模的。图 4-20(a)给出了由图 4-19 所示的混合 AND-OR 树创建可行配置设计方案的示例。

根据可行的配置设计方案，可以在产品运行阶段生成不同的运行配置状态。产品运行配置状态创建规则如下：

(1) 首先选择配置设计方案 AND-OR 树中的根节点；

(2) 当一个节点被选择，并且它的所有子节点都是 AND 关系时，所有这些子节点都应该被选择；

(3) 当一个节点被选择，并且其所有子节点都具有运行中的 OR 关系时，那么应该仅选择这些子节点中的一个。

配置设计方案的每个 AND-OR 树都可以用于创建多个产品运行配置状态。运行阶段中的每一个可能的产品运行配置状态都由一个仅具有 AND 关系的树表示。图 4-20(b)给出了由图 4-20(a)所示的配置设计方案生成运行配置状态的示例。

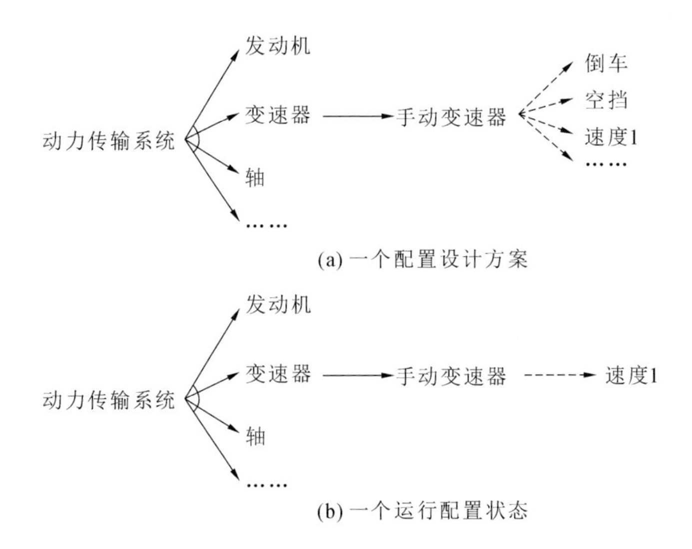

(a) 一个配置设计方案

(b) 一个运行配置状态

图 4-20　由混合 AND-OR 树生成配置设计方案和运行配置状态

2. 与配置相关的参数建模

可适应设计中的配置设计方案和运行配置状态可以通过参数进一步表示。如第 4.3.1 节所述，与每个配置节点相关的产品/运行参数分为四类：不可适应的设计参数、可适应的设计参数、不可变的非设计参数和可变的非设计参数。第 4.3.1 节介绍了这四类参数和性能目标值的可适应建模方法。

对于可适应产品，除了四类产品/运行参数外，每个配置节点还与概率 P 相关，概率 P 表示该配置节点在产品运行阶段使用的时间百分比。配置节点的概率根据以下规则计算：

(1) 配置节点的概率介于 0 和 1 之间，根节点的概率为 1；

(2) 当子节点存在 AND 关系或设计中的 OR 关系时，这些子节点的概率应该与父节点的概率相同；

(3) 当子节点存在运行中的 OR 关系时，这些子节点的概率之和应等于父节点的概率。

产品运行配置状态可以通过子节点及其相关参数的集合进行建模。如果 $C^{(i,j)}$ 表示第 i 个配置设计方案在第 j 个适应性状态下的运行配置子节点数量，并且 $P^{(i,j,k)}$ 表示第 k 个子节点在此配置状态下的概率，那么第 j 个适应性状态的运行配置概率 $P^{(i,j)}$ 可以通过下式计算：

$$P^{(i,j)} = \prod_{k=1}^{C^{(i,j)}} P^{(i,j,k)} \tag{4-29}$$

对于可适应产品，如果 $C^{(i)}$ 表示第 i 个配置设计方案所有可能的产品运行配置状态的数量，那么有

$$\sum_{j=1}^{C^{(i)}} P^{(i,j)} = 1 \tag{4-30}$$

四类产品/运行参数依附于配置。子节点中的参数可以用于计算父节点中的参数。通常，可以使用数学函数或计算机程序来建立参数之间的关系。在可适应设计中，考虑了两类参数之间的关系。

(1) 当这些子节点存在 AND 关系时，可以通过子节点中的参数来定义父节点中的参数。例如，在图 4-20 中，汽车动力传输系统的质量 W 可以由其子节点中的参数计算，包括发动机质量 W_E、变速器质量 W_T、轴质量 W_S 等：

$$W = W_E + W_T + W_S + \cdots \tag{4-31}$$

(2) 当这些子节点存在 OR 关系(既可以是设计中的 OR 关系也可以是运行中的 OR 关系)时，可以通过分段函数来定义父节点与子节点中的参数关系。例如，在图 4-20 中，变速器的质量 W_T 可以通过其子节点的参数计算，包括手动变速器的质量 W_M 或自动变速器的质量 W_A：

$$W_T = \begin{cases} W_M, \text{手动变速器} \\ W_A, \text{自动变速器} \end{cases} \tag{4-32}$$

通过以上两类关系，可以建立混合 AND-OR 树的根节点参数和不同子节点参数之间的关系。

3. 稳健性评价

考虑到运行阶段的不同产品适应性状态，可以通过整体稳健性对可适应设计进行评价。为了获得可适应设计的整体稳健性，需要建立性能和参数之间的关系。

如第 4.3.1 节所述，一个可适应产品可以具有两类适应性：在同一时间段的适应性和在不同时间段的适应性。为了简化讨论，本小节仅考虑在同一时间段内只有一个性能需求和单一适应性状态的情况。假设第 i 个配置设计方案的参数可以用不可适应的设计参数 $\boldsymbol{X}^D$、可适应的设计参数 $\boldsymbol{X}^A$、不可变的非设计参数 $\boldsymbol{X}^U$ 和可变的非设计参数 $\boldsymbol{X}^C$ 来描述，则性能 F 和参数之间的关系可以定

义为

$$F = f(\boldsymbol{X}^{\mathrm{D}}, \boldsymbol{X}^{\mathrm{A}}, \boldsymbol{X}^{\mathrm{U}}, \boldsymbol{X}^{\mathrm{C}}) \tag{4-33}$$

式中：$f()$是各种参数与性能之间的关系。

在不确定性因素的影响下，参数可能偏离其目标值。假设 $\Delta\boldsymbol{X}^{\mathrm{D}}$、$\Delta\boldsymbol{X}^{\mathrm{A}}$、$\Delta\boldsymbol{X}^{\mathrm{U}}$ 和 $\Delta\boldsymbol{X}^{\mathrm{C}}$ 分别为参数 $\boldsymbol{X}^{\mathrm{D}}$、$\boldsymbol{X}^{\mathrm{A}}$、$\boldsymbol{X}^{\mathrm{U}}$ 和 $\boldsymbol{X}^{\mathrm{C}}$ 的偏差，则性能的偏差 ΔF 可通过下式计算：

$$\Delta F = f(\boldsymbol{X}^{\mathrm{D}} + \Delta\boldsymbol{X}^{\mathrm{D}}, \boldsymbol{X}^{\mathrm{A}} + \Delta\boldsymbol{X}^{\mathrm{A}}, \boldsymbol{X}^{\mathrm{U}} + \Delta\boldsymbol{X}^{\mathrm{U}}, \boldsymbol{X}^{\mathrm{C}} + \Delta\boldsymbol{X}^{\mathrm{C}}) - f(\boldsymbol{X}^{\mathrm{D}}, \boldsymbol{X}^{\mathrm{A}}, \boldsymbol{X}^{\mathrm{U}}, \boldsymbol{X}^{\mathrm{C}}) \tag{4-34}$$

在运行阶段，可适应的设计参数 $\boldsymbol{X}^{\mathrm{A}}$ 的值可调整以适应性能需求的变化。目前存在不同的评估指标，例如信噪比(signal-to-noise ratio，SNR)和性能的方差，它们都可以用于评价设计的稳健性。由于可适应产品的性能目标值可在一定范围内变化，因此选择信噪比作为稳健性评估指标，以考虑性能及其变化。第 i 个配置设计方案的第 j 个运行配置状态的稳健性可通过以下公式计算：

$$R^{(i,j)}(F^{\mathrm{R}}, \boldsymbol{X}^{\mathrm{C}}) = 10\lg\left(\frac{\mu_{\mathrm{F}}^2}{\sigma_{\mathrm{F}}^2}\right) \tag{4-35}$$

式中：μ_{F} 表示性能的标称值；σ_{F}^2 表示性能的方差。

假设性能的目标值 F^{R} 和可变的非设计参数 $\boldsymbol{X}^{\mathrm{C}}$ 都可以连续变化，那么第 i 个配置设计方案的第 j 个运行配置状态的稳健性 $R^{(i,j)}$ 可以通过以下公式计算：

$$R^{(i,j)} = \int_{F_{\min}^{\mathrm{R}}}^{F_{\max}^{\mathrm{R}}} \int_{\boldsymbol{X}_{\min}^{\mathrm{C}}}^{\boldsymbol{X}_{\max}^{\mathrm{C}}} p(F^{\mathrm{R}}, \boldsymbol{X}^{\mathrm{C}}) \cdot R^{(i,j)}(F^{\mathrm{R}}, \boldsymbol{X}^{\mathrm{C}}) \mathrm{d}\boldsymbol{X}^{\mathrm{C}} \mathrm{d}F^{\mathrm{R}} \tag{4-36}$$

式中：$p(F^{\mathrm{R}}, \boldsymbol{X}^{\mathrm{C}})$是性能目标值和可变的非设计参数的概率密度函数；$F_{\max}^{\mathrm{R}}$ 和 $F_{\min}^{\mathrm{R}}$ 分别是所需性能的上限和下限；$\boldsymbol{X}_{\max}^{\mathrm{C}}$ 和 $\boldsymbol{X}_{\min}^{\mathrm{C}}$ 分别是可变的非设计参数的上限和下限。

根据式(4-36)，第 i 个配置设计方案的总体稳健性 $R^{(i)}$ 可通过以下公式计算：

$$R^{(i)} = \sum_{j=1}^{C^{(i)}} \left[P^{(i,j)} \cdot R^{(i,j)}\right] \tag{4-37}$$

式中：$P^{(i,j)}$ 表示第 i 个配置设计方案在第 j 个适应性状态下的运行配置概率；$C^{(i)}$ 表示第 i 个配置设计方案的运行配置状态数量。

根据式(4-37),考虑所有配置设计方案的最佳整体稳健性 R 为

$$R = R^{(r)} = \mathrm{Max}\{R^{(1)}, R^{(2)}, \cdots, R^{(n)}\} \tag{4-38}$$

式中:r 表示被选择的最佳配置设计方案。

4. 确定最佳配置和参数的两级优化方法

稳健可适应设计同时考虑了配置和参数。下面介绍一种两级优化方法来识别最佳的配置和参数:配置优化用于识别最佳配置设计方案,参数优化用于识别每个配置设计方案中的参数最优值。两级优化是在一个循环中进行的。在该循环中,首先生成可行的配置设计方案,然后对该配置设计方案进行参数优化。基于以下规则获得最佳配置和相关参数值。

(1) 由混合 AND-OR 树生成可行的配置设计方案。

(2) 所有可能的产品运行配置状态都由配置设计方案生成。

(3) 利用参数优化获得配置设计方案的最佳参数值,在考虑运行配置和参数变化的情况下,实现最大稳健性。

(4) 利用与最佳参数值对应的稳健性对不同配置设计方案进行评价,以便识别最佳配置设计方案。

考虑产品配置及其相关参数的两级优化模型如下。

1) 配置优化

配置优化的目的是从所有可行的配置设计方案中找出最佳配置设计方案。根据式(4-38),优化模型如下。

$$\begin{aligned}&\text{搜索:最佳配置设计方案}\\&\text{最大化:}R=R^{(r)}\\&\text{约束:}1\leqslant r\leqslant n\end{aligned} \tag{4-39}$$

式中:n 为所有可行配置设计方案的数量。对于每个配置设计方案,使用参数优化后获得的最佳稳健性来评估。

2) 参数优化

参数优化的目的是找出配置设计方案的最佳参数值,使得产品性能对由不确定性引起的参数变化最不敏感。参数优化模型如下。

$$
\begin{aligned}
&\text{搜索：不可适应的设计参数 } \boldsymbol{X}^{\mathrm{D}} \\
&\text{最大化：} R^{(i)} \\
&\text{约束：} h_v[\boldsymbol{X}^{\mathrm{D}},\boldsymbol{X}^{\mathrm{A}},\boldsymbol{X}^{\mathrm{U}},\boldsymbol{X}^{\mathrm{C}}]=0, \quad v=1,2,\cdots \\
&\qquad\ \ g_w[\boldsymbol{X}^{\mathrm{D}},\boldsymbol{X}^{\mathrm{A}},\boldsymbol{X}^{\mathrm{U}},\boldsymbol{X}^{\mathrm{C}}]\leqslant 0, \quad w=1,2,\cdots
\end{aligned} \tag{4-40}
$$

遗传规划可以用来进行配置优化。遗传规划是一种解决优化问题的进化算法。由于同时考虑多个解，遗传规划可以防止最优解陷入局部最优点。在遗传规划中，多个个体（也称为染色体）被用来描述一个群体中的多种解决方案。个体从一代进化到下一代的三种操作包括复制、交叉和变异，这三种操作使得在进化过程中个体的平均指标变得更好[16]。通过以下步骤可以基于遗传规划确定最佳的配置设计方案。

步骤 1：建立具有 n 个个体的种群，每个个体代表一个可行的产品配置设计方案，该方案是从混合 AND-OR 树中随机创建的。

步骤 2：通过参数优化获得当前方案的最佳稳健性。个体的稳健性被用来表示个体的适应度（即优化的目标值）。

步骤 3：通过复制、交叉和变异三种操作，从当前一代创建新的一代，直到新的一代中存在 n 个个体。

步骤 4：选择新创建的一代作为当前一代，并通过参数优化获得当前一代中每个个体的稳健性。

步骤 5：如果平均适应度在最近 m 代中不能获得显著提高，或者已经达到预定义的最大进化代数，则应停止进化过程，并选择当前一代中最好的个体作为最佳产品配置设计方案；否则，转至步骤 3。

4.3.3 开放式架构产品的稳健可适应设计

除了参数和配置外，产品架构也对产品的可适应性产生影响。如第 2.2.3 节所述，开放式架构产品是具有开放式接口的可适应产品，该类产品允许第三方供应商开发具有个性化功能的附加模块，并通过开放式接口将这些附加模块与平台连接起来[19,20]。封闭式架构产品的所有模块都在产品开发阶段进行了规定，而开放式架构产品的一些模块可以在产品运行阶段进行设计。

第 4.3.1 节和第 4.3.2 节分别介绍了考虑配置和参数值变化的稳健可适

应设计方法。然而,这些稳健可适应设计方法不能直接用于设计开放式架构产品。本节旨在为设计性能稳健的开放式架构产品提供一套建模、评估和优化方法。

1. 开放式架构产品建模

开放式架构产品(OAP)由平台、附加模块和开放式接口组成。在运行阶段,不同的附加模块通过开放式接口连接到平台上,以满足不同的功能需求。在设计阶段,可以提供不同的配置设计方案,以便在考虑产品稳健性的情况下选择最佳的配置设计方案。运行配置状态和配置设计方案都可以通过参数进一步建模。

开放式架构产品可以有多个开放式接口。对于每个接口,不同的附加模块可以与平台连接。对于第 2.2.3 节中图 2-13 所示的开放式架构产品,平台(M^{P})有 l 个接口。对于第 i 个($i=1,2,\cdots,l$)接口,考虑 m_i 个特定的附加模块 $M_{i1}^{\mathrm{S}},\cdots,M_{im_i}^{\mathrm{S}}$ 和未知的附加模块 M_i^{U}。

在产品运行阶段,平台的每个接口都可以用来连接不同的附加模块。用于实现某个功能的附加模块和平台的每一个组合都被称为运行配置状态。当考虑开放式架构产品的 n 个运行配置状态时,这些运行配置状态的集合 S 被定义为

$$S=\{S_1,S_2,\cdots,S_n\} \tag{4-41}$$

每个运行配置状态具有一定的概率以代表该运行配置状态所占用的时间百分比。不同运行配置状态的概率集合 P 可以表示为

$$P=\{P_1,P_2,\cdots,P_n\} \tag{4-42}$$

第 i 个运行配置状态 S_i($i=1,2,\cdots,n$)可以通过其平台和附加模块表示:

$$S_i=\{M_1,M_2,\cdots,M_l,M^{\mathrm{P}}\} \tag{4-43}$$

式中:M_j($j=1,2,\cdots,l$)表示通过平台 M^{P} 的第 j 个开放式接口连接的附加模块。

对于开放式架构产品,可以从相同的设计需求中创建不同可行的配置设计方案。平台的不同配置和每个特定的附加模块都可以通过 AND-OR 树来建模。对于每个 AND-OR 树,可以根据以下规则创建配置设计方案:

(1) 首先选择根节点;

(2) 当所有子节点具有 AND 关系时,所有这些子节点均应被选择;

(3) 当所有子节点具有 OR 关系时，只能选择一个子节点。

图 4-21(a)显示了 AND-OR 树，图 4-21(b)显示了所生成的仅具有 AND 关系的可行配置设计方案。一个完整的配置设计方案由平台的配置设计方案和所有附加模块的配置设计方案表示。

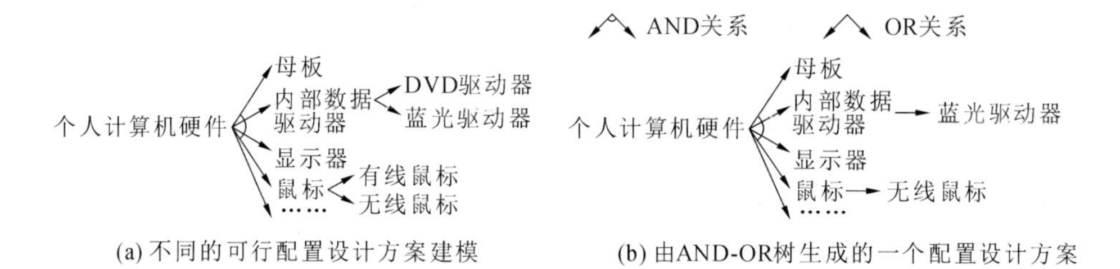

图 4-21　配置设计方案的建模

可以通过参数来进一步对产品运行配置状态或产品配置设计方案进行建模。如第 4.3.1 节所述，产品/运行参数可分为设计参数和非设计参数。设计参数值需要在设计阶段确定，非设计参数值在设计时按给定条件提供。设计参数可进一步分为不可适应设计参数和可适应设计参数。一般而言，在产品运行阶段，不可适应设计参数的值不能改变，可适应设计参数的值可以适应性调整以满足变化的需求。第 4.3.1 节详细讨论了产品/运行参数的建模。

对于开放式架构产品，开放式接口的输入/输出参数值可以通过平台和附加模块的参数进行计算获取。当然，这些参数也需要满足一定的约束条件。

对于开放式架构产品，由于需要同时考虑特定的附加模块和未知的附加模块，因此在产品运行阶段，可适应设计参数值存在两种适应性调整情况。

(1) 连接特定附加模块时的可适应设计参数值适应性调整。

当所有的附加模块都是特定的附加模块时，产品性能 F、不可适应设计参数 $\boldsymbol{X}^{\mathrm{D}}$、可适应设计参数 $\boldsymbol{X}^{\mathrm{A}}$ 和非设计参数 $\boldsymbol{X}^{\mathrm{N}}$ 之间的关系可以用 $F=f(\boldsymbol{X}^{\mathrm{D}},\boldsymbol{X}^{\mathrm{A}},\boldsymbol{X}^{\mathrm{N}})$来描述。在这种情况下，根据性能目标值、不可适应设计参数和非设计参数来计算可适应设计参数。换句话说，$\boldsymbol{X}^{\mathrm{A}}$ 的值是由 F、$\boldsymbol{X}^{\mathrm{D}}$ 和 $\boldsymbol{X}^{\mathrm{N}}$ 计算出来的，应根据设计工程师的经验公式获得可适应设计参数的值。

(2) 连接未知附加模块时的可适应设计参数值适应性调整。

当一些附加模块是未知的附加模块时，产品性能 F、不可适应设计参数 $\boldsymbol{X}^{\mathrm{D}}$、可适应设计参数 $\boldsymbol{X}^{\mathrm{A}}$、非设计参数 $\boldsymbol{X}^{\mathrm{N}}$，以及未知附加模块输入、输出参数 $\boldsymbol{I}^{\mathrm{U}}$、$\boldsymbol{O}^{\mathrm{U}}$

的关系可以通过 $F=f(\boldsymbol{X}^{\mathrm{D}},\boldsymbol{X}^{\mathrm{A}},\boldsymbol{X}^{\mathrm{N}},\boldsymbol{I}^{\mathrm{U}},\boldsymbol{O}^{\mathrm{U}})$ 来表示。在这种情况下，根据未知附加模块的性能目标、不可适应设计参数、非设计参数，以及接口输入、输出参数来计算可适应设计参数。换句话说，$\boldsymbol{X}^{\mathrm{A}}$ 的值是由 F、$\boldsymbol{X}^{\mathrm{D}}$、$\boldsymbol{X}^{\mathrm{N}}$、$\boldsymbol{I}^{\mathrm{U}}$ 和 $\boldsymbol{O}^{\mathrm{U}}$ 计算出来的。由于接口输入、输出参数通常由离散和连续参数定义，因此需要考虑所有可能的接口输入、输出参数值。在实际工程中，可以利用设计工程师的经验来获得可适应设计参数的唯一值，以避免出现多个解的情况。

2. 平台和附加模块之间交互接口的建模

对于开放式架构产品，附加模块通过开放式接口与平台连接。平台和附加模块之间的交互由开放式接口的输入、输出参数定义。图 4-22 显示了平台和附加模块之间的接口交互。附加模块接口的输入参数值由平台接口对应的输出参数值确定，而平台接口的输入参数值由附加模块接口对应的输出参数值确定。

当一个特定的附加模块与平台连接时，例如图 4-22 所示的第 i 个接口的 M_i^{S}，平台和特定附加模块的接口输入、输出参数的值是由平台和附加模块的参数计算出来的。

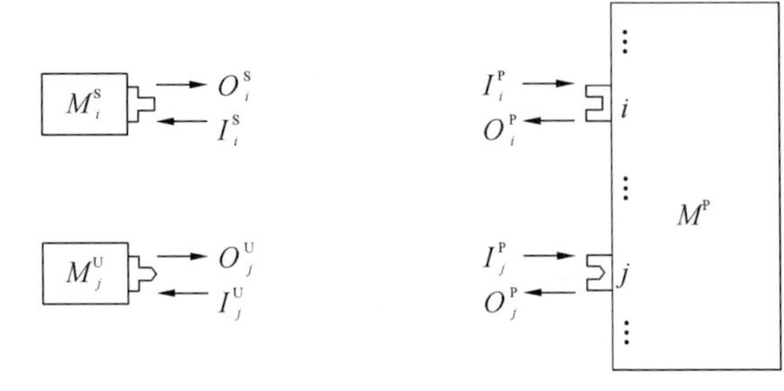

M^{P}：产品平台
M_i^{S}：特定附加模块
M_j^{U}：未知附加模块
I_i^{P}，O_i^{P}：产品平台第i个接口的输入、输出参数
I_j^{P}，O_j^{P}：产品平台第j个接口的输入、输出参数
I_i^{S}，O_i^{S}：特定附加模块 M_i^{S} 的输入、输出参数
I_j^{U}，O_j^{U}：未知附加模块 M_j^{U} 的输入、输出参数

：产品平台接口
：附加模块接口

图 4-22　平台和附加模块之间的接口交互

考虑未知附加模块，例如图 4-22 所示的第 j 个接口的 M_j^{U}，需要对未知附加模块接口的输入、输出参数定义约束。未知附加模块接口的输入、输出参数可以是连续的或离散的。

当接口输入、输出参数为连续参数时，其可以用下式表示：

$$I_j^{\mathrm{U}} \in [L_j^{\mathrm{I}}, U_j^{\mathrm{I}}], \quad O_j^{\mathrm{U}} \in [L_j^{\mathrm{O}}, U_j^{\mathrm{O}}] \tag{4-44}$$

式中：I_j^{U} 和 O_j^{U} 是未知附加模块的输入和输出参数；$[L_j^{\mathrm{I}}, U_j^{\mathrm{I}}]$和$[L_j^{\mathrm{O}}, U_j^{\mathrm{O}}]$分别是 I_j^{U} 和 O_j^{U} 的下、上边界。

当接口输入、输出参数为离散参数时，其可以用下式表示：

$$I_j^{\mathrm{U}} \in \{A_j^{\mathrm{I}}, B_j^{\mathrm{I}}, \cdots\}, \quad O_j^{\mathrm{U}} \in \{A_j^{\mathrm{O}}, B_j^{\mathrm{O}}, \cdots\} \tag{4-45}$$

式中：$\{A_j^{\mathrm{I}}, B_j^{\mathrm{I}}, \cdots\}$和$\{A_j^{\mathrm{O}}, B_j^{\mathrm{O}}, \cdots\}$分别是 I_j^{U} 和 O_j^{U} 的可行值集合。

3. 开放式架构产品的稳健性评价

对于开放式架构产品，在产品运行阶段，平台可以与不同的附加模块集成。对于开放式架构产品的特定运行配置状态，与平台连接的附加模块既可以是特定的附加模块也可以是未知的附加模块。

1）连接特定附加模块时的稳健性

在产品运行阶段，开放式架构产品可以具有不同的适应性状态以满足不同的需求。假设 $F_1^{(s)}, \cdots, F_{n_s}^{(s)}$ 是第 s 个运行配置状态下的性能需求，$\boldsymbol{X}^{\mathrm{D}}$、$\boldsymbol{X}^{\mathrm{A}}$ 和 $\boldsymbol{X}^{\mathrm{N}}$ 分别为不可适应的设计参数、可适应的设计参数和非设计参数，则性能$F_k^{(s)}$ 可通过下式计算：

$$F_k^{(s)} = f_k^{(s)}(\boldsymbol{X}^{\mathrm{D}}, \boldsymbol{X}^{\mathrm{A}}, \boldsymbol{X}^{\mathrm{N}}), \quad k = 1, 2, \cdots, n_s; s = 1, 2, \cdots, n \tag{4-46}$$

式中：$f_k^{(s)}()$表示参数 $\boldsymbol{X}^{\mathrm{D}}$、$\boldsymbol{X}^{\mathrm{A}}$、$\boldsymbol{X}^{\mathrm{N}}$ 和 $F_k^{(s)}$ 之间的关系；n_s 是第 s 个运行配置状态下性能需求的个数；n 是运行配置状态的总数。

在不确定性因素的影响下，参数可能偏离其目标值，假设 $\Delta\boldsymbol{X}^{\mathrm{D}}$、$\Delta\boldsymbol{X}^{\mathrm{A}}$ 和 $\Delta\boldsymbol{X}^{\mathrm{N}}$ 分别为参数 $\boldsymbol{X}^{\mathrm{D}}$、$\boldsymbol{X}^{\mathrm{A}}$ 和 $\boldsymbol{X}^{\mathrm{N}}$ 的偏差，则性能的偏差 $\Delta F_k^{(s)}$ 可通过下式计算：

$$\Delta F_k^{(s)} = f_k^{(s)}(\boldsymbol{X}^{\mathrm{D}} + \Delta\boldsymbol{X}^{\mathrm{D}}, \boldsymbol{X}^{\mathrm{A}} + \Delta\boldsymbol{X}^{\mathrm{A}}, \boldsymbol{X}^{\mathrm{N}} + \Delta\boldsymbol{X}^{\mathrm{N}}) - F_k^{(s)} \tag{4-47}$$

由于信噪比(SNR)中同时考虑了性能及其变化，因此选择信噪比作为稳健性评估指标。第 i 个配置设计方案在第 s 个运行配置状态下的稳健性可以通过以下公式计算：

$$R^{(i,s)}(\boldsymbol{X}^{\mathrm{D}}) = \sum_{k=1}^{n_s}\left[\omega_k^{(s)} 10\lg\left(\frac{\mu^2}{\sigma^2}\right)\right] \tag{4-48}$$

式中：μ 表示性能的标称值；σ^2 表示性能的方差；$\omega_k^{(s)}$ 表示 $F_k^{(s)}$ 的权重因子。

那么，第 i 个配置设计方案在不可适应设计参数为 $\boldsymbol{X}^{\mathrm{D}}$ 时的稳健性可以通过以下公式计算：

$$R^{(i)}(\boldsymbol{X}^{\mathrm{D}}) = \sum_{s=1}^{n}[P_s \cdot R^{(i,s)}(\boldsymbol{X}^{\mathrm{D}})] \tag{4-49}$$

式中：P_s 表示第 s 个运行配置状态的使用概率。

根据式(4-49)，可通过优化 $\boldsymbol{X}^{\mathrm{D}}$ 来提高第 i 个配置设计方案的稳健性：

$$R^{(i)} = \max_{\mathrm{w.r.t.}\ \boldsymbol{X}^{\mathrm{D}}} R^{(i)}(\boldsymbol{X}^{\mathrm{D}}) \tag{4-50}$$

2）连接未知附加模块时的稳健性

对于未知的附加模块，接口输入、输出参数值会发生变化，产品性能也会受到影响。假设 $\boldsymbol{I}^{\mathrm{U}}$ 和 $\boldsymbol{O}^{\mathrm{U}}$ 分别表示未知附加模块的输入和输出参数，则性能 $F_k^{(s)}$ 可以通过下式计算：

$$F_k^{(s)} = f_k^{(s)}(\boldsymbol{X}^{\mathrm{D}}, \boldsymbol{X}^{\mathrm{A}}, \boldsymbol{X}^{\mathrm{N}}, \boldsymbol{I}^{\mathrm{U}}, \boldsymbol{O}^{\mathrm{U}}),$$
$$k = 1,2,\cdots,n_s; s = 1,2,\cdots,n \tag{4-51}$$

式中：$f_k^{(s)}()$表示参数 $\boldsymbol{X}^{\mathrm{D}}$、$\boldsymbol{X}^{\mathrm{A}}$、$\boldsymbol{X}^{\mathrm{N}}$、$\boldsymbol{I}^{\mathrm{U}}$、$\boldsymbol{O}^{\mathrm{U}}$ 和 $F_k^{(s)}$ 之间的关系；n_s 是第 s 个运行配置状态性能需求的个数；n 是运行配置状态的总数。

假设 $\Delta\boldsymbol{I}^{\mathrm{U}}$ 和 $\Delta\boldsymbol{O}^{\mathrm{U}}$ 分别为参数 $\boldsymbol{I}^{\mathrm{U}}$ 和 $\boldsymbol{O}^{\mathrm{U}}$ 的偏差，则性能的偏差 $\Delta F_k^{(s)}$ 可通过下式计算：

$$\Delta F_k^{(s)} = f_k^{(s)}(\boldsymbol{X}^{\mathrm{D}} + \Delta\boldsymbol{X}^{\mathrm{D}}, \boldsymbol{X}^{\mathrm{A}} + \Delta\boldsymbol{X}^{\mathrm{A}}, \boldsymbol{X}^{\mathrm{N}} + \Delta\boldsymbol{X}^{\mathrm{N}}, \boldsymbol{I}^{\mathrm{U}} + \Delta\boldsymbol{I}^{\mathrm{U}}, \boldsymbol{O}^{\mathrm{U}} + \Delta\boldsymbol{O}^{\mathrm{U}}) - F_k^{(s)} \tag{4-52}$$

第 i 个配置设计方案在第 s 个运行配置状态下的稳健性可以通过以下公式计算：

$$R^{(i,s)}(\boldsymbol{X}^{\mathrm{D}}, \boldsymbol{I}^{\mathrm{U}}, \boldsymbol{O}^{\mathrm{U}}) = \sum_{k=1}^{n_s}\left[\omega_k^{(s)} 10\lg\left(\frac{\mu^2}{\sigma^2}\right)\right] \tag{4-53}$$

式中：μ 表示性能的标称值；σ^2 表示性能的方差；$w_k^{(s)}$ 表示 $F_k^{(s)}$ 的权重因子；n_s 为第 s 个运行配置状态下性能需求的数量。

未知附加模块的接口输入、输出参数值的变化可以是连续的也可以是离散的，需要考虑未知附加模块的接口输入、输出参数的不同值对产品性能的影响。考虑到未知附加模块接口参数值的可能变化，我们提出运用统计方法和最坏情况法进行稳健性评价。

（1）稳健性评价的统计方法。

接口输入、输出参数的变化可以是连续的，也可以是离散的。如果 $\boldsymbol{I}^{\mathrm{U}}$ 和 $\boldsymbol{O}^{\mathrm{U}}$ 是连续参数，$P(\boldsymbol{I}^{\mathrm{U}})$和 $P(\boldsymbol{O}^{\mathrm{U}})$分别是 $\boldsymbol{I}^{\mathrm{U}}$ 和 $\boldsymbol{O}^{\mathrm{U}}$ 的概率密度函数，$\boldsymbol{I}_{\mathrm{L}}^{\mathrm{U}}$、$\boldsymbol{I}_{\mathrm{U}}^{\mathrm{U}}$、$\boldsymbol{O}_{\mathrm{L}}^{\mathrm{U}}$ 和

$\boldsymbol{O}_{\mathrm{U}}^{\mathrm{U}}$ 分别是 $\boldsymbol{I}^{\mathrm{U}}$ 和 $\boldsymbol{O}^{\mathrm{U}}$ 的下限、上限，则考虑不可适应设计参数 $\boldsymbol{X}^{\mathrm{D}}$ 的第 i 个配置设计方案在第 s 个运行配置状态下的稳健性可以通过以下公式计算：

$$R^{(i,s)}(\boldsymbol{X}^{\mathrm{D}}) = \int_{\boldsymbol{I}_{\mathrm{L}}^{\mathrm{U}}}^{\boldsymbol{I}_{\mathrm{U}}^{\mathrm{U}}}\int_{\boldsymbol{O}_{\mathrm{L}}^{\mathrm{U}}}^{\boldsymbol{O}_{\mathrm{U}}^{\mathrm{U}}} P(\boldsymbol{I}^{\mathrm{U}})P(\boldsymbol{O}^{\mathrm{U}})R^{(i,s)}(\boldsymbol{X}^{\mathrm{D}},\boldsymbol{O}^{\mathrm{U}},\boldsymbol{I}^{\mathrm{U}})\mathrm{d}\boldsymbol{O}^{\mathrm{U}}\mathrm{d}\boldsymbol{I}^{\mathrm{U}} \tag{4-54}$$

如果 $\boldsymbol{I}^{\mathrm{U}}$ 和 $\boldsymbol{O}^{\mathrm{U}}$ 是离散的，则考虑不可适应设计参数 $\boldsymbol{X}^{\mathrm{D}}$ 的第 i 个配置设计方案在第 s 个运行配置状态下的稳健性可以通过以下公式计算：

$$R^{(i,s)}(\boldsymbol{X}^{\mathrm{D}}) = \sum\sum P(\boldsymbol{I}^{\mathrm{U}})P(\boldsymbol{O}^{\mathrm{U}})R^{(i,s)}(\boldsymbol{X}^{\mathrm{D}},\boldsymbol{I}^{\mathrm{U}},\boldsymbol{O}^{\mathrm{U}}) \tag{4-55}$$

(2) 稳健性评价的最坏情况法。

稳健性评价的最坏情况法主要考虑接口参数变化在最坏情况下的稳健性。考虑不可适应设计参数 $\boldsymbol{X}^{\mathrm{D}}$ 的第 i 个配置设计方案在第 s 个运行配置状态下的稳健性通过以下公式计算：

$$R^{(i,s)}(\boldsymbol{X}^{\mathrm{D}}) = \min_{\text{w.r.t. } \boldsymbol{I}^{\mathrm{U}},\boldsymbol{O}^{\mathrm{U}}} R^{(i,s)}(\boldsymbol{X}^{\mathrm{D}},\boldsymbol{I}^{\mathrm{U}},\boldsymbol{O}^{\mathrm{U}}) \tag{4-56}$$

第 i 个配置设计方案的最佳稳健性 $R^{(i)}$ 可以利用式(4-49)计算，其中 $R^{(i,s)}$ 可以通过式(4-54)、式(4-55)或式(4-56)计算。

4. 多级优化模型

为了对配置设计方案以及不可适应设计参数值进行优化以提高产品稳健性，我们提出一个多级优化模型。

1) 第一级优化

第一级优化用于从所有可行的配置设计方案中识别最佳的方案。第一级优化的模型如下。

$$\begin{aligned}&\text{搜索:最佳的配置设计方案}\\&\text{最大化:}R=R^{(i)}\\&\text{约束:}1\leqslant i\leqslant p\end{aligned} \tag{4-57}$$

式中：i 表示第 i 个可行的配置设计方案；p 是所有可行的配置设计方案的数量。

2) 第二级优化

第二级优化用于确定不可适应设计参数的最佳值。二级优化模型如下。

$$\begin{aligned}&\text{搜索:不可适应设计参数 }\boldsymbol{X}^{\mathrm{D}}\\&\text{最大化:}R^{(i)} = \sum_{s=1}^{n}[P_s \cdot R^{(i,s)}(\boldsymbol{X}^{\mathrm{D}})]\\&\text{约束:}\boldsymbol{X}_{\mathrm{L}}^{\mathrm{D}} \leqslant \boldsymbol{X}^{\mathrm{D}} \leqslant \boldsymbol{X}_{\mathrm{U}}^{\mathrm{D}}\end{aligned} \tag{4-58}$$

式中：$\boldsymbol{X}_{\mathrm{L}}^{\mathrm{D}}$ 和 $\boldsymbol{X}_{\mathrm{U}}^{\mathrm{D}}$ 分别表示 $\boldsymbol{X}^{\mathrm{D}}$ 的下限和上限。

3）第三级优化

当使用最坏情况法对产品稳健性进行评价时，需要进行第三级优化。第三级优化用于考虑接口输入、输出参数变化对稳健性的最极端影响。根据式(4-56)，第三级优化模型如下。

$$
\begin{aligned}
&\text{搜索：输入与输出参数 } \boldsymbol{I}^{\mathrm{U}}、\boldsymbol{O}^{\mathrm{U}} \\
&\text{最小化：} R^{(i,s)}(\boldsymbol{X}^{\mathrm{D}}) = R^{(i,s)}(\boldsymbol{X}^{\mathrm{D}}, \boldsymbol{I}^{\mathrm{U}}, \boldsymbol{O}^{\mathrm{U}}) \\
&\text{约束：} \boldsymbol{I}_{\mathrm{L}}^{\mathrm{U}} \leqslant \boldsymbol{I}^{\mathrm{U}} \leqslant \boldsymbol{I}_{\mathrm{U}}^{\mathrm{U}}; \boldsymbol{O}_{\mathrm{L}}^{\mathrm{U}} \leqslant \boldsymbol{O}^{\mathrm{U}} \leqslant \boldsymbol{O}_{\mathrm{U}}^{\mathrm{U}}
\end{aligned}
\tag{4-59}
$$

式中：$\boldsymbol{I}_{\mathrm{L}}^{\mathrm{U}}$、$\boldsymbol{I}_{\mathrm{U}}^{\mathrm{U}}$、$\boldsymbol{O}_{\mathrm{L}}^{\mathrm{U}}$ 和 $\boldsymbol{O}_{\mathrm{U}}^{\mathrm{U}}$ 分别是 $\boldsymbol{I}^{\mathrm{U}}$ 和 $\boldsymbol{O}^{\mathrm{U}}$ 的下限和上限。

可以使用 MATLAB 优化工具箱中提供的约束非线性优化函数进行参数优化，也可以使用遗传规划算法进行配置优化[15]。第 4.3.2 节说明了基于遗传规划进行优化以确定最佳配置设计方案的基本步骤。

4.4 可适应产品的操作规划

4.4.1 可适应产品的装配规划

可适应产品必须满足用户多样化的需求，其功能应在生命周期内易于升级，可以通过更换或更新可适应产品的功能模块来实现，这需要合理规划产品功能模块的装配[21]。

4.4.1.1 串联和并联装配

我们在可适应产品装配顺序规划(ASP)中引入了串联和并联装配方案。基于第 2.4 节中介绍的装配操作建模方法，满足下面条件 1 的装配定义为串联装配，满足条件 2 的定义为并联装配。

条件 1：$|\mathrm{AC}_{i(i+1)}| = |\mathrm{AC}_{(i+1)i}| = 1 \vee 2$，$|\mathrm{AC}_{ij}| = |\mathrm{AC}_{ji}| = 0 \vee 9$，$|j-i| > 1$，$i = 1, 2, \cdots, n_{\mathrm{con}-1}$；$j = 1, 2, \cdots, n_{\mathrm{con}}$。

在条件 1 中：$|\mathrm{AC}_{i(i+1)}| = |\mathrm{AC}_{(i+1)i}| = 1 \vee 2$ 表示 P_i 和 P_{i+1} 之间存在连接；$|\mathrm{AC}_{ij}| = |\mathrm{AC}_{ji}| = 0 \vee 9$ 表示 P_i 和 P_j 之间不存在连接；n_{con} 是串联装配中零件的总数。串联装配的结构如图 4-23(a)所示。式(4-60)是串联装配约束矩阵。

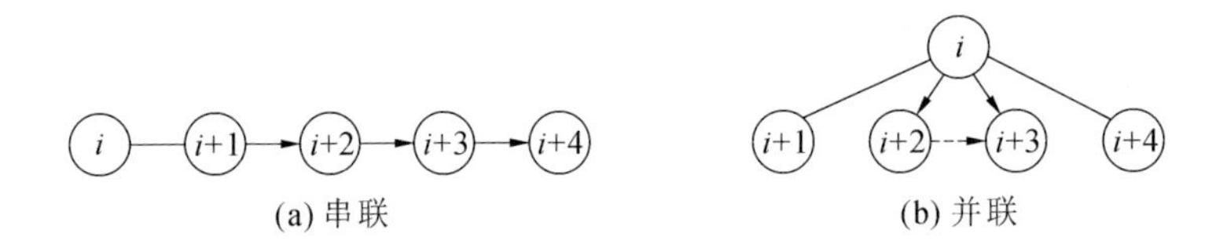

图 4-23　串联和并联装配结构示意图

$$
\mathbf{AC}^{\text{con}} = \begin{array}{c} \\ i \\ i_1 \\ i_2 \\ i_3 \\ i_4 \end{array}
\begin{array}{c} \begin{array}{ccccc} i & i_1 & i_2 & i_3 & i_4 \end{array} \\
\begin{bmatrix} 0 & 2 & 0 & 0 & 0 \\ 2 & 0 & 1 & 0 & 0 \\ 0 & -1 & 0 & 2 & 0 \\ 0 & 0 & 2 & 0 & 1 \\ 0 & 0 & 0 & -1 & 0 \end{bmatrix} \end{array} \tag{4-60}
$$

条件 2：$|AC_{ij}|=|AC_{ji}|=1 \vee 2$；$|AC_{jl}|=0 \vee 9, j \neq l \neq i, i=1, j=2,3,\cdots, n_{\text{para}}, l=3,4,\cdots,n_{\text{para}}$。

在条件 2 中：$|AC_{ij}|=|AC_{ji}|=1 \vee 2$ 表示 P_i 和 P_j 之间存在连接；$|AC_{jl}|=0 \vee 9$ 表明 P_j 和 P_l 之间不存在连接；n_{para}是并联装配中零件的总数。并联装配的结构如图 4-23(b)所示。式(4-61)为并联装配约束矩阵。

$$
\mathbf{AC}^{\text{para}} = \begin{array}{c} \\ i \\ i_1 \\ i_2 \\ i_3 \\ i_4 \end{array}
\begin{array}{c} \begin{array}{ccccc} i & i_1 & i_2 & i_3 & i_4 \end{array} \\
\begin{bmatrix} 0 & 2 & 1 & 1 & 2 \\ 2 & 0 & 0 & 0 & 0 \\ -1 & 0 & 0 & 9 & 0 \\ -1 & 0 & -9 & 0 & 0 \\ 2 & 0 & 0 & 0 & 0 \end{bmatrix} \end{array} \tag{4-61}
$$

串联或并联装配的搜索步骤如下。

(1) 如果一个装配约束矩阵同时满足条件 1 和条件 2，则对应串联和并联混合装配，如果不同时满足，则转至步骤(2)；

(2) 如果装配约束矩阵满足条件 1，则对应串联装配，如果不是，则转到步骤(3)；

(3) 如果装配约束矩阵满足条件 2，则对应并联装配。

4.4.1.2　模块内部零件的装配规划

模块中零部件的装配顺序可通过装配过程中零件约束关系发生变化后重

置装配约束矩阵生成，例如可通过重置模块 M_k 的装配约束矩阵 $\mathbf{AC}_k$，使第 i 行上的所有非零元素为正，实现零件 P_i 的装配。其流程如图 4-24 所示，步骤如下。

(1) 基础件选择：选择表面大而稳定的零件作为装配基础供其他零部件安装。优先考虑满足串联装配条件的零件，然后是并联装配，以缩短操作时间。基础件的行和列移动到矩阵 $\mathbf{AC}_k$ 中的第一行和第一列，从而得到 $\mathbf{AC}_k^1$，然后将矩阵 $\mathbf{AC}_k^1$ 中的第一行和第一列设为 0，得到 $\mathbf{AC}_k^{1-1}$。

(2) 搜索并联装配：如果矩阵 $\mathbf{AC}_k^{1-1}$ 的行中有值为 0、9 或 −9 的元素，则它们满足并联装配条件，将这些元素移动到矩阵最后的行和列中以获得 $\mathbf{AC}_k^2$，并将它们在对角线中的值调整为正值，再将它们的行和列设为 0 以获得 $\mathbf{AC}_k^{2-1}$，并联装配中可能存在不同的装配顺序，否则 $\mathbf{AC}_k^2=\mathbf{AC}_k^1$，$\mathbf{AC}_k^{2-1}=\mathbf{AC}_k^{1-1}$。

(3) 搜索串联装配：如果矩阵行中有值为 1 的元素，但没有 −1 和 −9，则为串联装配，先装配与其他零件关联较多的零件。这个零件所在的行和列与第二行和第二列交换以由 $\mathbf{AC}_k^2$ 得到 $\mathbf{AC}_k^3$，再将行和列设为 0 得到 $\mathbf{AC}_k^{3-1}$。

(4) 分析 $\mathbf{AC}_k^{3-1}$：如果在矩阵 $\mathbf{AC}_k^{3-1}$ 行中有元素值为零，则操作与步骤(2)相同，是并联装配；如果在步骤(3)中搜索到的元素行中没有负值，则该过程与步骤(3)相同，是串联装配；如果有负值，则应选择 $\mathbf{AC}_k^{3-1}$ 中没有负值的零件进行装配，先装配与其他零件连接关系较多的零件，然后将 $\mathbf{AC}_k^{3-1}$ 调整至 $\mathbf{AC}_k^{4-1}$。该过程持续进行，直到所有零件装配完毕，形成最终装配约束矩阵。

4.4.1.3 产品模块的装配顺序规划

模块装配顺序可在产品结构图的模块层级中进行搜索。如图 4-25 所示，**WT** 表示用于生成装配顺序的变换矩阵。选择平台模块作为模块装配中的基础件。**WT** 的行和列基于所选择的平台模块进行交换，然后逐步装配直至完成模块级中的所有模块和零件装配为止。模块按照产品中通用模块、定制模块和个性化模块的顺序进行装配。

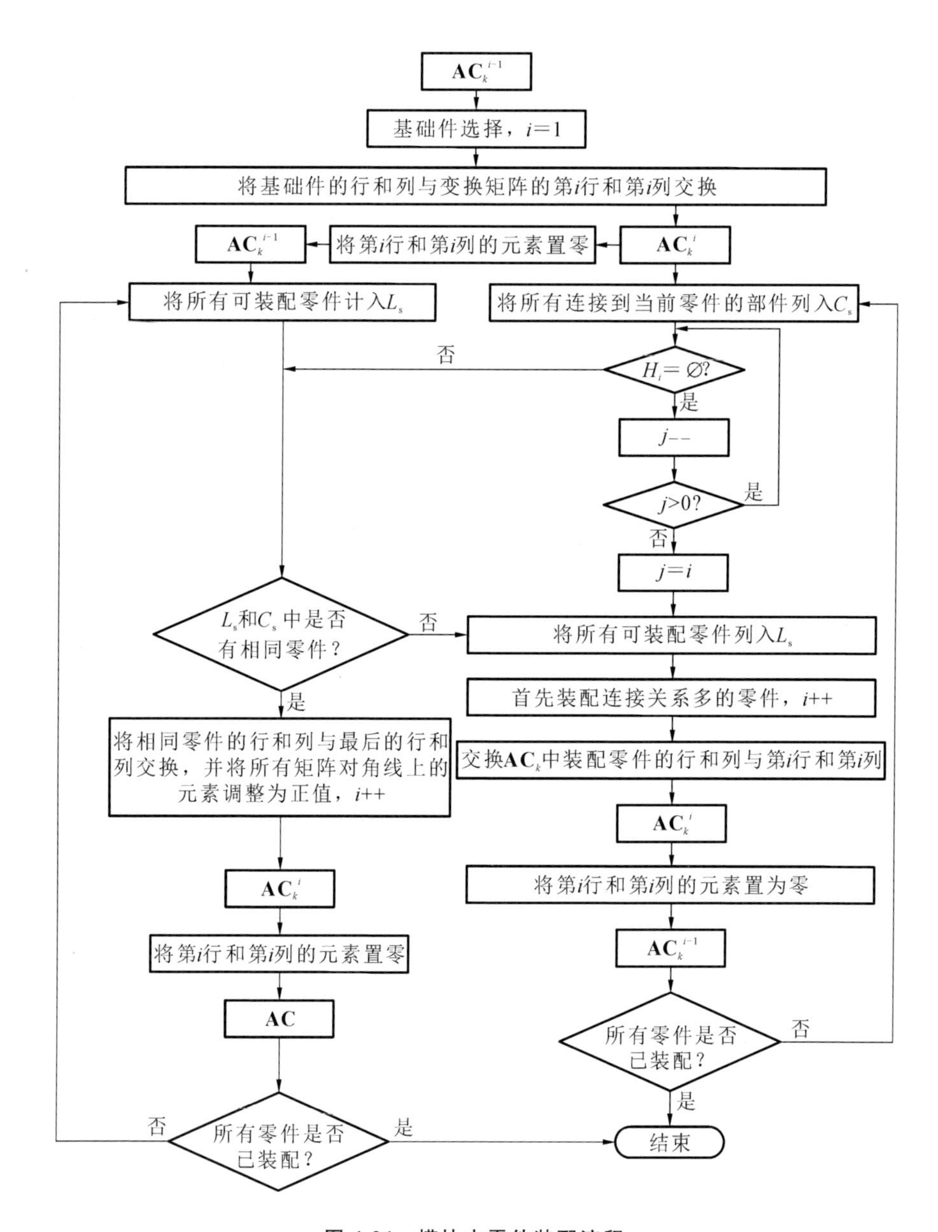

图 4-24　模块中零件装配流程

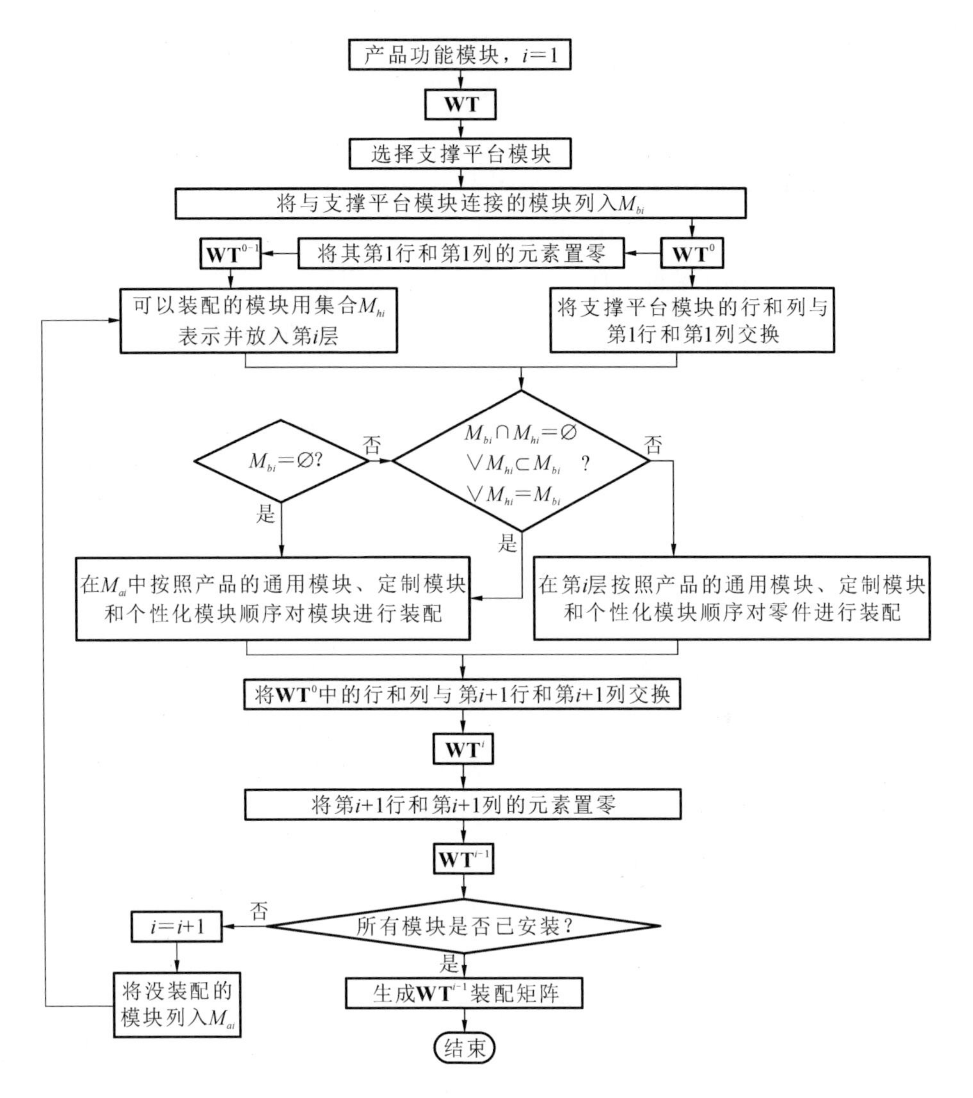

图 4-25　产品模块装配流程图

4.4.2　可适应产品的拆卸顺序规划

我们用总拆卸时间作为评估拆卸顺序规划的指标。不同的拆卸顺序需要不同的拆卸时间。当选择需要拆卸的目标零件后，首先找到包含目标零件的子装配模块并将其从产品中分离。拆卸顺序搜索过程从目标零件开始直到最终零件。使用两种类型的矩阵来生成拆卸顺序，即多级约束矩阵和紧固件-零件矩阵。多级约束矩阵用于检查零件之间的约束从而生成可行的方案。紧固件-零件矩阵用于确定在拆卸零件之前应提前拆除的紧固件。对于那些只能通过破坏性拆卸操作移除的紧固件或约束,需要应用特定工具拆除。

在多级约束矩阵的基础上,算法从目标零件开始搜索直至最终零件。例如,如果选择 T 为目标零件,则可以识别具有目标零件 T 的“子节点”,仅搜索包含目标零件 T 的子装配组件。算法搜索直到达到最终零件为止。

算法在最底层的子装配组件中搜索并找到目标零件。假设包含目标零件的最底层子装配组件总共有 n 个零件,进行全置换以形成装配顺序,并检查所有生成的顺序以确保其拆卸可行性。例如用算法检查拆卸顺序 $S(i)$,相应的约束矩阵用来检查顺序 $S(i)$中的第一个零件 $S(i,1)$。如果零件 $S(i,1)$可以被拆除,则对紧固件-零件矩阵进行搜索,找到应提前拆除的紧固件,然后检查第二个分量 $S(i,2)$。如果零件 $S(i,1)$未通过拆卸可行性检查,则意味着该零件不能被拆除,顺序 $S(i)$不可行并且应被跳过。所有生成的顺序都以目标零件 T 终止,并且所有可行的拆卸顺序都记录在“所有顺序”中。比较所有可行顺序的拆卸成本后,选出最优顺序。

在各级矩阵的搜索完成后,结合所有拆卸顺序,评估所有可行的拆卸顺序后确定最优顺序。综上所述,拆卸顺序规划过程可以概括为以下步骤[22]:

(1) 确定拆卸目标零件;

(2) 搜索包含目标零件的最底层子装配组件;

(3) 使用多级约束矩阵和紧固件-零件矩阵生成所有可行的拆卸顺序;

(4) 使用预先确定的标准(如拆卸时间)评价可行的顺序;

(5) 确定最佳拆卸顺序。

4.5 大规模个性化产品的可适应设计

最大限度满足用户需求的产品将在市场上具有较大的竞争力。满足用户个性化需求的产品称为个性化产品。利用大规模生产方式制造的个性化产品称为大规模个性化产品,这是工业界高度追求的目标,旨在利用现有生产能力获得最大市场份额。

实现个性化产品的关键要素是实现对用户需求变化的快速反应。由于不同的用户对产品有不同的需求,大规模个性化产品定制对于使用传统设计和制造方法的工业生产是一个严峻挑战。需要一种有效的方法来进行大规模个性化产品的生产[23]。

开放式架构能够有效地支持产品个性化的实现,然而,生产开放式架构产品的方法仍在研究中。下面介绍用于大规模个性化开放式架构产品的可适应设计。

4.5.1 开放式架构产品的模块规划

开放式架构产品的模块类型可以通过集成扩展质量功能展开(QFD)和公理化设计方法来进行规划[24]。用变化性程度(degree of variety,DV)来对零件进行定量评价以确定其功能模块差异。将加权变化系数作为描述功能模块差异的定量指标,以确定模块类型。具体方法如下。

$$\mathrm{VC}_i = \sum_{j=1}^{n} \mathrm{TCR}_j \times \mathrm{EC}_j \tag{4-62}$$

$$\mathrm{rTIW}_i(\%) = \overline{\mathrm{TIW}_i} / \sum_{i=1}^{m} \mathrm{TIW}_i \times 100\% \tag{4-63}$$

$$\mathrm{wCOV}_i = \mathrm{rTIW}_i \times \mathrm{VC}_i \tag{4-64}$$

式中:i 为设计矩阵中的零件号;VC_i 为技术要求的变化系数;TCR_j 为用户需求与技术要求之间的相关系数;EC_j 是预期的需求变化; TIW_i 指技术重要性权重;rTIW_i 是技术重要性权重的相对重要性;wCOV_i 为加权变化系数。

变异函数由满足确定性或变异性功能需求(function needs,FNs)的产品模块的加权变化系数确定。满足确定性功能需求的模块形成通用模块。满足变异性功能需求的部件形成定制或个性化模块。设计者可以根据产品应用中的功能变量来确定模块需求。变化性程度 DV_i 用于评估零部件在开放式架构产品模块中的作用,具体如下。

$$x_{\mathrm{c}i} = \sum_{q=1}^{l_{\mathrm{c}}} (\mathrm{RW}_q \times C_{qi}), \quad \text{目标值为常量} \tag{4-65}$$

$$x_{\mathrm{v}i} = \sum_{r=1}^{l_{\mathrm{v}}} (\mathrm{RW}_r \times C_{ri}), \quad \text{目标值为变量} \tag{4-66}$$

$$\mathrm{DV}_i = x_{\mathrm{v}i} / x_{\mathrm{c}i} \times 100\% \tag{4-67}$$

式中:$x_{\mathrm{c}i}$为确定的目标值;$x_{\mathrm{v}i}$是变化的目标值;RW 代表技术要求的权重;C_{qi}是

零部件和由确定目标值确定的功能需求之间的关系值；l_c 为确定目标值的总数；C_{ri} 是由变化目标值确定的功能需求和零部件之间的关系值；l_v 为变化目标值的总数。

最后形成的设计结构矩阵(design structure matrix,DSM)用来对产品功能部件进行聚类，以确定其功能模块变化程度。根据变化性程度，产品部件根据功能变化需求的两个阈值分为三类模块。阈值是基于变化的功能需求设定的。基于需求变化数据，可以根据制造商的数据和用户需求变化来确定不同的阈值。按照零部件及其变化性程度之间的关系，可以将零部件聚类到开放式架构产品的模块中。

4.5.2 开放式架构产品的详细设计

详细设计将产品功能模块概念转换为开放式架构产品的物理结构，这是通过将可用的制造资源转换为产品实体来进行的。机械零部件用于实现产品使用过程中能量和力的传递。图 4-26 所示是电动汽车由电力驱动实现操作的过程。

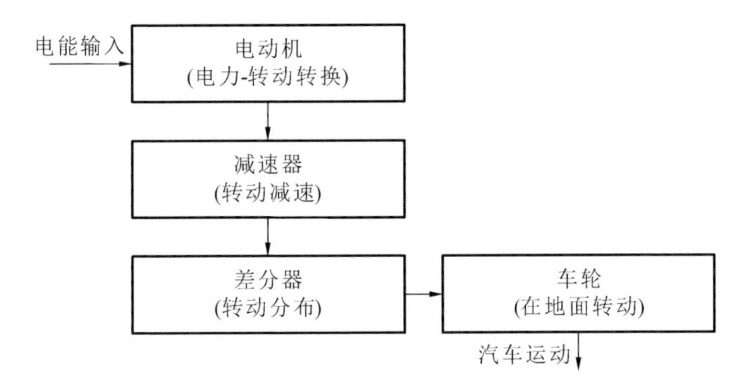

图 4-26 电动汽车的驱动

在开放式架构产品的详细设计中，找到能量/力作用和转换的机械部件至关重要。下面介绍通过能量/力的转换将设计概念转变为实际机械元件的过程。图 4-27 所示为能量/力的转换过程。

在详细设计中，首先从工程设计手册或零件数据库中检索可用的零部件来满足产品的功能需求，可以考虑满足传递能量/力需求的标准，形状、尺寸、公差及材料，支撑和连接其他部件的需要，制造、装配和拆卸产品等方面的需求。只有在没有可选零部件的情况下，才会考虑专门设计以降低制造成本。功能零部件的检索过程如图 4-28 所示[23]。

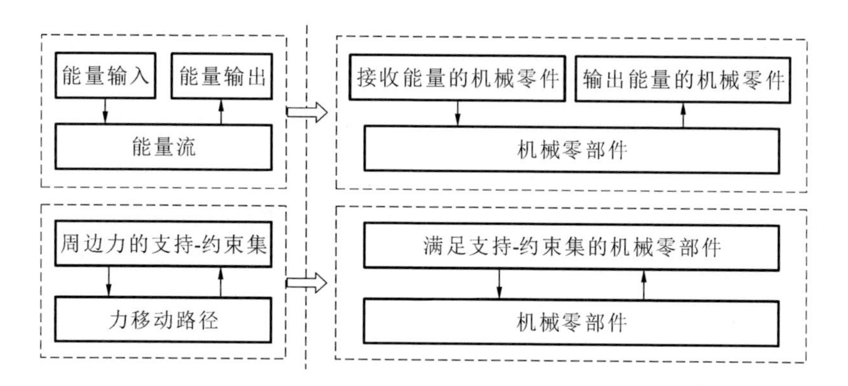

图 4-27 能量/力的转换

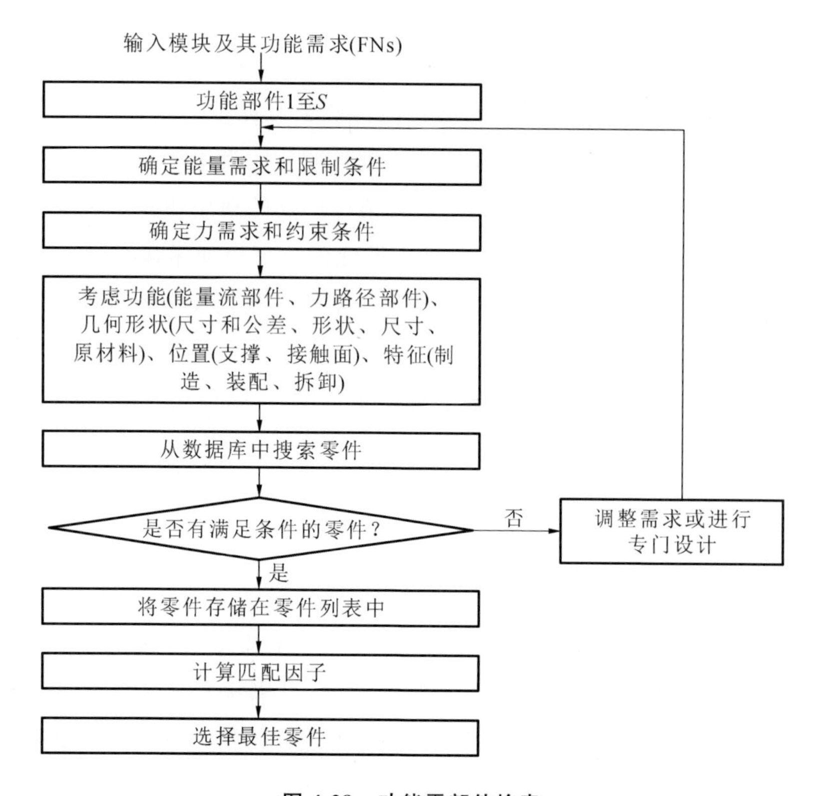

图 4-28 功能零部件检索

在详细设计中，首先基于能量/力传递来确定机械零部件，以满足概念设计中所提出的产品动力和运动需求,然后将这些零部件组合起来形成功能模块。将零部件集成在一起时,需要考虑其所用材料和制造方法的限制导致的冲突,例如运动干涉和结构不匹配。集成零部件时可以用下面两种方法。

(1) 各能量/力转换操作可能用到不同的机械零部件,需要选择合适的组合以便所有机械零部件能够合理地装配在一起。例如可以用不同的轴承座满足不同支承件的需要。

(2) 可调整能量流和力作用的路径以扩大机械零部件的选择范围,例如可以弯曲直管以避免与其他零件干涉。

在以上两种情况下,应该对设计的初始结构进行合理的调整以最佳地满足产品整体设计方案的需求。

4.5.3 产品个性化

在产品设计中,通常将产品功能作为确定性因素考虑,然而对于开放式架构产品,针对不同的用户需求,产品的功能可能会有显著的差异。开放式架构产品允许用户在产品生命周期内对其功能进行调整。当用户需求发生变化时,需要对产品功能进行不同的配置。开放式架构产品的通用功能是必需的,定制功能是用户可选择的,还有一些功能是个性化的。可以使用接口来连接通用、定制和个性化功能模块来满足这些需求[25]。对于开放式架构产品,可以用以下标准满足产品个性化的需求[23]。

(1) 适应性:用定制和个性化功能模块满足用户不同需求,并使定制和个性化功能模块对通用功能模块的影响降到最低。

(2) 开放性:个性化功能模块通过接口向第三方厂商开放,其生产的功能模块可以加入开放式架构产品。

个性化是产品适应用户需求变化的能力。产品的开放性取决于产品接口功效[26]。我们用接口效能(interface efficacy,IE)来衡量接口设计性与操作的适用性和方便性。根据产品的装配和拆卸设计,可以从产品结构、接口连接和模块操作等方面对产品功能模块接口的有效性进行评估。考虑接口效能,接口应设计简单,易于操作,以保证产品功能和操作可靠性。

接口效能是根据模块和接口的连接方式与复杂度提出的。其度量标准包括接口连接件定义,如数量、尺寸和重量;定位方式和要求,如自由度;操作方法，如工具的使用和装配性。几何复杂度包括零件的尺寸、形状和重量。操作复杂度考虑紧固件的操作和位置。这些因素的权重根据它们在接口操作中的重要性进行分配，包括连接件和被连接件、几何复杂度、操作复杂度、操作中使用的工具以及操作可接近性。对于各种常用的紧固件，包括螺栓-螺母-垫圈、螺钉、螺钉-垫圈、销配合、锥形配合、键-键槽和花键配合等，其权重是根据操作中使用的零件和工具的数量分配的。

4.6 总结

本章介绍了基于产品和设计可适应性的设计流程，总结了可适应设计过程中的要素，包括设计需求、候选设计方案、设计评估以及设计优化。为确保可适应产品的质量和性能，通过考虑参数值的变化、产品配置的变化和开放式架构产品，引入了稳健可适应设计方法。此外，本章还分别介绍了可适应产品装配、拆卸操作和大规模个性化产品开发的方法。第5章将讨论可适应设计的基本工具和技术。

本章参考文献

[1] HASHEMIAN M. Design for adaptability[D]. Saskatoon：University of Saskatchewan，2005.

[2] GU P H. Adaptable design with flexible interface systems [J]. Journal of Integrated Design & Process Science，2004，8(3)：61-74.

[3] LI Y，GU P H，XUE D Y. Design process for product adaptability：method and application [C]// Proceedings of the 16th CIRP International Design Seminar，Kananaskis，2006：448-455.

[4] LI Y. Design for product adaptability [D]. Calgary：University of Calgary，2007.

[5] SIH K C. The theory of grey information relation [M]. Taipei：Chun-Hwa Publishing Co，1997.

[6] XUE D Y，HUA G，MEHRAD V，et al. Optimal adaptable design for crea-

ting the changeable product based on changeable requirements considering the whole product life-cycle [J]. Journal of Manufacturing Systems,2012, 31(1):59-68.

[7] ZHANG J,CHEN Y L,XUE D Y,et al. Robust design of configurations and parameters of adaptable products [J]. Frontiers of Mechanical Engineering,2014,9(1):1-14.

[8] AKAO Y. Quality function deployment:integrating customer requirements into product design [M]. Cambridge:Productivity Press,1990.

[9] CHENG Q,LI W S,XUE D Y,et al. Design of adaptable product platform for heavy-duty gantry milling machines based on sensitivity design structure matrix [J]. Proceedings of the Institution of Mechanical Engineers, Part C: Journal of Mechanical Engineering Science, 2017, 231 (24): 4495-4511.

[10] MARTINEZ M,XUE D Y. A modular design approach for modeling and optimization of adaptable products considering the whole product life-cycle spans [J]. Proceedings of the Institution of Mechanical Engineers, Part C: Journal of Mechanical Engineering Science, 2017, 232 (7): 1146-1164.

[11] YANG H,XUE D Y, TU Y L. Modeling of the non-linear relations among different design and manufacturing evaluation measures for multi-objective optimal concurrent design [J]. Concurrent Engineering: Research and Applications,2006,14(1):43-53.

[12] GADALLA M,XUE D Y. An approach to identify the optimal configurations and reconfiguration processes for design of reconfigurable machine tools [J]. International Journal of Production Research,2018,56(11): 3880-3900.

[13] XUE D Y. A multilevel optimization approach considering product realization process alternatives and parameters for improving manufacturability [J]. Journal of Manufacturing Systems,1997,16(5):337-351.

[14] ARORA J S. Introduction to optimum design [M]. Oxford:Elsevier Aca-

demic Press,1989.

[15] KOZA J R. Genetic programming: on the programming of computers by means of natural selection [M]. Cambridge: The MIT Press,1992.

[16] HONG G,HU L,XUE D Y,et al. Identification of the optimal product configuration and parameters based on individual customer requirements on performance and costs in one-of-a-kind production [J]. International Journal of Production Research,2008,46(12):3297-3326.

[17] DUBEYA K,YADAVA V. Robust parameter design and multi-objective optimization of laser beam cutting for aluminium alloy sheet [J]. International Journal of Advanced Manufacturing Technology,2008,38(3-4):268-277.

[18] MA L,FOROURAGHI B. A hyperspherical particle swarm optimizer for robust engineering design [J]. International Journal of Advanced Manufacturing Technology,2013,67(5-8):1091-1102.

[19] KOREN Y,HU S J,GU P H,et al. Open-architecture products [J]. CIRP Annals,2013,62(2):719-729.

[20] PENG Q J,LIU Y H,GU P H,et al. Development of an open-architecture electric vehicle using adaptable design [C]// AZEVEDO A. Advances in Sustainable and Competitive Manufacturing Systems. Heidelberg: Springer Cham,2013.

[21] MA H Q,PENG Q J,ZHANG J,et al. Assembly sequence planning for open-architecture products [J]. The International Journal of Advanced Manufacturing Technology,2018,94(5-8):1551-1564.

[22] WANG H Y,PENG Q J,ZHANG J,et al. Selective disassembly planning for the end-of-life product [J]. Procedia CIRP,2017,60:512-517.

[23] PENG Q J,LIU Y H,ZHANG J,et al. Personalization for massive product innovation using open architecture [J]. Chinese Journal of Mechanical Engineering,2018,31(1):34.

[24] ZHAO C,PENG Q J,GU P H. Development of a paper-bag-folding machine using open architecture for adaptability [J]. Proceedings of the In-

stitution of Mechanical Engineers, Part B: Journal of Engineering Manufacture, 2015, 229(1_suppl): 155-169.

[25] HU C L, PENG Q J, GU P H. Adaptable interface design for open-architecture product [J]. Computer-Aided Design and Applications, 2015, 12 (2): 156-165.

[26] HU C L, PENG Q J, GU P H. Interface adaptability for an industrial painting machine [J]. Computer-Aided Design and Applications, 2014, 11 (2): 182-192.

第 5 章
可适应设计的工具和技术

5.1 模块化设计工具

5.1.1 可适应产品模块化规划方法

5.1.1.1 简介

模块化结构允许产品具有独立的功能单元,可在产品上增加或更换功能单元以适应用户需求的变化。模块化是可适应产品最重要的特征之一。可适应产品是基于模块化结构构建的,用来满足用户对可适应产品不同功能的需求。本节介绍面向可适应性的模块规划方法。我们将零件聚类,形成适当的功能模块,用模块形成可适应产品的独立功能单元,从而使产品具有可扩展和可升级的能力,适应用户对产品在生命周期中的需求变化。

模块化设计集成了质量功能展开(QFD)和公理化设计原则,用于规划可适应产品结构以适应产品需求的变化。我们用多样性程度来量化对产品的可变性需求,以确定不同的功能模块。本节所介绍的方法已经用于工业产品的开发。

QFD 是一种常用的基于用户需求的概念设计方法。在产品概念设计中,将用户需求映射到功能需求来确定设计目标和技术参数,从而建立设计指标与用户需求的关系。在概念设计过程中,QFD 使用质量屋(house of quality, HOQ)工具将客户的需求和产品功能联系起来。

QFD 已被广泛应用于产品开发的早期阶段。动态 QFD 结构可以根据产品需求的变化来更新用户数据和设计目标。基于 QFD 的方法已经被用于产品平台开发和改进产品族设计。QFD 与 KANO 模型相结合可以增进对用户需求和满意度的了解。在设计需求的探索和模块化产品分析中,QFD 也被用于模块化产品的设计。产品的最终方案可以通过 QFD 来评价,可以用可变性需求衡量为满足未来变化所需的重新设计工作。

公理化设计是为系统化设计产品而提出的[1]。它为 QFD 应用确立了两个公理,即独立性公理和信息公理。独立性公理目的是维护产品功能需求(FRs)的独立性,使得满足设计目标的各功能保持独立。信息公理要求设计概念中包含的信息量尽可能少。由于公理化设计使用独立功能需求的一对一匹配来实现产品结构,因此通常用模块化设计来规划产品结构和参数配置。

大多数模块化方法都基于独立性公理来降低产品定制的复杂性。模块化方法可以将产品结构分解为小且可管理的单元。模块化产品利用物理和功能架构的相似性,将产品功能部件之间的耦合交互降至最低。模块化可以根据功能需求的独立性及其在设计参数中的敏感性来度量。在公理化设计的基础上,可以建立设计关联矩阵来构建产品平台。可适应产品设计可以用模块化规划方法实现其功能的模块化。

可以用模块化规划方法来改进产品结构和应用,进行产品系列设计和产品平台设计。但现有方法和应用主要是针对传统大规模生产模式的产品设计而提出的,其有利于设计者或制造商,而不利于满足用户在产品应用过程中的需求变化。传统的产品必须经过重新设计和再制造才能适应需求的变化。可适应产品是为了实现用户在产品使用过程中对个性化模块进行升级或更换从而满足个性化需求而提出的。作为模块化产品,可适应产品需要相对独立的产品模块和通用模块,因此可适应产品是通过个性化模块实现的,以便产品在生命周期内实现升级。下面介绍通过集成扩展的 QFD 和公理化设计来规划可适应产品功能模块的方法。

5.1.1.2　模块规划

1.扩展的 QFD

QFD 是一种分析用户需求、确定设计目标和技术要求的产品设计工具[2]。QFD 的核心是“质量屋”,包括用户需求、需求重要性和满足需求的技术,如图 5-1 所示[3]。质量屋中每个元素都通过需求和满足需求的方式与其他元素相关联。“屋”的底部是设定的设计目标值和重要性等级,“屋”的右侧部分列出了需求评估。

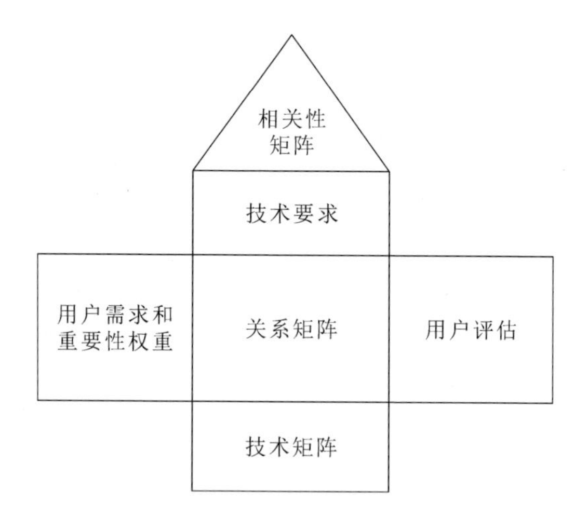

图 5-1　质量屋

可以用 QFD 将用户需求转化为产品设计概念。随着用户对个性化产品需求的增加,在产品设计中仅考虑通用功能需求是不够的,还应考虑用户的个性化需求。可适应产品利用个性化功能模块来适应用户对产品的需求变化。通过在现有产品中添加或升级功能模块,可以生成具有不同功能的产品。因此可适应产品包括三类模块,即满足产品基本功能的通用模块、大多数用户所需功能的定制模块,以及个人所需功能的个性化模块。QFD 的应用范围可以扩展到不仅包括设计阶段的通用或基本的产品功能需求,而且包括产品生命周期内的潜在需求。产品需求可以分为两部分:一部分是基本功能需求(basic function needs,BFNs),另一部分是用户个性化需求(individual customer needs,ICNs)。相应的技术要求分为通用技术要求(general technical requirements,GTRs)和可适应产品技术要求(AP's technical requirements,ATRs)。满足基本功能需求的产品模块可以通过大规模生产制造,满足个性化需求的个性化模块可以由用户或第三方供应商提供。图 5-2 显示了包括可适应产品技术重要性权重(technical importance weight,TIW)和目标产品值(target product value,TPV)的扩展 QFD。

为了确定可适应产品的模块类型,我们引入加权变化系数(weighted coefficient of variance,wCOV)来评估满足用户需求的技术要求(technical requirements,TRs)。然后利用 wCOV 对技术排序,将产品功能模块分成可适应产品的通用模块、定制模块和个性化模块[4]。

<table>
<tr><td>TR
CN</td><td>GTR</td><td>OTR</td><td>权重</td><td>预期变化</td></tr>
<tr><td>BFN</td><td colspan="2" rowspan="2">关系</td><td rowspan="2">W_i</td><td rowspan="2">EC_i</td></tr>
<tr><td>ICN</td></tr>
<tr><td>VC</td><td colspan="2">VC_i</td></tr>
<tr><td>TIW</td><td colspan="2">TIW_i</td></tr>
<tr><td>rTIW</td><td colspan="2">$iTIW_i$</td></tr>
<tr><td>wCOV</td><td colspan="2">wCOV</td></tr>
</table>

图 5-2　扩展的 QFD

图 5-2 中：BFN 是基本功能需求；CN 是用户需求；EC 是预期的需求变化；W_i 是权重；GTR 是产品的通用技术要求；ICN 是用户个性化需求；OTR 是开放式架构产品的技术要求；TR 是满足对应用户需求的技术要求；i 是设计矩阵中的零件号；TIW 是技术重要性权重；wCOV 是加权变化系数。

根据第 4.5.1 节介绍的方法，用式(4-62)至式(4-64)确定可适应产品功能模块间的差异，从而确定不同的模块类型。

2. 扩展的公理化设计方法

公理化设计要求模块的独立性满足功能需求(FRs)，用功能需求到技术要求(TR)设计参数(DPs)的映射过程寻找满足功能需求的方案，直到完成一对一的功能需求与设计参数匹配为止，如图 2-12 所示。同时利用式(4-67)中的变化性程度 DV_i 来评估零件在不同功能模块中的作用。

3. 用于模块聚类的设计结构矩阵

设计结构矩阵(DSM)是根据用户需求和技术之间的关系形成的，用来确定由零部件组成的各功能模块。用变化性程度确定可适应产品的三类模块。模块之间的连接由接口实现。设计结构矩阵的对角线元素用于表示技术要求变化程度。

根据变化性程度，设定阈值 f_1 和 f_2。这两个阈值将产品零部件分为三类模块，即通用模块、定制模块和个性化模块。$DV_i < f_1$ 的零件 C_i 被归为通用模块，$DV_i > f_2$ 的零件 C_i 被归为个性化模块。DV_i 值介于 f_1 和 f_2 之间的零件被归为定制模块。因此，f_1 越大，属于通用模块的零件就越多，f_2 越小，属于个性化模块的零件就越多，产品就越个性化。

图 5-3 和图 5-4 展示了在模块聚类中无变化性程度设计和有变化性程度设计的模块之间的差异。图 5-3 是仅基于需求和技术关系聚类后的产品模块。使用变化性程度和阈值，将具有相似变化性程度值的零件聚类到一个模块中，如图 5-4 所示，其中设计结构矩阵可以聚类形成可适应产品的三类模块。

	C_1	C_2	C_5	C_3	C_4	C_6
C_1		×				
C_2	×		×			
C_5		×		×	×	
C_3			×		×	
C_4			×	×		×
C_6					×	

图 5-3　无变化性程度的模块聚类

	C_1	C_2	C_5	C_3	C_4	C_6
C_1	DV_1	×				
C_2	×	DV_2	×			
C_5		×	DV_5	×	×	
C_3			×	DV_2	×	
C_4			×	×	DV_4	×
C_6					×	DV_6

图 5-4　有变化性程度的模块聚类

根据零件变化性程度和阈值确定模块类型后，可对各模块内零件进行参数配置。

5.1.1.3　纸袋折叠机的模块化设计

市场上有不同类型的纸袋用于各种食品的包装。图5-5展示了一台用于折叠纸袋和黏合纸袋底部的机器。最初设计的纸袋折叠机是整体结构的，一台折叠机只能用于一种类型的纸袋生产。生产不同尺寸或形状的纸袋需要不同的机器，这增加了机器的使用成本。用户希望折叠机能够满足不同类型纸袋的生产要求。针对这种需求，我们研制了一种可适应纸袋折叠机(简称为折袋机)。

图5-5　一种纸袋折叠机

1. 折袋机的扩展QFD矩阵

首先根据用户调研结果确定折袋机的功能及需求变化。我们将折袋机使用期间用户功能需求的变化定义为预期用户需求。在表5-1的矩阵中增加一列来估计用户需求变化的值，例如高需求为3、中需求为2、低需求为1。因此，根据折袋机的基本功能需求和预期用户需求，构建出折袋机的扩展QFD矩阵，如表5-1所示。

使用表5-1和式(4-62)至式(4-64)，计算加权变化系数。表5-1列出了根据功能需求变化进行模块规划的结果。

2. 用扩展的公理化设计进行功能需求到技术实现的映射

根据公理化设计，使用第5.1.1.2节中的方法对功能需求到技术实现进行映射以确定产品的功能模块。图5-6显示了折袋机的部分功能需求，图5-7列出了从功能需求中映射的相应设计参数。其功能需求和设计参数的一一对应关系如表 5-2 所示,然后可以由功能需求和设计参数建立折袋机的设计矩阵。用数值 1、3 或 9 表示零部件满足功能需求的能力,并确定图 5-8 所示设计结构矩阵的功能变化程度。

表 5-1　折袋机功能需求到技术实现的映射

项目	存储	进袋	送袋	黏合	撑袋	折底	定型	拉杆	折侧边	整理	压侧边	压平	旋转	调整	可替换	工位可变	权重	期望变化
自动进袋	•	•	•										◎				3	L
黏合牢靠				•						○							5	M
折底					◎	•											5	M
折叠整齐							◎		○	◎	◎	○					5	H
容易储存								◎	◎		◎	◎					3	L
效率				○		◎	○						◎			◎	3	H
机器体积		○	○										•			◎	1	L
纸袋种类														•	•		3	H
功能可变																•	3	H
VC	9	10	10	21	6	27	12	1	6	11	12	6	21	27	27	39		
TIW	87	90	90	155	48	174	58	29	45	65	77	45	87	87	87	126		
rTIW	6.4%	6.7%	6.7%	11.5%	3.6%	12.9%	4.3%	2.1%	3.3%	4.8%	5.7%	3.3%	6.4%	6.4%	6.4%	9.3%		
wCOV	0.58	0.67	0.67	2.41	0.21	3.48	0.52	0.02	0.2	0.53	0.68	0.2	1.35	1.74	1.74	3.64		
百分比	16%	18%	18%	66%	6%	96%	14%	1%	5%	15%	19%	5%	37%	48%	48%	100%		
结果	c	c	c	v	c	v	c	c	c	c	c	c	v	v	v	v		

注 关系:强(•),中(◎),弱(○);客户需求的预期变化:高(H=3),中(M =2),低(L=1)。

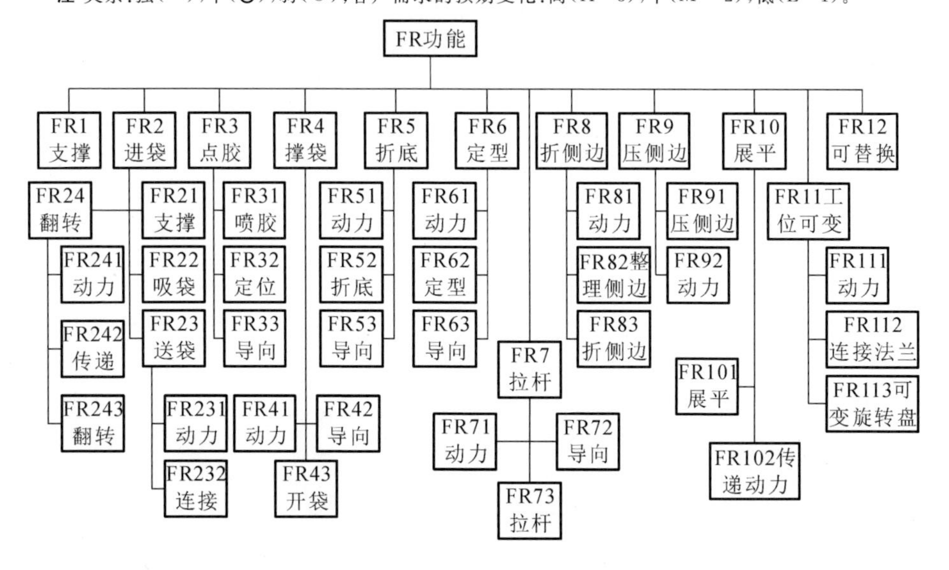

图 5-6　折袋机的部分功能需求

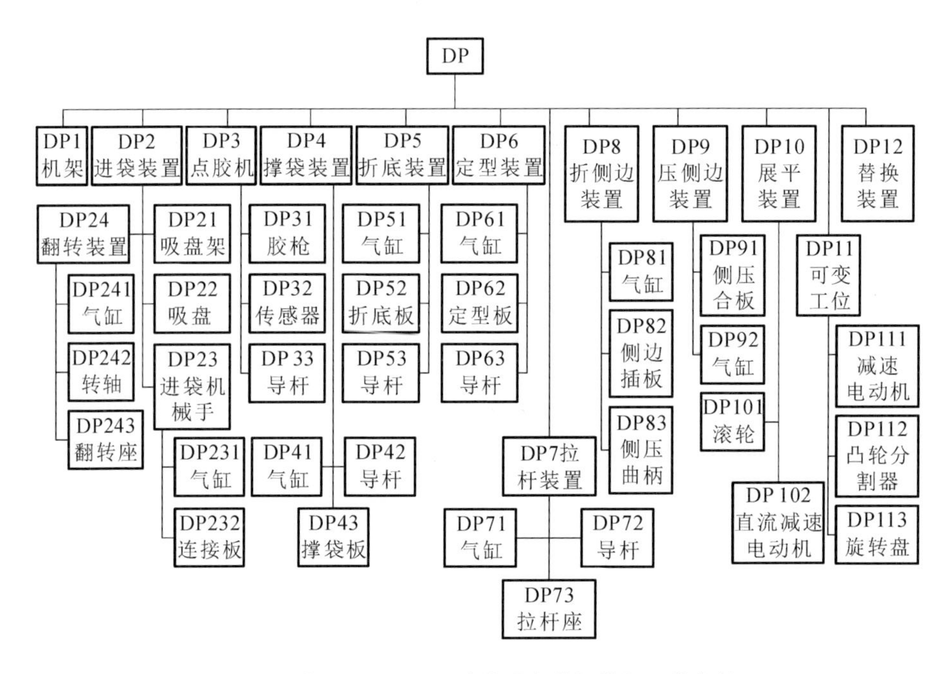

图 5-7　基于图 5-6 所示功能需求的折袋机设计参数

表 5-2　折袋机的功能需求和设计参数

序号	功能需求	设计参数	序号	功能需求	设计参数
1	支撑	机架	18	动力	气缸
2	支撑	吸盘架	19	导向	导杆
3	吸袋	吸盘	20	支撑	底板
4	动力	气缸	21	动力	气缸
5	连接	连接板	22	折底	插板
6	动力	气缸	23	导向	光轴
7	传递	转轴	24	调整	螺杆螺母
8	翻转	翻转座	25	动力	气缸
9	动力	气缸	26	定型	定型板
10	导向	导杆	27	导向	导杆
11	连接	连接板	28	调节	调整螺杆
12	撑袋	撑袋板	29	动力	气缸
13	调节	调节杆	30	导向	导杆
14	点胶	胶枪	31	拉杆	拉杆装置
15	导向	导杆	32	调节	调整螺杆
16	定位	传感器	33	动力	气缸
17	调节	螺杆螺母	34	折侧边	侧边插板

续表

序号	功能需求	设计参数	序号	功能需求	设计参数
35	压侧边	侧压曲柄	45	展平	滚轮
36	调节	调整螺杆	46	动力	直流减速电动机
37	动力	气缸	47	传递动力	齿轮
38	压袋	压袋杆	48	旋转	转轴
39	整理侧边	侧压合板	49	动力	减速电动机
40	整理底部	袋底折合板	50	定位	凸轮分割器
41	调节	螺旋齿轮	51	夹袋	夹袋板
42	动力	气缸	52	调整	调整装置
43	压侧边	压边板	53	可替换	替换装置
44	调节	螺旋齿轮	54	工位可变	旋转盘

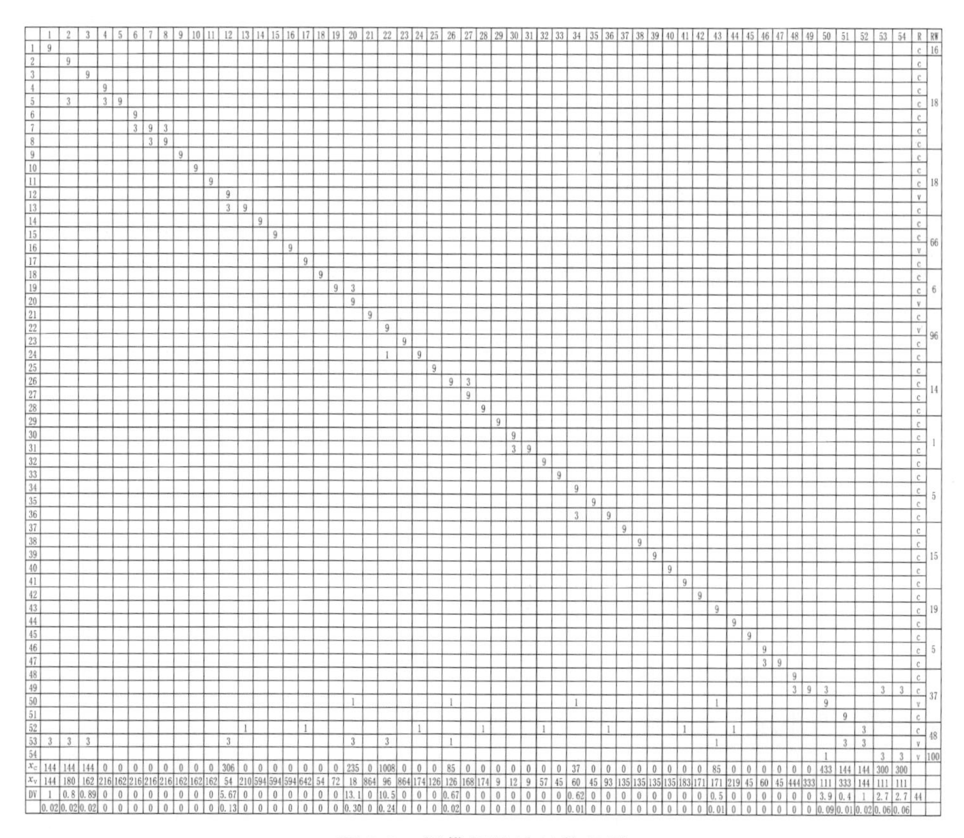

	1	2	3	4	5	6	7	8	9	10	11	12	13	14	15	16	17	18	19	20	21	22	23	24	25	26	27	28	29	30	31	32	33	34	35	36	37	38	39	40	41	42	43	44	45	46	47	48	49	50	51	52	53	54	R	RW
1	9																																																						c	16
2		9																																																					c	18
3			9																																																				c	
4				9																																																			c	
5		3		3	9																																																		c	
6						9																																																	c	
7						3	9	3																																															c	
8							3	9																																															c	
9									9																																														c	18
10										9																																													c	
11											9																																												c	
12												9																																											v	
13												3	9																																										c	
14														9																																									c	66
15															9																																								c	
16																9																																							v	
17																	9																																						c	
18																		9																																					c	6
19																			9	3																																			c	
20																				9																																			v	
21																					9																																		c	96
22																						9																																	v	
23																							9																																c	
24																						1		9																															c	
25																									9																														c	14
26																										9	3																											c	
27																											9																												c	
28																												9																											c	
29																													9																										c	1
30																														9																									c	
31																														3	9																								c	
32																																9																							c	
33																																	9																						c	5
34																																		9																					c	
35																																			9																				c	
36																																		3		9																			c	
37																																					9																		c	15
38																																						9																	c	
39																																							9																c	
40																																								9															c	
41																																									9														c	
42																																										9													c	19
43																																											9												c	
44																																												9											c	
45																																													9										c	5
46																																														9									c	
47																																														3	9								c	
48																																																9							c	37
49																																																3	9	3			3	3	c	
50																				1						1								1									1							9					v	
51																																																			9				c	48
52													1				1							1				1				1				1					1			1								3			c	
53	3	3	3									3								3		3				1																	1								3	3			v	
54																																																		1			3	3	v	100
x_c	144	144	144	0	0	0	0	0	0	0	0	306	0	0	0	0	0	0	0	235	0	1008	0	0	0	85	0	0	0	0	0	0	0	37	0	0	0	0	0	0	0	0	85	0	0	0	0	0	0	433	144	144	300	300		
x_v	144	180	162	216	162	216	216	216	162	162	162	54	210	594	594	594	642	54	72	18	864	96	864	174	126	126	168	174	9	12	9	57	45	60	45	93	135	135	135	135	183	171	171	219	45	60	45	444	333	111	333	144	111	111		
DV	1	0.8	0.89	0	0	0	0	0	0	0	0	5.67	0	0	0	0	0	0	0	13.1	0	10.5	0	0	0	0.67	0	0	0	0	0	0	0	0.62	0	0	0	0	0	0	0	0	0.5	0	0	0	0	0	0	3.9	0.4	1	2.7	2.7	44	
	0.02	0.02	0.02	0	0	0	0	0	0	0	0	0.13	0	0	0	0	0	0	0	0.30	0	0.24	0	0	0	0.02	0	0	0	0	0	0	0	0.01	0	0	0	0	0	0	0	0	0.01	0	0	0	0	0	0	0.09	0.01	0.02	0.06	0.06		

图 5-8 折袋机设计结构矩阵

注 R 代表技术需求，其中，c 代表不变技术需求；v 代表可变技术需求；x_c 代表满足不变技术需求的设计可变程度；x_v 代表满足可变技术需求的设计可变程度；RW 代表技术需求的相对权重。

3. 用设计结构矩阵规划模块类型

用设计结构矩阵进行零件聚类。DSM 中对角线的 DV 表示功能需求变化的程度。基于 DV，零件根据两个阈值分为三类。阈值是基于变化的技术需求即预测功能需求变化确定的。图 5-9 给出了 f_1 和 f_2 阈值分别为 1％和 10％的折袋机的示例。如图 5-9 所示，根据零部件及其功能需求变化之间的关系，可将零部件划分为可适应折袋机的三类模块。

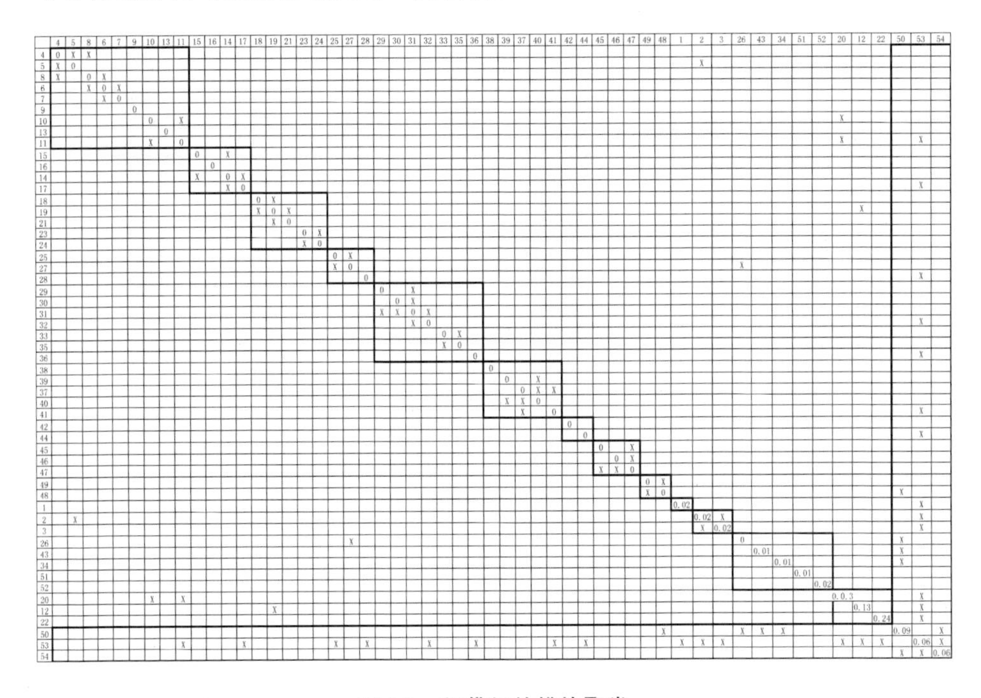

图 5-9　折袋机的模块聚类

至此我们将折袋机的模块分为了通用模块、个性化模块和定制模块，分别如图 5-10 至图 5-12 所示。图 5-10 给出了折袋机 10 个常见的通用模块。折袋机的个性化模块如图 5-11 所示，这些模块是在设计阶段预测的，将在机器使用过程中应用或更新。图 5-12 列出了由折袋机生产商制造的不同定制模块以及可供用户在采购过程中选择的模块。用户也可以从其他供应商定制或购买个性化模块来满足需求。根据设计，通过在折袋机的通用模块和定制模块上安装个性化模块，可以得到满足不同需求的折袋机，即得到个性化的产品。

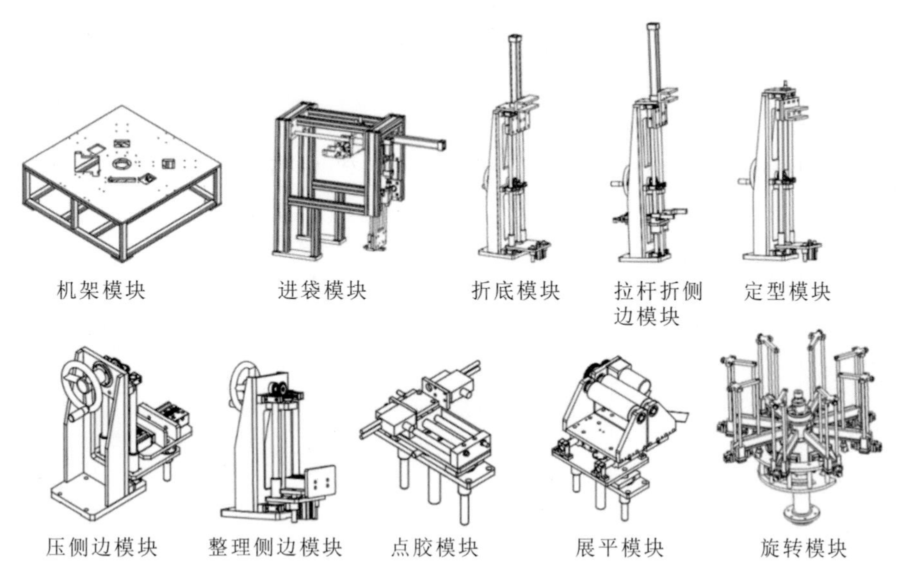

图 5-10　折袋机的通用模块

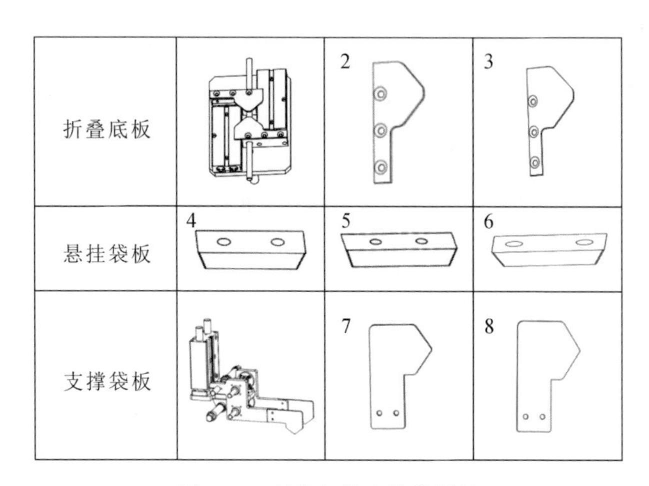

图 5-11　折袋机的个性化模块

5.1.1.4　折袋机的模块化实施

为评价所设计模块化折袋机结构的可行性，根据制造商的建议、用户调查和市场预测，表 5-3 列出了折袋机的潜在变化需求。折袋机通常需要 8～10 个工作流程来完成表 5-3 所列的操作。我们设计的折袋机可以通过更改个性化模块适应 8～10 个工作流程的变化。当纸袋的尺寸或形状发生变化时，可更换个性化模块，以满足不同尺寸或形状的纸袋生产要求。

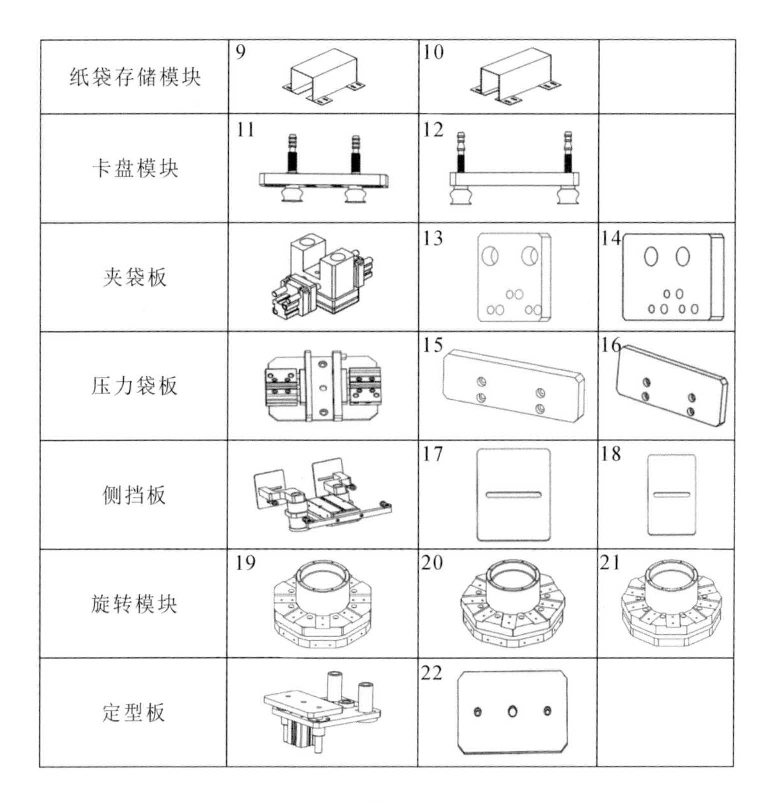

图 5-12　折袋机的定制模块

表 5-3　纸袋折叠机的工位预测

序号	纸袋折叠机的不同要求
1	进袋机械手→点胶→折底→定型→折侧边→压侧边→打码→出袋
2	进袋机械手→点胶→折底→定型→折侧边→整理侧折边→压侧边→出袋
3	进袋机械手→点胶→折底→定型→折侧边→整理侧折边→压侧边→打码→出袋
4	打孔→进袋机械手→点胶→折底→定型→折侧边→整理侧折边→压侧边→出袋
5	打孔→进袋机械手→点胶→折底→定型→折侧边→整理侧折边→压侧边→打码→出袋

图 5-13 展示了根据表 5-3 中的序号 2 配备 8 个工位的个性化折袋机示例。该机器包括 1 个通用模块和 7 个定制模块，即纸袋存储模块 9、卡盘模块 11、夹袋板 13、压力袋板 15、侧挡板 17、旋转模块 20 和定型板 22，以及 3 个个性化模

块,即折叠底板 2、悬挂袋板 5、支撑袋板 7。该折袋机用于满足尺寸规格(长、宽、高)为 $145 \leqslant L \leqslant 300$、$W=130$、$S=40$ 的纸袋。

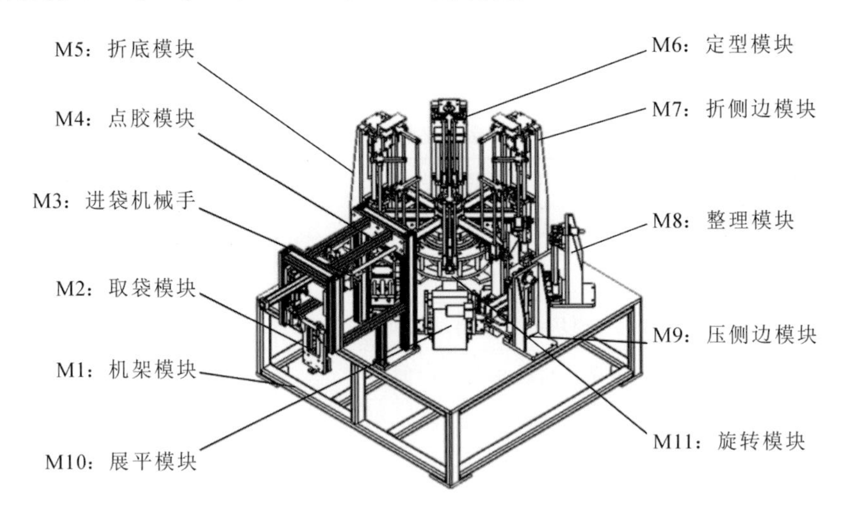

图 5-13　八工位纸袋折叠机

如果需求变化为表 5-3 中的序号 3,即增加打码的功能,则只需更换旋转模块,并调整通用模块的位置。当纸袋的尺寸规格(长、宽、高)变为 $145 \leqslant L \leqslant 300$、$W=80$、$S=50$ 时,则加入 3 个个性化模块——折叠底板 3、悬挂袋板 6 和支撑袋板 8,即可满足要求。

具有可适应性的纸袋折叠机为有不同需求的用户提供了一个成本效益极佳的解决方案,其允许用户使用一台机器,通过更改个性化模块来满足不同的工作需求。用户可在工作场地对机器进行功能升级和变换,从而降低机器的使用成本。

5.1.2　模块分类方法

模块化设计方法已经被广泛用于增加产品的种类和降低产品的成本。在模块化设计中,产品中众多有相同作用的组件构成相对独立的模块,这些模块在制造中易于装配,在维修中易于拆卸[5]。由于模块相对独立,因此可对模块进行单独设计和制造。此外,设计可用于不同产品的标准模块,可以降低制造成本并增加产品种类。在模块化设计中,主要根据零部件设计功能和(或)制造过程的相似性来划分模块[5]。此外,产品生命周期其他方面(例如维修和回收)

也被作为模块划分的依据[6-8]。

Martinez 和 Xue[9]在描述产品变化的设计与或树中引入了表述零部件生命周期属性的方法。表 5-4 列出了在产品使用阶段考虑产品变化的生命周期属性。

表 5-4 考虑产品变化的生命周期属性示例

类别	生命周期属性	数值
定量的	模块维修频率	18 个月
	汽车蓄电池寿命	4 年
	模块的使用启动时间	第 3 年
	可靠性超过 95%的时间跨度	1.5 年
定性的	性能的降低	低
	技术进步的机遇	高

在 Martinez 和 Xue[9]开发的模块化设计方法中，根据零部件在设计功能、制造过程和产品生命周期属性方面的相似性，将零部件分为模块。模糊 C 均值(fuzzy C-means，FCM)模式分类方法[10]可用于自动识别模块。

在基于模糊 C 均值模式的模块分类方法中，首先选择能够在产品使用阶段内变更的零部件，并且用向量描述这些零部件的属性(包括生命周期属性)：

$$\boldsymbol{D}_j = (D_{j1}, D_{j2}, \cdots, D_{jp}), \quad j = 1,2,\cdots,n \tag{5-1}$$

式中：n 是所选零部件的总数；p 是所选属性的总数。假设模块的个数为 c，则可通过以下步骤进行模块分类。

(1) 使用随机数来初始化 $\boldsymbol{D}_j$ 属于第 i 类($i=1,2,\cdots,c$)的模糊隶属度 μ_{ij}，其满足条件：

$$\sum_{i=1}^{c} \mu_{ij} = 1, \quad j = 1,2,\cdots,n \tag{5-2}$$

(2) 使用以下公式计算各个类($i=1,2,\cdots,c$)的模糊质心向量 $\boldsymbol{V}_i$：

$$\boldsymbol{V}_i = \frac{\sum_{j=1}^{n} (\mu_{ij})^m \boldsymbol{D}_j}{\sum_{j=1}^{n} (\mu_{ij})^m}, \quad i = 1,2,\cdots,c \tag{5-3}$$

式中：模糊指数 m 是大于 1 的实数。

(3) 通过以下公式更新模糊隶属度：

$$\mu_{ij} = \frac{\left(\frac{1}{d^2(\boldsymbol{D}_j, \boldsymbol{V}_i)}\right)^{\frac{1}{m-1}}}{\sum_{i=1}^{c}\left(\frac{1}{d^2(\boldsymbol{D}_j, \boldsymbol{V}_i)}\right)^{\frac{1}{m-1}}}, \quad i = 1,2,\cdots,c; j = 1,2,\cdots,n \tag{5-4}$$

式中：

$$d^2(\boldsymbol{D}_j, \boldsymbol{V}_i) = \sum_{k=1}^{p}(D_{jk} - V_{ik})^2, \quad i = 1,2,\cdots,c; j = 1,2,\cdots,n \tag{5-5}$$

(4) 计算 J_m 最小值：

$$J_m = \sum_{i=1}^{c}\sum_{j=1}^{n}(\mu_{ij})^m d^2(\boldsymbol{D}_j, \boldsymbol{V}_i) \tag{5-6}$$

重复步骤(2)(3)和(4)，直到 J_m 达到最小值为止。虽然不同的初始值可以导致不同的局部最小值，但模糊 C 均值模式分类计算结果总是收敛于 J_m 的最小值。在这里，模糊指数 m 被选择为 2。为了提高分类质量，向量 $\boldsymbol{D}_j$ 中的元素应被转换成标准化的 0～1 之间的值。

在模糊 C 均值模式分类方法中，首先必须选择类的数量。然而在可适应产品的设计中，我们一般不知道模块的数量，可采用 Xue 等[11]开发的一种确定最佳分类数量的方法来确定可适应产品设计中的最佳模块数。

分类集中度表示属于此类的数据点到其类中心的平均距离。p 维数据点 $\boldsymbol{D}_j$ 与其类中心 $\boldsymbol{V}_i$ 之间的距离可以通过以下公式计算：

$$\bar{d}_{ij} = \bar{d}_{ij}(\boldsymbol{D}_j, \boldsymbol{V}_i) = \sqrt{\frac{\sum_{k=1}^{p}(D_{jk} - V_{ik})^2}{p}} \tag{5-7}$$

类的集中度 $\bar{D}_c$ 由以下公式定义：

$$\bar{D}_c = \frac{\sum_{i=1}^{c}\sum_{j=1}^{N_i}\bar{d}_{ij}}{N} \tag{5-8}$$

式中：N_i 是第 i 类中数据点的数量；N 是所有数据点的数量；c 是类的数量。类的集中度 $\bar{D}_c$ 随着类数量 c 的增加而降低。类的集中度的相对降低程度 $\lambda(\bar{D}_c)$ 可用于确定类的最佳数量 c：

$$\lambda(\bar{D}_c) = \frac{\bar{D}_{c-1} - \bar{D}_c}{\bar{D}_c} \tag{5-9}$$

首先选择不同的类的数量 c 来计算类的集中度$\overline{D}_c$，然后将类的集中度进行比较，当类的集中度的相对降低程度 $\lambda(\overline{D}_c)$ 达到峰值时，此时类的数量 c 被选为类的最佳数量。

Martinez 和 Xue[9] 开发的用于测试两个新泵的可适应设备由 13 个零部件组成。每一个零部件用 19 个属性描述，如表 5-5 所示。

表 5-5 零部件及其属性[9]

零部件	零件属性																		
	运行阶段			设计功能			运行中的装配									制造中的装配			
	阶段Ⅰ	阶段Ⅱ	阶段Ⅲ	大腔室	小腔室	冷却系统	顶板	侧板($1\ m^3$)	侧板($0.5\ m^3$)	带窗口的前侧板	无窗口的前侧板	小前侧板	空气循环风机	低温系统	机械冷却系统	空气循环风机	带窗口的前侧板	无窗口的前侧板	小前侧板
顶板	1	1	1	1	1	0	1	1	1	1	1	1	1	0	0	1	0	0	0
1 m^3 腔室的左侧板	1	1	0	1	1	0	1	1	0	1	1	0	0	0	0	0	1	1	0
1 m^3 腔室的右侧板	1	1	0	1	1	0	1	1	0	1	1	0	0	0	0	0	1	1	0
1 m^3 腔室的后侧板	1	1	0	1	1	0	1	1	0	1	1	0	0	0	0	0	1	1	0
0.5 m^3 腔室的左侧板	0	0	1	0	1	0	1	0	1	0	0	1	0	0	0	0	0	0	1
0.5 m^3 腔室的右侧板	0	0	1	0	1	0	1	0	1	0	0	1	0	0	0	0	0	0	1
0.5 m^3 腔室的后侧板	0	0	1	0	1	0	1	0	1	0	0	1	0	0	0	0	0	0	1
1 m^3 腔室的带窗口的前侧板	1	0	0	1	0	0	1	1	0	1	0	0	0	0	0	0	1	0	0
1 m^3 腔室的无窗口的前侧板	0	1	0	1	0	0	1	1	0	0	1	0	0	0	0	0	0	1	0
0.5 m^3 腔室的前侧板	0	0	1	0	1	0	1	0	1	0	0	1	0	0	0	0	0	0	1
空气循环风机	1	1	1	1	1	0	1	0	0	0	0	0	1	0	0	1	0	0	0
低温系统	1	0	0	0	0	1	0	0	0	0	0	0	0	1	0	0	0	0	0
机械冷却系统	0	1	1	0	0	1	0	0	0	0	0	0	0	0	1	0	0	0	0

此设计首先确定了模块的最佳数量。不同类的集中度以及类的集中度的相对降低程度如表 5-6 所示。由该表可知，类的最佳数量确定为 7。

然后使用模糊 C 均值模式分类方法将所有零部件分为 7 个模块。由模糊 C 均值模式分类方法可得到表 5-7 所示的矩阵，其表示零部件和模块之间的模糊隶属度。在本设计中，每个零部件都被分类于具有最高模糊隶属度的模块。这 7 个模块和零部件如表 5-7 和图 5-14 所示。

表 5-6　不同类的数量以及类的集中度评估指标[9]

类的数量	类的集中度 $\bar{D}_c$	类的集中度的相对降低程度 $\lambda(\bar{D}_c)$
3	0.0987	0.0719
4	0.0973	0.0143
5	0.0950	0.0242
6	0.0896	0.0603
7	**0.0598**	**0.4983**
8	0.0549	0.0893
9	0.0531	0.0339
10	0.0503	0.0557
11	0.0467	0.0771
12	0.0421	0.1093
13	0.0397	0.0605

表 5-7　使用模糊 C 均值模式分类方法得到的模糊隶属度[9]

类的组号	零部件												
	顶板	左侧板（1 m³）	右侧板（1 m³）	后侧板（1 m³）	左侧板（0.5 m³）	右侧板（0.5 m³）	后侧板（0.5 m³）	带窗口的前侧板	无窗口的前侧板	小前侧板	空气循环风机	低温系统	机械冷却系统
1	2.65 E-01	7.93 E-05	7.93 E-05	7.93 E-05	2.00 E-05	2.00 E-05	2.00 E-05	3.49 E-04	3.49 E-04	2.00 E-05	9.83 E-01	7.43 E-05	1.05 E-04
2	1.68 E-01	9.99 E-01	9.99 E-01	9.99 E-01	1.30 E-05	1.30 E-05	1.30 E-05	6.79 E-04	6.79 E-04	1.30 E-05	2.84 E-03	6.11 E-05	7.06 E-05
3	1.33 E-01	1.55 E-04	1.55 E-04	1.55 E-04	1.57 E-05	1.57 E-05	1.57 E-05	9.98 E-01	4.58 E-04	1.57 E-05	2.89 E-03	9.62 E-05	8.52 E-05
4	1.33 E-01	1.55 E-04	1.55 E-04	1.55 E-04	1.57 E-05	1.57 E-05	1.57 E-05	4.58 E-04	9.98 E-01	1.57 E-05	2.89 E-03	70.5 E-05	1.06 E-04
5	9.00 E-02	5.09 E-05	5.09 E-05	5.09 E-05	1.96 E-05	1.96 E-05	1.96 E-05	2.73 E-04	3.42 E-04	1.96 E-05	2.86 E-03	1.35 E-04	9.99 E-01
6	1.29 E-01	5.06 E-05	5.06 E-05	5.06 E-05	1.00 E+00	1.00 E+00	1.00 E+00	2.71 E-04	2.71 E-04	1.00 E+00	2.83 E-03	7.46 E-05	1.6 E-04
7	8.34 E-02	5.55 E-05	5.55 E-05	5.55 E-05	1.74 E-05	1.74 E-05	1.74 E-05	3.91 E-04	3.03 E-04	1.74 E-05	2.53 E-03	9.99 E-01	1.70 E-04
模块	1	2	2	2	6	6	6	3	4	6	1	7	5

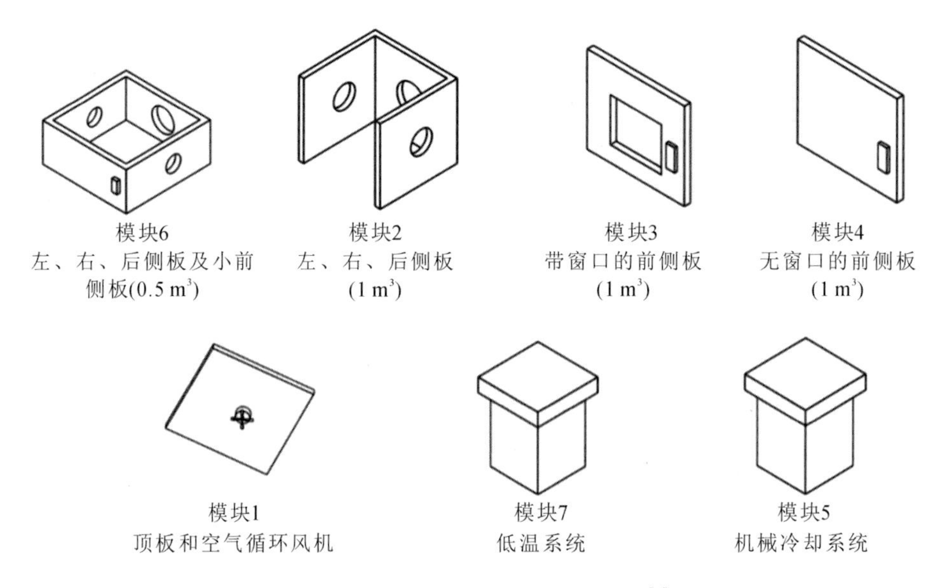

图 5-14　可适应产品的模块和零部件[9]

5.2　优化工具

如第 4.2.4 节所述,优化是从大量的设计解决方案中找出最佳可适应设计的有效方法。本节将介绍各种可用于可适应设计的优化策略、方法和工具。

5.2.1　有约束优化

在最早的优化方法中,一般用数值方法求解数值函数的最佳值[12]。有约束优化问题可用以下公式定义:

$$\min_{\text{w.r.t.}\,\boldsymbol{X}} F(\boldsymbol{X}) \tag{5-10}$$

$$\text{约束:}\boldsymbol{X}_{\mathrm{L}} \leqslant \boldsymbol{X} \leqslant \boldsymbol{X}_{\mathrm{U}}$$

$$G_i(\boldsymbol{X}) \geqslant 0,\quad i=1,2,\cdots,m$$

$$H_j(\boldsymbol{X}) = 0,\quad j=1,2,\cdots,q$$

式中:$\boldsymbol{X}=(X_1,X_2,\cdots,X_n)$ 是优化变量的向量;$F(\boldsymbol{X})$是优化目标函数;$\boldsymbol{X}_{\mathrm{L}}$ 和 $\boldsymbol{X}_{\mathrm{U}}$ 是 $\boldsymbol{X}$ 的下限和上限;$G_i(\boldsymbol{X})\geqslant 0$ 是一组不等式约束;$H_j(\boldsymbol{X})=0$ 是一组等式约束。当需要求解最大化优化问题 $\max F(\boldsymbol{X})$时,可以利用式(5-10)将最大化

优化问题转化为 min $-F(\boldsymbol{X})$。

图 5-15 所示为一个有约束优化的例子。这个问题可以用式(5-10)表示为

$$最小化:F(\boldsymbol{X})=F(l,w,h,t)=t[lw+2l(h-t)+2(w-2t)(h-t)] \quad (5-11)$$

$$约束:h-50=0$$

$$wlh-500000=0$$

$$t-5\geqslant 0$$

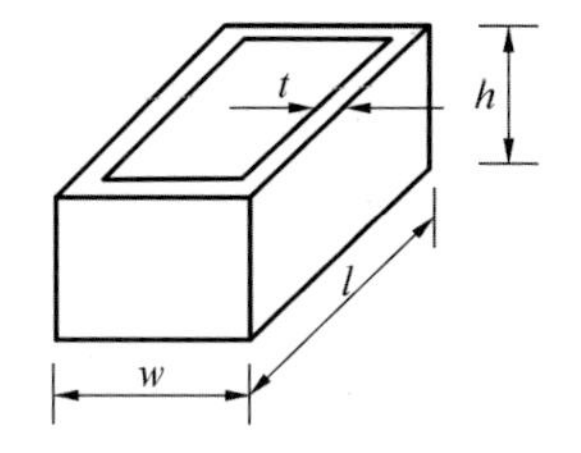

需设计薄壁塑料盒。该塑料盒有4个设计参数 w、l、h和t，要求外体积和高度分别为500000和50，t必须大于或等于5，求4个参数的最佳值以使塑料盒所需的材料最少。

图 5-15 有约束优化问题

用数值搜索方法解决的优化问题主要分为两类：

(1) 无约束优化问题；

(2) 有约束优化问题。

目前已有多种优化搜索方法(例如，最速下降法和高斯-牛顿法)用于提高解决无约束优化问题时的质量和效率。优化中的数值搜索过程如图 5-16 所示。搜索从选择最佳猜测点或随机点的初始解开始。在每次优化搜索的迭代中，从当前获得的最佳解确定搜索方向和搜索步长以找到要评估的下一个解的位置。当下一个解优于当前的最佳解时，下一个解被选为当前最佳解。当下一个解比当前的最佳解差时，应舍弃下一个解。在优化过程的早期阶段，通常选择较大的搜索步长以提高优化效率。在接近最佳解的区域的后期阶段，通常选择小的搜索步长。当优化目标函数值不能在迭代中进一步减小时，可以认为找到了最终的最优解。

当考虑图 5-17 所示的约束条件时，应仅在满足所有约束条件的可行区域内搜索最优解。图 5-17 中考虑约束条件的最优解不同于图 5-16 中不考虑约束条件的最优解。

通常通过引入由约束条件构成的惩罚函数 $S(\boldsymbol{X})$ 并将该惩罚函数加入原先的优化目标函数，将有约束优化问题转换为无约束优化问题。

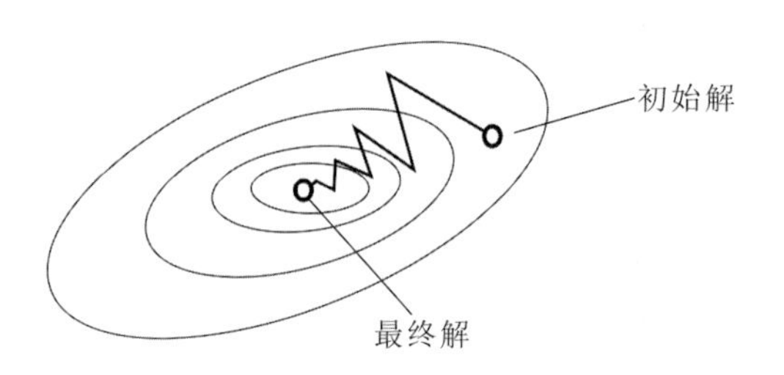

图 5-16　优化中的数值搜索过程

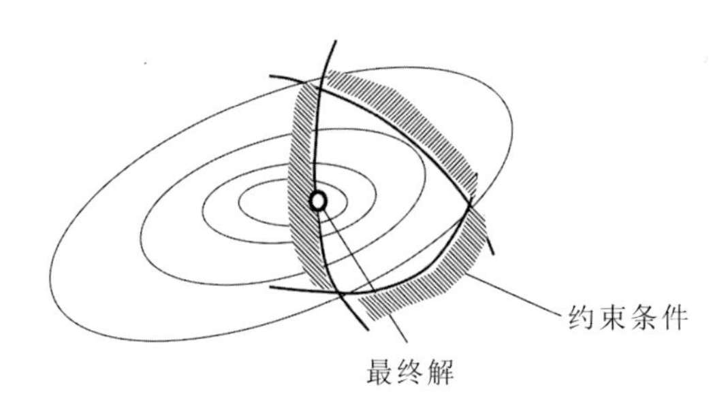

图 5-17　有约束条件的优化

$$\min_{\mathrm{w.r.t.}\,\boldsymbol{X}} D(\boldsymbol{X},\rho) = F(\boldsymbol{X}) + \frac{1}{\rho}S(\boldsymbol{X}) \tag{5-12}$$

式中：$F(\boldsymbol{X})$为原先的优化目标函数；ρ 为正数。

惩罚函数 $S(\boldsymbol{X})$定义为

$$S(\boldsymbol{X}) = \sum_i \delta_i \mid G_i(\boldsymbol{X}) \mid^{\alpha} + \sum_j \mid H_j(\boldsymbol{X}) \mid^{\beta} \tag{5-13}$$

式中：$G_i(\boldsymbol{X})$和 $H_j(\boldsymbol{X})$为式(5-10)给出的不等式约束和等式约束；α 和 β 的值分别为 1 和 2；δ_i 定义为

$$\delta_i = \begin{cases} 0, & G_i(\boldsymbol{X}) \geqslant 0 \\ 1, & G_i(\boldsymbol{X}) < 0 \end{cases} \tag{5-14}$$

当搜索解落在违反约束条件的位置时，惩罚函数 $S(\boldsymbol{X})$的值变得很大，导致式(5-12)中的优化函数 $D(\boldsymbol{X},\rho)$的值也变得很大。只有将搜索位置移动到满足约束条件的区域，$S(\boldsymbol{X})$值才可变小。

数值优化问题可以通过计算机程序来解决。MATLAB 提供了解决优化问题的工具箱。式(5-11)给出的优化问题可通过图 5-18 所示的 MATLAB 程序求解。$\boldsymbol{X}$ 的边界选为 $\boldsymbol{X}_{\mathrm{L}}=(0,0,0,0)$ 和 $\boldsymbol{X}_{\mathrm{U}}=(120,120,70,20)$，$\boldsymbol{X}$ 的初始值选

为 $\boldsymbol{X}_0=(30,30,30,3)$。求得的最优解为

$$l^* = X_1 = 100\ \text{mm}$$

$$w^* = X_2 = 100\ \text{mm}$$

$$h^* = X_3 = 50\ \text{mm}$$

$$t^* = X_4 = 5\ \text{mm}$$

RunOpt.m

```
%% container optimization
%% x(1): l, x(2): w, x(3): h, x(4): t

x0=[30;30;30;3]; % Set the initial values
lb=[0;0;0;0]; % Set the lower boundaries
ub=[120;120;70;20]; % Set the upper boundaries
[x,fval,exitflag]=fmincon(@myfun,x0,[],[],[],[],lb,ub,@mycon)
```

myfun.m

```
function f=myfun(x)
%%f(l,w,h,t) = t(lw + 2l(h-t) + 2(w-2t)(h-t))
f=x(4)*(x(1)*x(2)+2*x(1)*(x(3)-x(4))+2*(x(2)-2*x(4))*(x(3)-x(4)));
```

mycon.m

```
function [c,ceq]=mycon(x)
c(1)=5.0-x(4); %% 5.0 - t <= 0
ceq(1)=x(3)-50.0; %% h - 50.0 = 0
ceq(2)=x(1)*x(2)*x(3)-500000.0; %% lwh - 500000.0 = 0
```

图 5-18　用于有约束优化问题的 MATLAB 程序

在 Martinez 和 Xue[9] 的用于测试两个新泵的可适应设备的设计案例中，优化问题由两个设计参数（即真空压强 P(Pa，实数)和辐射屏蔽屏数量 n(整数))，以及总成本 C 的优化目标函数(包括冷藏实验腔制冷的运营成本($)和冷藏实验腔腔壁的产品成本($))来定义：

$$\min C(P,n)$$

最优解为 $P=0.1$ Pa 和 $n=5$，如图 4-10 所示。

5.2.2　多目标优化

由于可适应产品是用在产品生命周期不同阶段的可适应性及其他评估指标来评估的，因此求解最佳设计是一个典型的多目标优化问题。

多目标优化问题可定义为

$$\min_{\text{w.r.t.}\,\boldsymbol{X}} (F_1(\boldsymbol{X}), F_2(\boldsymbol{X}), \cdots, F_m(\boldsymbol{X})) \tag{5-15}$$

式中：$F_1(\boldsymbol{X}), F_2(\boldsymbol{X}), \cdots, F_m(\boldsymbol{X})$是 m 个优化目标函数。

解决多目标优化问题的一个简单方法是将这些通常具有不同单位的优化目标函数转换为可比较的指标，并将其与表示重要性的权重因子相乘，以构成新的目标函数，如式(5-16)所示。

$$\min_{\text{w.r.t.}\,\boldsymbol{X}} W_1 F_1(\boldsymbol{X}) + W_2 F_2(\boldsymbol{X}) + \cdots + W_m F_m(\boldsymbol{X}) \tag{5-16}$$

式中：$W_1, W_2, \cdots, W_m$ 为 m 个权重因子。

选择权重因子的值颇有挑战性。为了得到合适的权重因子，Xue 等[13]开发了一种方法，使用式(5-17)比较新设计的目标函数相对原设计的改进情况，将不同的目标函数整合在一起。

$$\min_{\text{w.r.t.}\,\boldsymbol{X}} \sum_{i=1}^{m} \frac{F_i(\boldsymbol{X}) - F_i(\boldsymbol{X}_0)}{F_i(\boldsymbol{X}_0)} \tag{5-17}$$

式中：$\boldsymbol{X}_0$ 是原设计。当选择不同的原设计时，优化的结果是不同的。

Yang 等[14]开发了一种更为通用的解决多目标优化问题的方法。在该方法中，根据式(5-18)的非线性关系，有单位评估指标 $F_i(\boldsymbol{X})$可转换成无单位评估指标 $I_i(\boldsymbol{X})$。

$$I_i(\boldsymbol{X}) = I_i[F_i(\boldsymbol{X})], \quad i = 1, 2, \cdots, m \tag{5-18}$$

图 5-19(a)显示了踩下刹车后刹车时间与其评估指标之间的非线性关系。在这种方法中，通常邀请专家和客户根据有单位的不同评估指标值给出对应的满意度并将其作为无单位评估指标。拟合后的三次多项式曲线可用来求解两者之间的非线性关系。

最终优化目标函数定义如下：

$$\max_{\text{w.r.t.}\,\boldsymbol{X}} I(\boldsymbol{X}) = W_1 I_1(\boldsymbol{X}) + W_2 I_2(\boldsymbol{X}) + \cdots + W_m I_m(\boldsymbol{X}) \tag{5-19}$$

式中：$W_1, W_2, \cdots, W_m$ 为 m 个介于 0 和 1 之间的权重因子，代表了这些评估指标的重要性。

Yang 等[14]在其汽车刹车盘制动装置的设计案例中，选择了四种评估指标，即 T——刹车时间(s)，t_f——刹车盘最终温度(℉)，p——刹车盘承受压力(psi)，C——制造成本(美元)。

这些有单位评估指标及其无单位评估指标之间的非线性关系通过拟合曲线来表达：

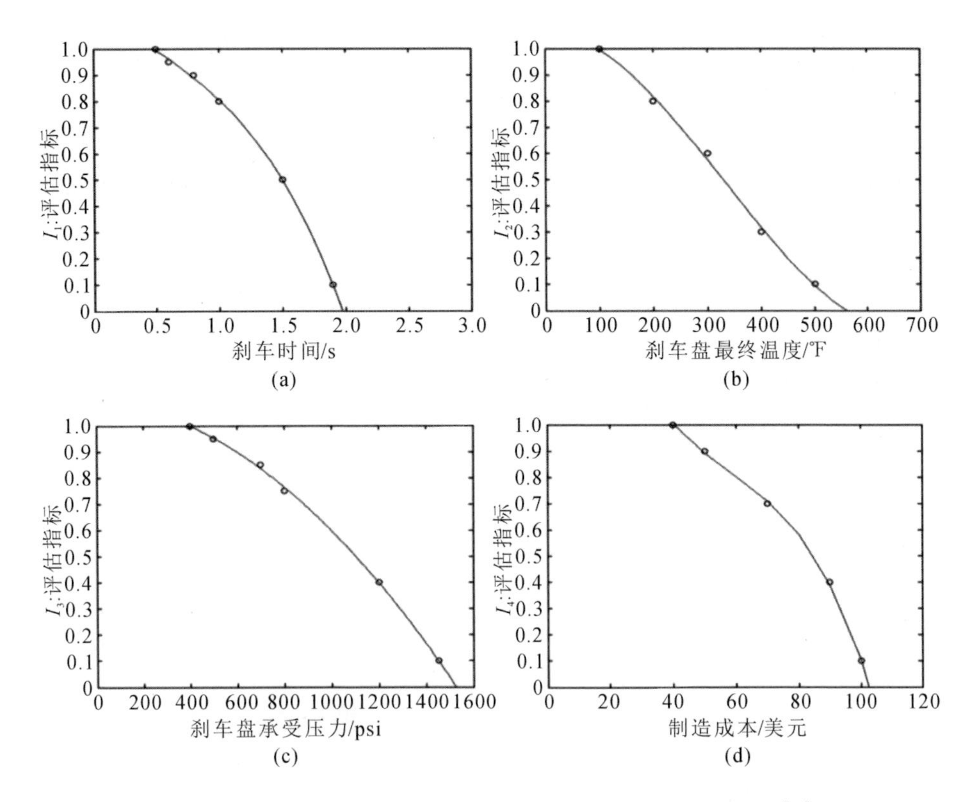

图 5-19　有单位评估指标与无单位评估指标间的非线性关系[14]

$$I_1 = 1.1734 - 0.4163T + 0.1885T^2 - 0.1404T^3$$

$$I_2 = 1.0600 + 0.9524 \times 10^{-4} t_f - 0.8214 \times 10^{-5} t_f^2 + 0.8333 \times 10^{-8} t_f^3$$

$$I_3 = 1.1045 - 0.9788 \times 10^{-4} p - 0.4095 \times 10^{-6} p^2 - 0.2100 \times 10^{-12} p^3$$

$$I_4 = 2.310 - 0.05970C + 0.8765C^2 - 0.5 \times 10^{-5} C^3$$

有单位评估指标及其无单位评估指标如图 5-19 所示。具有设计变量 $\boldsymbol{X}$ 的优化目标函数被定义为

$$\max_{\text{w.r.t.}\ \boldsymbol{X}} I(\boldsymbol{X}) = 0.551 I_1(\boldsymbol{X}) + 0.062 I_2(\boldsymbol{X}) + 0.088 I_3(\boldsymbol{X}) + 0.299 I_4(\boldsymbol{X}) \tag{5-20}$$

5.2.3　多级优化

第 5.2.1 节和第 5.2.2 节中讨论的有约束优化方法和多目标优化方法是根据给定的目标函数搜索出参数最佳值的数值方法。由于设计配置的选择在

可适应设计中也起着重要的作用,因此当存在多个设计配置方案时,必须使用优化方法来求解最佳的设计配置。

图 5-20 显示了用于设计可适应振动给料机的与或树[15]。在本设计中,可适应振动给料机既可作为线性振动给料机(linear vibratory feeder),也可作为碗式振动给料机(bowl vibratory feeder)。线性振动给料机有一个矩形容器(rectangular container)。在运行阶段,矩形容器发生振动,使小部件向特定的方向移动。碗式振动给料机有碗状容器(bowl container)。在运行阶段,碗状容器发生振动,使小部件沿着碗状容器的螺旋轨道移动。

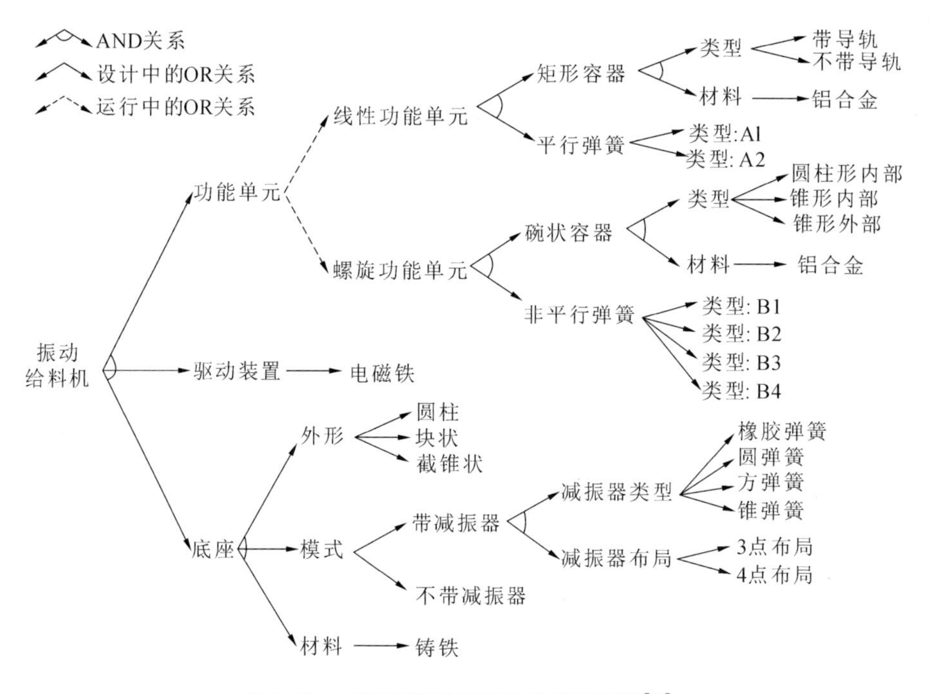

图 5-20　可适应振动给料机的不同配置[15]

根据图 5-20 所示的混合与或树,可根据设计配置候选生成规则生成 1296 个可行的设计配置候选方案。要想对这些设计配置候选方案中的每一个都进行进一步开发是不可能的,所以用传统的穷举法生成所有设计配置候选方案并评估这些方案以选择最佳方案是不可行的。为提高设计效率,我们应该进行设计配置层次的优化。

使用 Xue[16] 提出的多层次优化方法,可以求解最佳设计配置和参数值。在多层次优化中，优化分为两个不同的层次：配置层次优化和参数层次优化。参数层次优化用来对所选配置的参数进行优化以获得该配置的最佳参数值，将与最佳参数值对应的最佳评估指标作为该设计配置的评估指标。在所有可行的设计配置中，通过配置优化可以获得最优的设计配置。

在此多层次优化模型中，第 i 个设计配置方案的最佳设计参数值是通过参数优化得到的。

$$
\begin{aligned}
&\text{搜索：参数 } \boldsymbol{X}_i \\
&\text{优化：} I^{(i)} \\
&\text{约束：} \boldsymbol{X}_i^{(L)} \leqslant \boldsymbol{X}_i \leqslant \boldsymbol{X}_i^{(U)} \\
&\qquad h_j(\boldsymbol{X}_i) = 0, \quad j = 1,2,\cdots \\
&\qquad g_j(\boldsymbol{X}_i) \leqslant 0, \quad j = 1,2,\cdots
\end{aligned}
\tag{5-21}
$$

式中：$I^{(i)}$ 是所选择的评估指标优化目标函数；$\boldsymbol{X}_i^{(L)}$ 和 $\boldsymbol{X}_i^{(U)}$ 分别表示设计参数变量 $\boldsymbol{X}_i$ 的下限和上限；$h_j(\boldsymbol{X}_i)$ 和 $g_j(\boldsymbol{X}_i)$分别是等式约束和不等式约束。

在所有 p 个可行的产品设计配置方案中，可通过配置优化获得最佳设计配置。

$$
\begin{aligned}
&\text{搜索：最佳设计配置方案} \\
&\text{最大化：} I = I^{(i)} \\
&\text{约束：} 1 \leqslant i \leqslant p
\end{aligned}
\tag{5-22}
$$

式中：i 表示第 i 个设计配置方案；p 是所有可行的设计配置方案的数量。

参数优化可以通过数值搜索进行[12]。第 5.2.1 节和第 5.2.2 节给出的方法可用于参数优化。配置优化是通过遗传规划进行的[17]。遗传规划是一种全局优化方法，这个方法将在第 5.2.4 节中进行详细说明。

在 Zhang 等[15]开发的可适应振动给料机的设计中，两级优化问题的定义如下。

配置层次优化：

$$
\begin{aligned}
&\text{搜索：最佳设计配置方案} \\
&\text{最大化：} S = S_{(r)} = \max\{S_{(1)}, \cdots, S_{(1296)}\} \\
&\text{约束：} 1 \leqslant r \leqslant 1296
\end{aligned}
$$

参数层次优化：

搜索:最佳不可适应设计参数 K_p, M_m, α

最大化:$S_{(i)}$

约束:$0.15 \times 10^5 \leqslant K_p \leqslant 3.5 \times 10^5$

$0.3 \leqslant M_m \leqslant 1.5$

$0.7 \leqslant \alpha \leqslant 1.4$

$40 \leqslant F_a \leqslant 800$

式中:$S_{(i)}$ 是考虑线性振动给料机和碗式振动给料机的可适应产品的稳健评估的优化目标函数;K_p、M_m 和 α 分别为板簧的弹簧系数、容器中储存的物体的质量,以及板簧与底座之间的角度。在 1296 个候选设计配置中,使用遗传规划方法找出了图 5-21 所示的最佳设计配置。

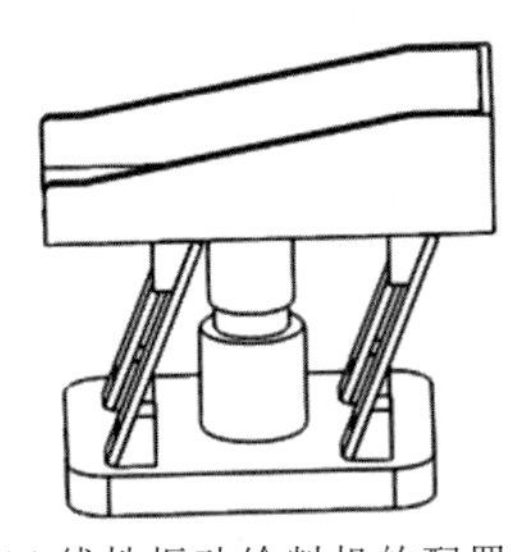

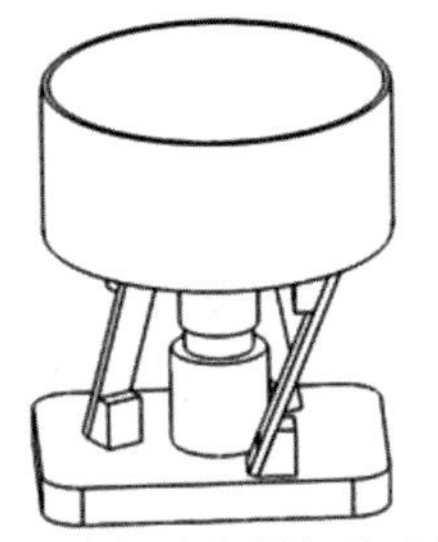

(a) 线性振动给料机的配置

- 矩形容器类型:带导轨
- 矩形容器材料:铝合金
- 平行弹簧类型:A2型
- 碗状容器类型:圆柱形内部
- 碗状容器材料:铝合金
- 非平行弹簧类型:B4型

(b) 碗式振动给料机的配置

- 驱动装置:电磁铁
- 底座外形:块状
- 底座模式:不带减振器
- 材料:铸铁

图 5-21 可适应振动给料机的最佳设计配置[15]

最佳设计参数值如下:

$$K_p = 9.9 \times 10^4 \text{ N/m}$$

$$M_m = 0.3 \text{ kg}$$

$$\alpha = 1.32 \text{ rad}$$

5.2.4 全局优化

在传统的优化方法中,每次优化迭代的目的都是通过数值搜索找到更好的解。当目标函数有多个局部最优解时,如图 5-22 所示,搜索可能找到局部最优解从而结束。为了解决这个问题,需要采用全局优化方法。

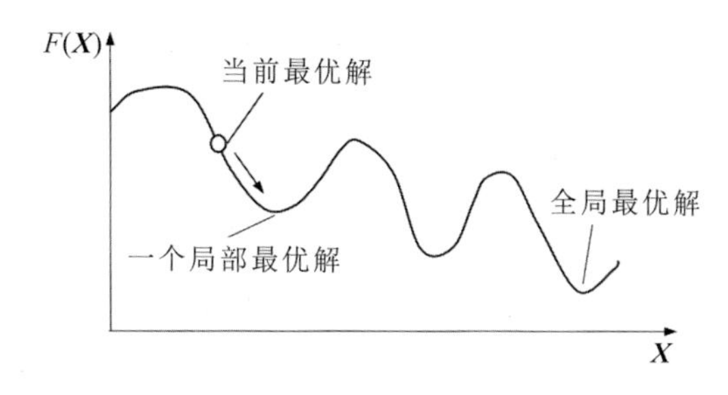

图 5-22 全局优化问题

在本节中,我们将介绍两种通用的全局优化方法:遗传算法(genetic algorithm)[17]和遗传规划(genetic programming)[18]。在可适应设计中,遗传算法用于参数优化,而遗传规划用于配置优化。

遗传算法和遗传规划都属于基于遗传机理和自然选择的进化式计算方法,如图 5-23 所示。在进化式计算中,首先生成一组 n 个初始候选解,称为种群(population)。候选解(也称为个体)用适应度函数(fitness function)进行评估,适应度函数也是优化的目标函数。一代中个体的平均适应度用于评估一个群体的总体质量,每个个体的适应度决定了其在下一代繁殖后代的数量。较强的个体会生成较多的后代个体,而较弱的个体会生成较少的后代个体或在进化过程中灭绝。然后对下一代个体进行小概率变更以产生新的个体。从前一代到后一代的进化中,种群的质量得以提高,直到不能进一步提高为止,最后一代中的最佳个体将作为最终优化结果。

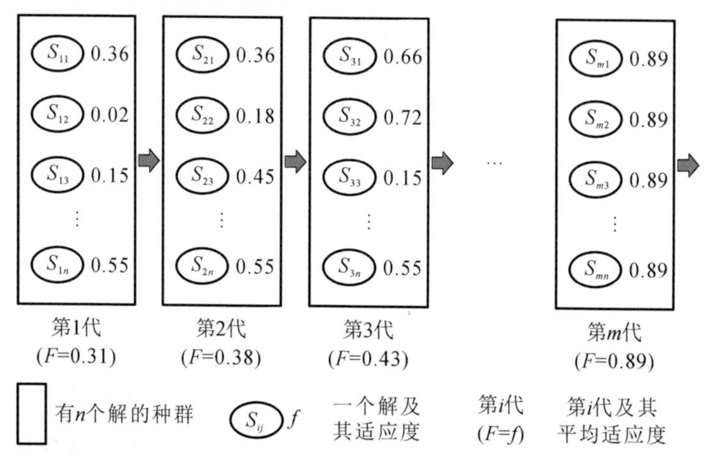

图 5-23 进化式计算方法

1. 遗传算法

在大多数遗传算法中，如图 5-24 所示，1 和 0 的二进制染色体用于描述候选解决方案，例如一组优化变量的解。通常，在优化搜索阶段，多个染色体被组成一代种群，用于表示多个优化变量解的集合。

1	1	0	1	0	…	0	1

图 5-24　用于描述候选解决方案的 n 位染色体

基于遗传算法的优化搜索从初始化的第一代染色体群体开始。三种运算，即繁殖、交叉和变异，被用于染色体种群进化从而找出最优解，如图 5-25 所示。

序号	染色体	成本C_i	适应度f_i	繁殖数
1	100100…11	900	0.24	1
2	001000…10	600	0.38	2
3	110111…01	1800	0.12	0
4	110011…01	840	0.26	1

繁殖前(平均成本为1035)

↓

序号	染色体	成本C_i
1	100100…11	900
2	001000…10	600
3	001000…10	600
4	110011…01	840

繁殖后(平均成本为735)

(a) 繁殖运算

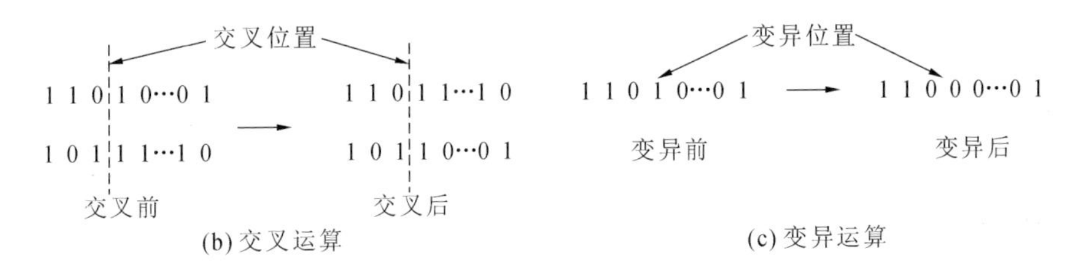

图 5-25　遗传算法中的三种运算

繁殖运算使优化目标函数评估值更好的染色体在下一代中产生更多的后代染色体，评估值差的染色体可能在进化过程中灭绝。每代染色体的总数保持不变。在图 5-25 所示的例子中，每个染色体都代表一个将订单产品交付给不同客户的运输方法[19]，运输成本是评估运输方法的指标。个体的运输成本进一步被转化为适应度，对应这些个体在下一代中繁殖的百分比，如图 5-25(a)所示。

在交叉运算中，根据选定的交叉概率任意选择两条染色体，在随机位置上把这两条染色体分离，并将一条染色体的前部与另一条染色体的后部连接起来，如图5-25(b)所示。

在变异运算中，根据选定的变异概率任意选择一条染色体，随机选择一个位置，并改变其编码，如图5-25(c)所示。当达到预设的最大种群代数或满足终止误差条件时遗传算法的搜索停止。

遗传算法选择多个点（染色体）进行并行搜索，可以减小最优解陷入局部最优点的概率。此外，遗传算法使用概率性的搜索规则代替确定性的搜索规则来提高优化的质量。

2. 遗传规划

遗传规划是由遗传算法[17]发展而来的。与用固定长度的二进制字符串来描述解的遗传算法相比，遗传规划中的解可以通过诸如树之类的数据结构来描述[20]。在进化过程中，描述解的要素和长度是动态变化的。虽然遗传规划和遗传算法在建模方面有所不同，但它们通过自然选择进化的原理相同。

图5-26(a)显示了Hong等[20]在定制窗子设计生产研究中所用的与或树。用与或树可以生成许多设计候选方案，图5-26(b)显示了其中一个设计方案。

遗传规划的优化进化也是通过三类运算——繁殖、交叉和变异进行的。

在繁殖的过程中，首先评估一代种群中的所有个体，以获得它们的适应度。然后使用轮盘赌选择方法根据个体的适应度对下一代个体进行复制。在这种方法中，轮盘赌轮中扇面的大小与每个个体的适应度值成比例——适应度值越大，扇面越大。向轮盘赌轮内投掷珠子，并选择珠子停止位置所代表的个体进行复制。显然，具有更大适应度值的个体被选择的次数更多。表5-8显示了一个种群中的16个个体，以及在繁殖过程中要复制的个体数量。

交叉用于变更两个选中的父个体。个体由树来描述，随机选择两个父个体中的一个交叉位置，并且将两个子树进行交换，从而产生两个新的个体。两个个体的交叉如图5-27所示。

交叉的位置应满足以下条件：

(1) 所选位置的节点不应是与或树中的根节点；

(2) 用于交叉的两个父个体中所选位置处的两个节点应具有或关系；

(3) 交叉运算的概率应小，以避免下一代个体发生大规模随机变化。

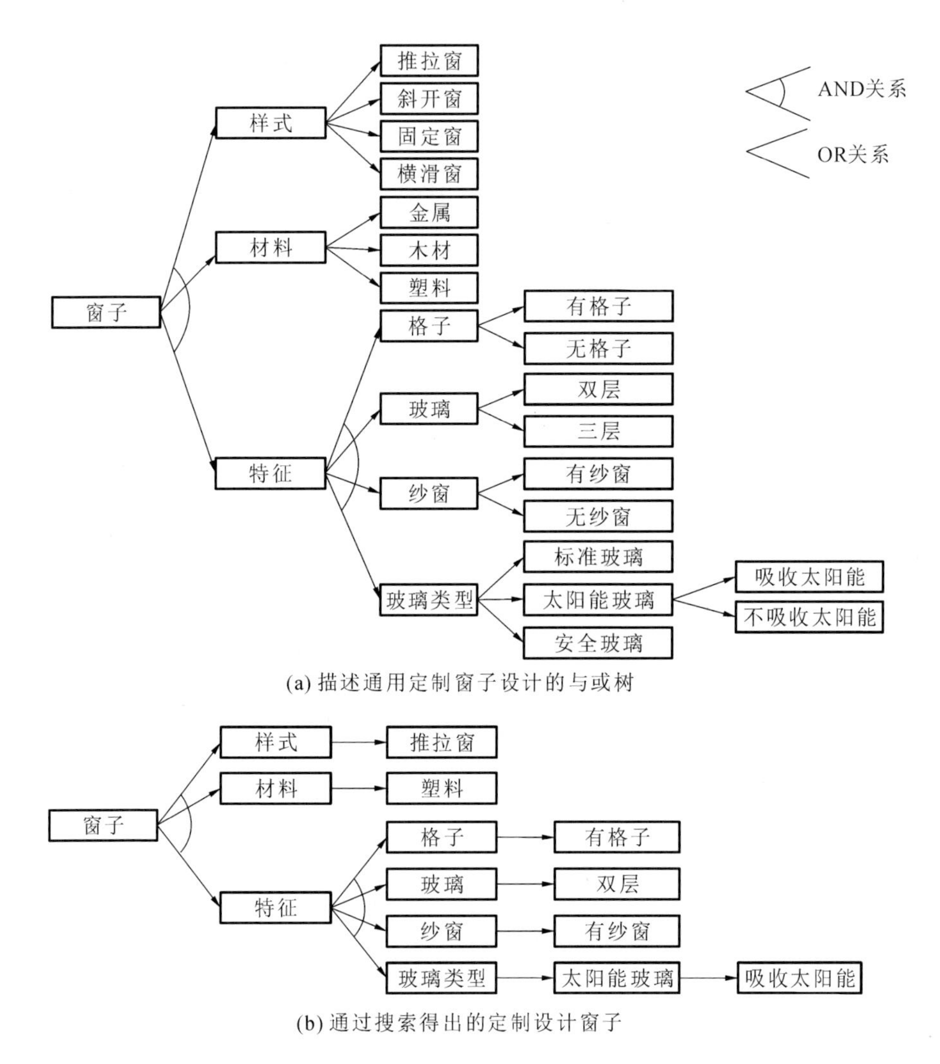

(a) 描述通用定制窗子设计的与或树

(b) 通过搜索得出的定制设计窗子

图 5-26　用遗传规划进行定制窗子设计[20]

变异用于变更选定的一个父个体。首先随机选择个体中 OR 节点作为变异位置,从个体中删除以变异节点为根节点的子树,然后从原始与或树中找出与被选择的变异节点具有 OR 关系的另一个节点作为根节点,用其子树替换被删除的子树。一个个体的变异如图 5-28 所示。

变异运算的概率应小,以避免个体在下一代发生大规模随机变化。

表 5-8　遗传规划中的一个种群[20]

个体序号	窗子配置	参数/m		适应度	繁殖数量
		宽度	高度		
1	塑料，斜开窗，有格子，双层玻璃，无纱窗，标准玻璃	2.94	0.9	0.856	1
2	木材，固定窗，有格子，三层玻璃，有纱窗，标准玻璃	1.75	2.5	0.817	0
3	塑料，固定窗，无格子，三层玻璃，无纱窗，标准玻璃	1.75	2.99	0.85	1
4	木材，推拉窗，有格子，三层玻璃，无纱窗，不吸收太阳能玻璃	0.81	1.45	0.71	1
5	木材，斜开窗，无格子，双层玻璃，无纱窗，不吸收太阳能玻璃	1.5	1.76	0.861	1
6	木材，横滑窗，有格子，双层玻璃，有纱窗，标准玻璃	1.11	1.56	0.64	0
7	木材，斜开窗，有格子，三层玻璃，无纱窗，标准玻璃	1.53	1.78	0.848	2
8	塑料，横滑窗，无格子，三层玻璃，无纱窗，标准玻璃	0.89	2.03	0.781	2
9	塑料，固定窗，有格子，双层玻璃，无纱窗，不吸收太阳能玻璃	2.3	2.17	0.835	1
10	木材，固定窗，有格子，双层玻璃，无纱窗，标准玻璃	1.53	2.77	0.813	2
11	木材，固定窗，无格子，双层玻璃，无纱窗，标准玻璃	2.49	1.73	0.82	1
12	金属，固定窗，无格子，三层玻璃，无纱窗，吸收太阳能玻璃	1.8	1.76	0.797	2
13	木材，横滑窗，无格子，三层玻璃，无纱窗，吸收太阳能玻璃	0.75	2.41	0.659	0
14	塑料，固定窗，有格子，三层玻璃，无纱窗，不吸收太阳能玻璃	2.99	1.73	0.839	1
15	木材，斜开窗，有格子，三层玻璃，有纱窗，标准玻璃	2.25	1.59	0.833	1
16	塑料，固定窗，无格子，双层玻璃，有纱窗，不吸收太阳能玻璃	1.91	2.63	0.841	0
种群平均适应度				0.798	

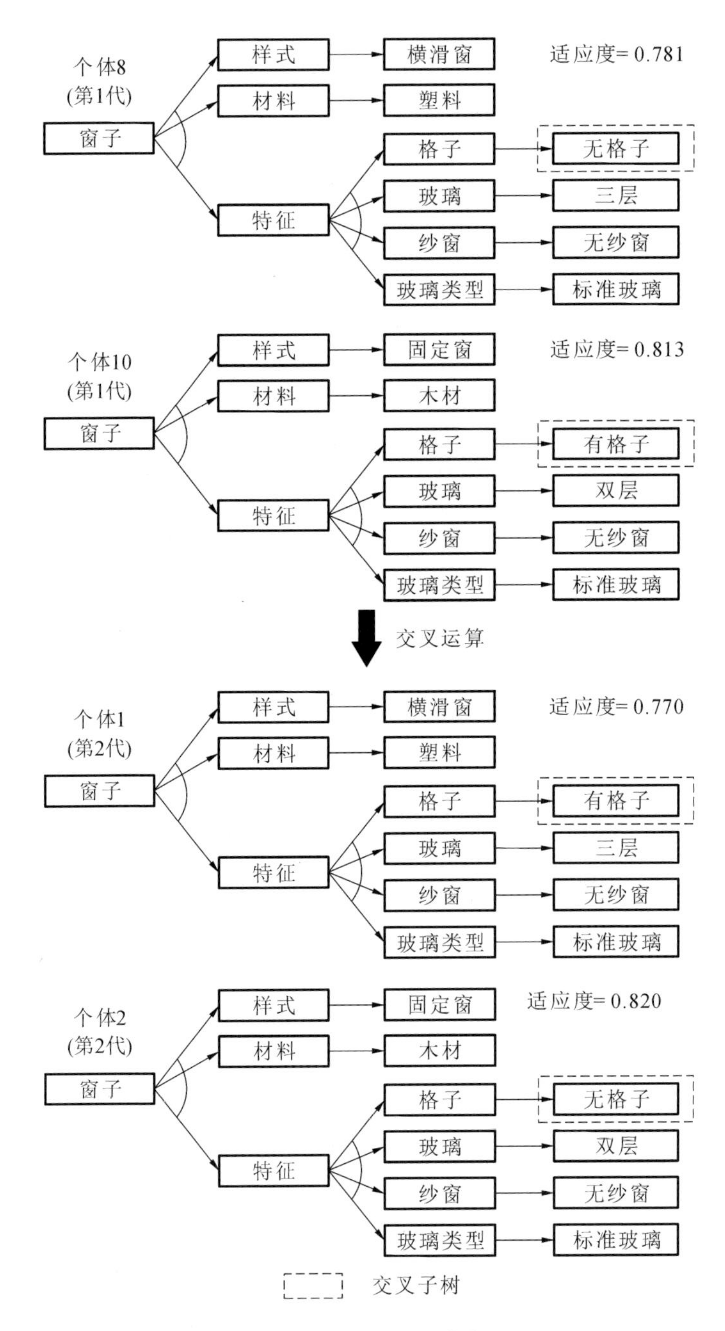
个体8
(第1代)
窗子
样式
横滑窗
适应度= 0.781
材料
塑料
特征
格子
无格子
玻璃
三层
纱窗
无纱窗
玻璃类型
标准玻璃
个体10
(第1代)
窗子
样式
固定窗
适应度= 0.813
材料
木材
特征
格子
有格子
玻璃
双层
纱窗
无纱窗
玻璃类型
标准玻璃
交叉运算
个体1
(第2代)
窗子
样式
横滑窗
适应度= 0.770
材料
塑料
特征
格子
有格子
玻璃
三层
纱窗
无纱窗
玻璃类型
标准玻璃
个体2
(第2代)
窗子
样式
固定窗
适应度= 0.820
材料
木材
特征
格子
无格子
玻璃
双层
纱窗
无纱窗
玻璃类型
标准玻璃
交叉子树

图 5-27　交叉运算[20]

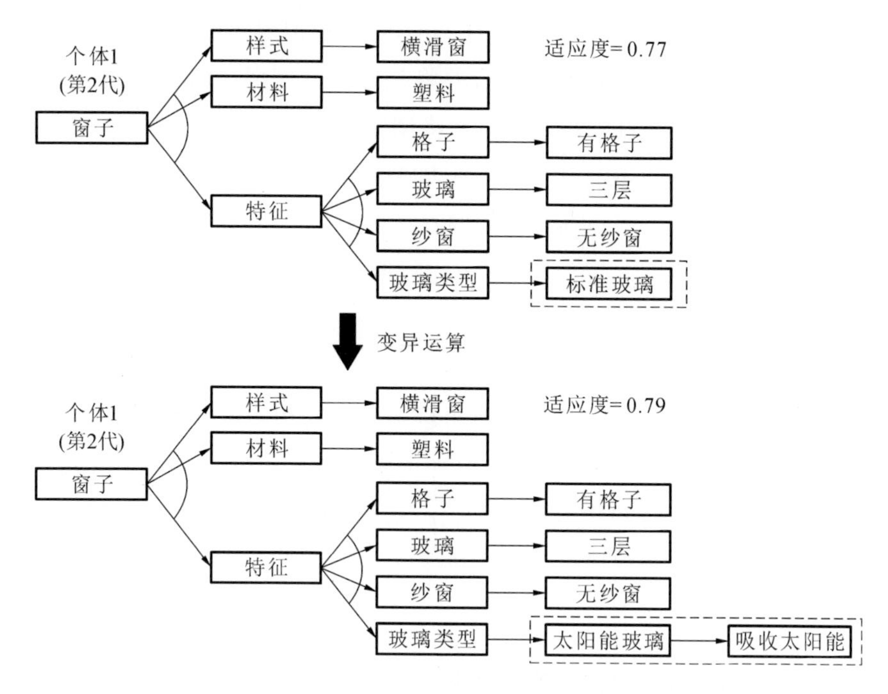

图 5-28　变异运算[20]

5.3　基于网络的可适应设计工具

5.3.1　简介

本节介绍用于可适应设计的网络化(Web)工具[21]。基于网络的工具将一个产品和它的数字模型连接起来,形成数字孪生。数字模型是一个动态的虚拟产品,用来模拟和描绘产品在真实世界中的属性和行为。基于网络的工具支持用户在分布式产品开发环境中协同开发产品。

基于网络的数字孪生为物理域和信息域之间的产品协作设计提供了一个三维可视化交互环境。有不同的方法可用于表达网络环境下的数字孪生。数字模型可以描述使用场景、零部件和接口等不同层次的产品细节。可以针对物理域和信息域之间的交互过程形成产品模型,用来模拟和监控产品的操作。可以使用诸如 STEP(standard for the exchange of product model data,产品模型数据交互规范)或 WRL(virtual reality language,虚拟现实语言)等标准数据格式在 CAD 软件系统中构建产品模型,并将三维产品模型存储在服务器数据库中。三维产品模型可以在客户端通过网络浏览器查看,例如可以开发一种基于网络的产品拆装规划可视化工具[22],在基于网络的可视化环境中规划夹具装配[23]。三维 CAD 模型可以通过互联网直接用于全自动的产品装配规划[24],以从 CAD 模型中自动提取装配规划需要的数据,减少人为干预和数据交换中产生的错误。

用于可适应设计的基于网络的工具使得用户和供应商能够参与产品开发。使用基于网络的用户界面和设计环境可以显著提高用户在产品设计中的参与度。数字孪生、云制造等的最新发展促进了用于产品开发的网络工具的发展。这些技术支持通过网络和物联网系统进行信息和知识共享与交换。基于数字孪生的信息物理系统可以通过传感器和设备实现互联,以收集数据并记录和共享设计方案。

5.3.2　基于网络的可适应设计工具

5.3.2.1　用户参与的设计过程

用户参与产品设计和改进可以增强产品的可适应性。基于网络的用户参与产品设计的流程和工具如图 5-29 所示。对于可适应产品,用户可以选择一个产品平台来添加个性化模块以满足他们的需求。互联网可以提供不同供应商的产品模块来满足不同用户的各种需要。具体实现如下。

(1) 产品平台选择及功能匹配:当用户在线提交产品需求时,系统通过决策机制从数据库中搜索合适的产品平台以匹配用户需求。如果有多个可选方案,则用户可以提供更多的细节来寻求最优解决方案。

(2) 模块组件搜索和产品配置:产品生产商和模块供应商提供通用的功能模块和定制模块供用户选择,所有相关信息都显示在用户界面中以供选择。由于存在多种可选模块和零部件,因此需要提供一种启发式搜索引擎。搜索引擎根据用户和制造商给出的约束条件自动配置产品的功能模块。当没有合适的模块满足个性化需求时,用户可以联系第三方模块供应商开发新的个性化模块。

当产品的概念设计确定后,用户将结果提交给系统来完成产品结构配置。

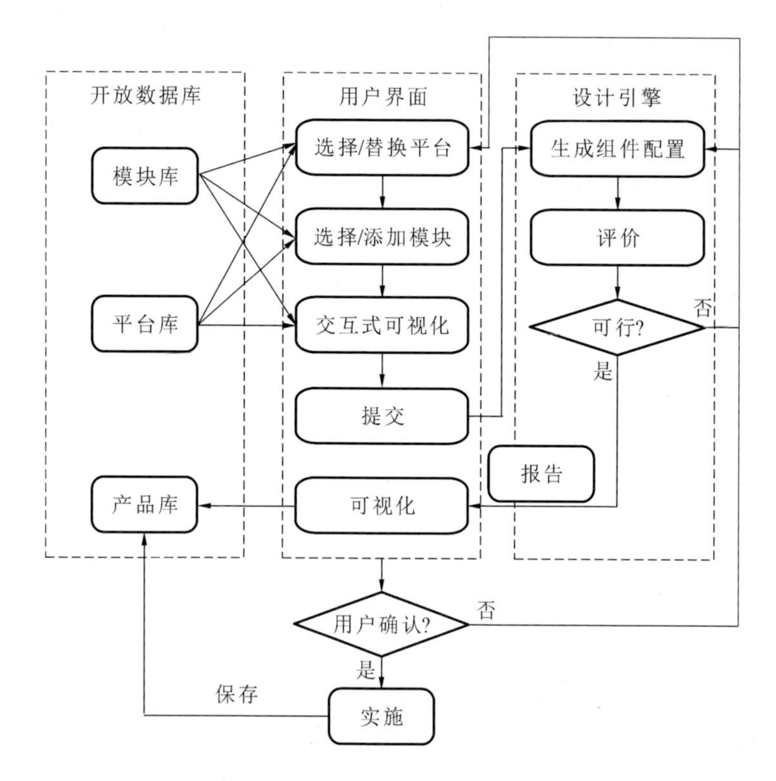

图 5-29　基于网络的用户参与产品设计的流程和工具

系统根据用户和制造商确定的设计规则和约束条件来搜索最佳的产品结构配置。

在网络界面上设计结果将直观地呈现给用户。如果初始设计未通过产品分析评估,系统则生成问题报告。用户可以使用网络界面中的可视化交互工具更改需求或修改选择,系统会重新分析更改后的方案。一旦所提的结构和解决方案成功通过分析阶段,系统会要求用户确认。在此阶段,用户可以接受并订购产品,也可以进一步更改产品并提交替代方案。这是一个反复的交互过程,直到用户满意为止。

5.3.2.2　基于网络的设计工具实现

基于网络的设计系统可以使用不同的技术来实现。广泛使用的系统结构是由网络服务器、应用程序服务器和客户端组成的三层客户端/服务器系统结构。在客户端,可以使用 HTML 和 Java 小程序以及 HTML 文件中嵌入的 ActiveX和 VRML 客户端插件来开发用户界面。Java 3D 和 X3D 也可用于在网络上模拟和处理三维产品模型。服务器提供的各种功能可以由 JavaServer Pages(JSP)、Java Servlet 和 XML 实现,例如数据库管理和基于规则的推理。

我们用三层系统结构实现了一个基于网络的设计工具,供用户在设计中选择产品平台、模块和产品配置。该工具有助于用户和产品设计者在产品开发的早期阶段评估各种设计方案。该工具采用数据库(DB)、HTML、ActiveX、Apache和 PHP 等网络技术实现了独立于平台的可视化产品设计和信息共享。

图 5-30 展示了基于网络的用于可适应产品设计的工具系统架构。在基于 Apache HTTP 服务器构建的网络服务器中,配备了一个由 PHP 开发的 DB/SQL 处理程序和一个字处理程序,以便通过网络高效地与远程数据库服务器和客户端进行通信,并使用带有 MySQL 服务器的远程服务器来支持关系数据库管理系统。图 5-31 展示了数据库模型及其表格和关系,包括平台、功能说明、模块和参数在内的数据在表格中进行了预定义。产品设计是通过动态配置功能模块实现的。

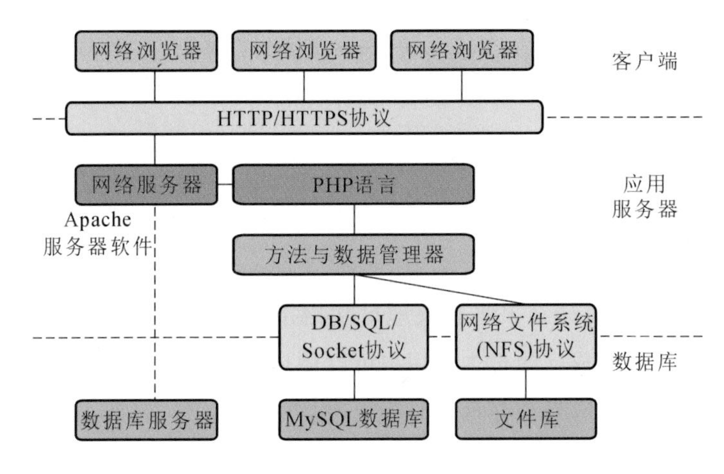

图 5-30　基于网络的用于可适应产品设计的工具系统架构

在客户端,模型阅读器被嵌入 HTML 文件中,以在网络浏览器中操作模型。基于网络的系统从选择 IP 地址开始检索用于产品配置的平台、功能和模块。一旦从数据库中检索到所有需要的功能、模块和数据,系统将自动构建模块配置。然后,用户可以在网络浏览器上进行交互式选择或使用启发式算法来形成和评估模块配置。使用这样的交互设计,用户可以检查和完善产品配置的详细信息。

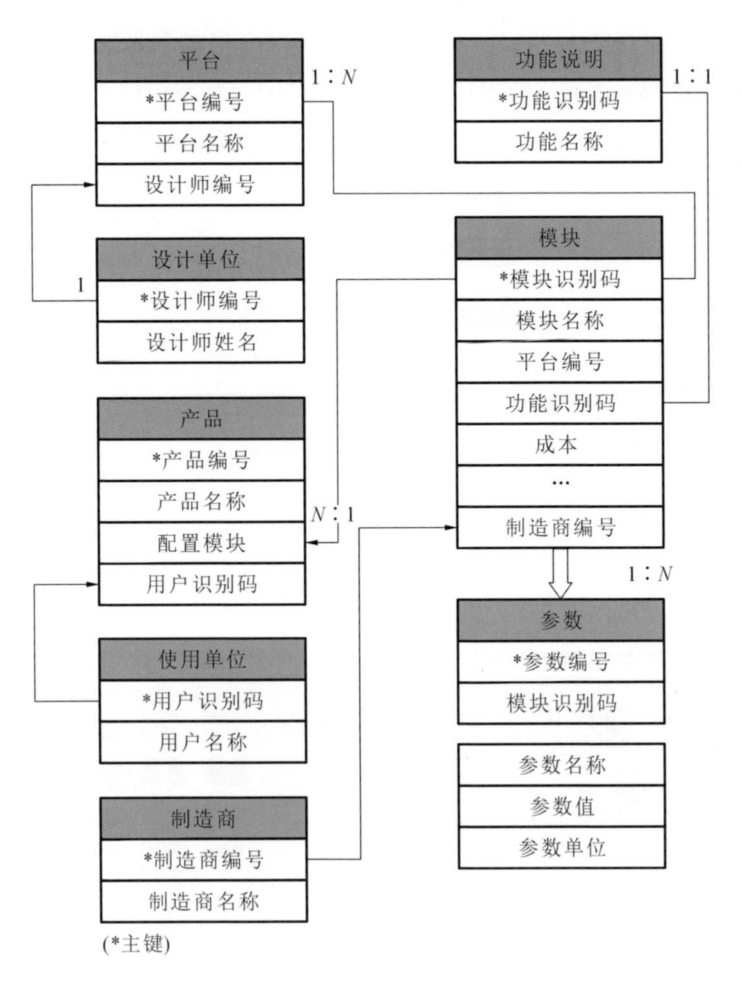

图 5-31　关系数据库结构

5.3.3　基于网络的可适应设计工具应用

基于网络的可适应设计工具主用户界面如图 5-32(a)所示。产品架构、模块和模块接口以及相关参数和文档模板由基于网络的图形用户界面(graphical user interface,GUI)定义,分别如图 5-32(b)～(d)所示。

所有模块的数据、参数、模型和其他信息,包括平台模块、附加模块、新开发模块、定制模块和个性化模块以及已有产品和相关的设计要求,都存储在共享数据库中。每个模块的功能和属性,例如体积、质量、重心、成本和材料等也存储在数据库中。模块数据库和产品数据库的接口分别如图 5-32(e)(f)所示。

新的模块可以通过图 5-32(g)所示的接口定义并存储到数据库中，也可以评估现有产品配置的成本和可适应性，并在图 5-32(h)所示的接口上显示。

(a) 主用户界面　　(b) 产品架构定义

(c) 模块定义　　(d) 模块接口定义

(e) 平台和模块数据库　　(f) 已有产品及配置数据库

(g) 添加新模块　　(h) 配置成本、可适应性和开放性评估

图 5-32　基于网络的可适应设计工具

用户可以在基于网络的设计工具界面上进行新产品设计，以满足不同的需求。例如，图 5-33 展示了一个针对新需求的产品模块选择和配置过程。

数据库中的模块是独立设计的，用户可以根据产品需求选择。选择平台模块后，用户可以选择其他模块。基于网络的用户界面可帮助用户进行模块选择，如图 5-33(b)所示。用户界面中的每个选择按钮都与数据库中的一个可用模块相关。可以用模块的功能属性作为模块的搜索或评价指标。对于可适应产品，用户可选择附加个性化模块。当需要不同的功能时，用户只需要将它们连接到可适应接口就可以使用相应功能。图 5-34 展示了一个模块装配完成的产品。

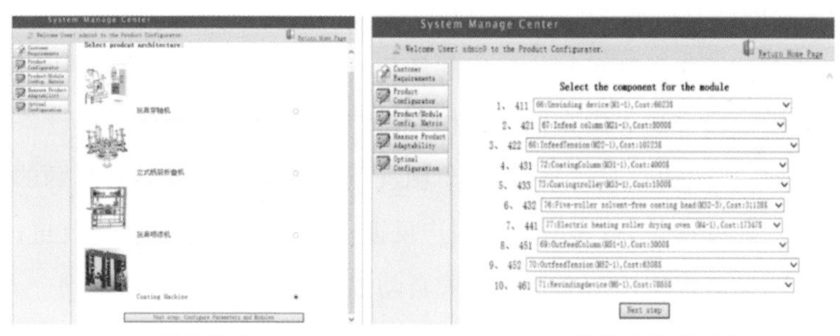

(a) 平台选择　　(b) 模块和组件选择

图 5-33　通过基于网络的设计工具界面进行的新产品配置

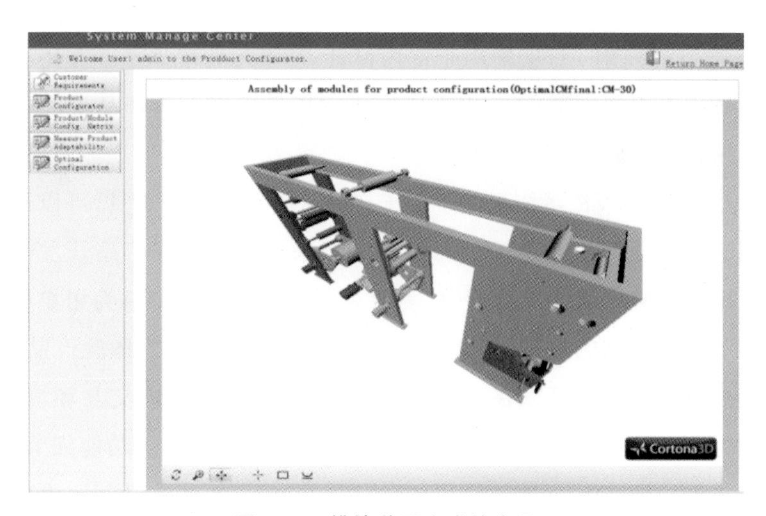

图 5-34　模块装配完成的产品

5.4　用于可适应产品设计和评价的虚拟现实系统

5.4.1　简介

虚拟现实(VR)提供一种具有沉浸式、交互式和信息集成特性的虚拟环境(VE)，可以增强和提高产品开发的能力[25]。VR 已广为人知，近年来，其在高性能和低价格方面的巨大优势，促使专业技术人员开始将 VR 作为解决棘手问题的工具。

VR 集成了计算机模拟、三维图形、人机界面、多媒体、传感器和网络等技术。VR 使用增强的计算机输入/输出（I/O）设备来形成三维沉浸式环境，因此其在科学研究和技术应用中发挥了越来越大的作用，比如可以用 VR 的人机交互方式在虚拟环境中模拟真实世界中车辆的操作。用户可以使用不同的 VR 设备（如触觉设备、数据手套和运动跟踪传感器）对车辆进行操作来观察和感知车辆的性能，并捕捉和控制车辆的操作，以实时收集用户反馈信息从而对车辆进行改进。可根据产品的设计改进需求选用从大型洞穴式自动虚拟环境（CAVE）系统到个人头戴式显示器（head-mounted display，HMD）的不同的 VR 系统配置。

VR 在工程领域有着诸多应用和发展，工程研究人员做了极大努力将 VR 应用到产品的改进和研发中[26]。VR 已经被广泛应用于产品设计[27]、工艺规划[28]和制造过程规划[29]，也被用于室内设计[30]和人员培训[31]。VR 在制造业中的应用被称为虚拟制造[32]。用 VR 生成虚拟环境来分析产品生产中的问题可降低传统实物实验方法的费用。

在产品设计中，VR 系统提供了用于产品分析和验证的工具，可以通过数字模型来测试和验证产品性能[33]。可以用 VR 来提高用户在产品开发中的参与度并增强用户体验产品性能的能力。VR 通过不同的传感渠道为用户参与产品开发提供了功能丰富的技术，使用户可以在实物产品造出前体验产品的性能。产品功能的检查和验证可以在 CAD 系统不能提供的沉浸式交互环境中进行。VR 系统提供了物体的详细视觉效果，可帮助用户了解产品的功能细节，用低成本的方式获得接近实际产品的使用体验。用户可以通过虚拟个性化产品的交互应用，按自己的需求对产品进行评估[34]。

用户参与设计过程是保证产品满足用户需求的关键。研究发现，让用户参与产品开发过程，可以将新产品开发的失败率降低 20%～96%[35]。现有基于互联网的平台和直接市场用户调查的方法不能够为用户提供全面的产品体验[34]。VR 可用于增加用户在产品开发中的参与度，例如可以用 VR 支持产品装配路径规划[36]、评估产品装配的拆卸顺序[32]，以及评价产品的装配操作[27]。

用户的参与对可适应产品的设计和改进也具有重要意义，特别是对于满足用户个性化需求的产品。如果能够更好地确定用户需求，则能够将可适应产品设计为更好匹配用户需求的产品。收集用户需求的有效方法之一是让用户参与产品的设计和评估。

可适应产品的发展需要用户提供产品功能和性能的评估数据。VR 是在可适应产品设计和评估中满足这些要求的理想工具,特别是可通过 VR 让用户参与设计和解决方案的评估过程。

应尽早使用户参与到可适应产品开发中,以满足用户的需求。VR 允许用户在设计过程中直接体验产品,从而有助于了解用户的需求。可以设计和构建基于 VR 的设计系统,以实现面向用户体验的设计过程,从而提高可适应产品设计中的用户体验。为了解产品可用性,可以观察虚拟操作中的用户行为并进行实时用户体验调查[37]。

第 5.4.2 节将介绍一个基于 VR 技术的用户交互设计系统,为用户提供一种可适应产品开发的体验环境。该系统提供一个基于虚拟环境构建的界面,用户可以通过虚拟操作来评价产品性能。该系统同时记录用户对产品的操作和反馈以便改进产品。

基于 VR 技术的交互设计系统具有产品与用户交互、产品模型处理、功能模拟、数据记录分析、用户参与产品设计和操作分析等功能。该系统不仅支持用户参与产品开发,而且为产品开发者提供用户体验数据以便改进产品,还可用于产品功能模块升级的操作模拟。

5.4.2 基于 VR 技术的交互设计系统

应用 VR 系统可以提高用户在产品开发中的参与度[33]。用户可以利用 VR 系统进行产品评估和改进。图 5-35 展示了基于 VR 的用户交互设计系统构成。

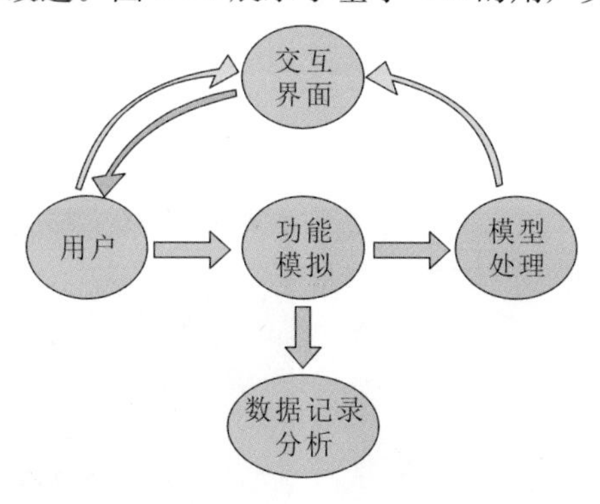

图 5-35 基于 VR 的用户交互设计系统构成

该系统由用户交互界面、产品模型处理模块、功能模拟模块、数据记录分析模块等组成。用户在虚拟环境中操作模型来体验产品，包括审核和操作产品模型。系统的详细功能如下。

(1) 用户交互：用户通过 VR 设备与产品模型进行交互。界面遵循用户指令，使用 VR 功能展示产品和操作，满足用户体验产品功能的不同需求。

(2) 产品模型处理：将产品模型导入 VR 系统进行操作。产品模型存储在产品模型库中。

(3) 功能模拟：用户与产品模型之间进行交互活动，根据用户需求，VR 系统完成不同的交互操作。

(4) 数据记录分析：记录用户对产品操作的过程，为设计人员提供产品改进的反馈意见，通过数据分析得出用户对产品改进的需求和建议。

5.4.2.1 用户交互界面

图 5-36 所示是 WorldViz 虚拟现实系统设备，该设备用于实现用户与产品模型的交互操作。该设备包括用于显示用户进行产品操作和评估的两个投影屏幕。图 5-37 所示的用户操作界面和操作菜单是用 Python 程序语言实现的。用户使用 VR 系统的运动跟踪器和操作手柄对产品模型进行操作，并且可以选择产品的不同部分进行交互操作。

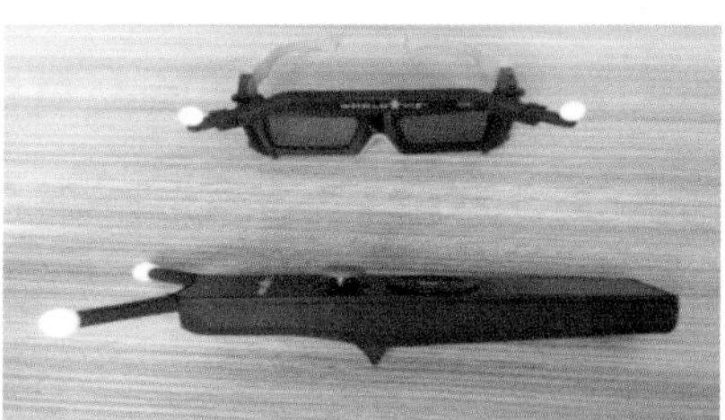

图 5-36 虚拟现实系统设备

图 5-37 用户操作界面

5.4.2.2 产品模型处理

产品模型处理是指将产品模型转换为功能模拟模型。模型存储在用于模拟操作的模型库中。将产品模型转换为 VR 系统中使用的数据格式用于产品模拟,如模块操作、配置和更换。

针对用户需求形成产品模型后,用户可以用 VR 系统对产品进行操作模拟。随着系统的应用,系统模型库中的产品模型数量将不断增加。每当有产品模型加入时,系统就会对产品模型进行更新。因而产品模型处理是一项连续性工作。根据产品评估和改进的需要,产品模型通过模型处理动态更新。所用的产品模型数据格式和内容如表 5-9 所示。

表 5-9 产品模型数据格式及内容

软件系统	数据格式	操作	数据内容
SolidWorks	. part→. sat	Modelling	size,shape
3ds Max	. sat→. osgb	Modularity	color,texture
Vizard	. osgb	Simulation	position,action

5.4.2.3 用户参与设计

用户参与设计是产品成功的重要因素。用户可以是产品设计者之一,可以考虑当前和潜在用户的不同需要使不同用户参与设计的不同方面。现有产品用户和潜在用户可以考察产品不同的功能和性能。设计师可全面评估产品细节,包括产品结构和装配细节的合理性。用户参与设计的内容如下。

(1) 确定其对产品颜色和外观形状的偏好。

(2) 为理解产品功能模块更新过程和验证产品设计合理性,进行产品装配和拆卸模拟。

(3) 通过产品操作和对产品功能模块的升级,评价产品结构和功能设计的合理性。

(4) 对产品的细节部分进行操作,如驾驶员对汽车部件的了解程度、操作的便利性、车内的舒适性等。

(5) 检查产品特殊性能,如碰撞检测和噪声测试。

5.4.2.4 产品功能模拟

功能模拟可实现用户与产品模型的交互操作。系统根据用户的操作将用户需求转换为系统的操作指令，其中一个重要内容是运动捕捉。运动捕捉系统具有6个自由度的跟踪模式，结合光学跟踪和惯性定位功能获得运动物体的坐标和转角。运动捕捉系统包括操作手柄、处理器、相机和视角控制器。操作手柄是一款无线手持式输入设备，可在VR系统中结合位置跟踪器进行浏览、导航、选择目标等交互操作。利用小型便携式无线运动跟踪设备配合WorldViz VR系统，用户可以在系统中浏览产品模型。处理器记录产品浏览数据，并在VR系统中传输数据。

功能模拟的响应速度和精度会直接影响产品模拟的真实感。VR系统采用基于OpenGL的高性能图像处理软件构建系统，可以实现快速高效的模型渲染。用户戴着3D眼镜和运动跟踪器，手持操作手柄在VR环境中操作产品模型。在操作过程中，系统可以根据需求实时处理用户和产品模型之间的交互情况。渲染系统对模型进行处理后将可视化数据和产品模型投影到屏幕上。在这个过程中，用户和产品模型之间可以进行不同的交互操作。交互过程记录在计算机中，以便进行产品分析和改进。

5.4.2.5 数据记录分析

数据记录分析用于收集用户与产品模型的交互过程数据，分析数据以获得用户需求和产品改进建议。利用VR运动捕捉系统，在系统操作过程中屏幕上可实时显示记录的数据，还可生成数据列表并显示操作部件的位置。记录的数据分为不同类别以便于分析。还可利用数据分析确定用户对产品的个性化需求。

在操作过程中，系统自动生成两类数据。一类是用户满意度和系统操作时间，另一类是产品操作内容和位置。这些数据用于分析用户的体验和反馈，从而确定产品需要改进的内容。

5.4.2.6 系统实现

系统实现流程如图5-38所示。当程序启动时，系统自动连接VR设备，例如操作手柄和3D眼镜，并显示界面以便用户操作，然后系统加载模型供用户操作虚拟产品。数据包含系统中单向和双向流的串、并行数据。数据与产品模型相关联。例如功能模拟模块根据用户操作将数据传递给系统，然后系统控制用户交互界面生成操作。在此过程中，数据主要在系统的产品模型和组件之间传递，同时用户界面显示结果。综上，系统实现流程包括产品模型处理、操作模拟、数据处理和结果显示等。

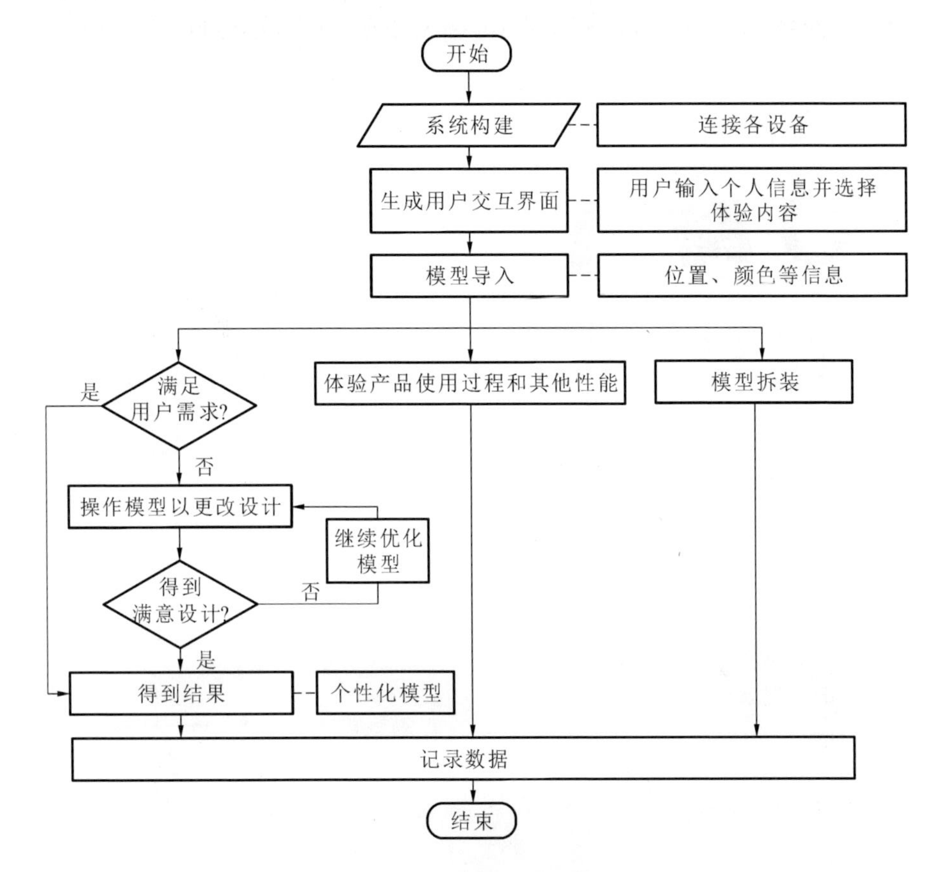

图 5-38 系统实现流程图

5.4.3 应用案例 1——食品流动餐车

5.4.3.1 基于 VR 技术的流动餐车设计与操作

流动餐车具有多种结构形式，可根据销售食品需求提供不同的功能。2015 年，纽约街头有超过 5000 辆流动餐车，每天提供 120 万种不同的餐食。中国市场对流动餐车的需求也越来越大。针对消费者和监管机构的要求，我们采用可适应设计方法设计流动餐车，为快餐业满足不同的客户需求提供解决方案。

如图 5-39 所示，我们将流动餐车设定为由不同功能模块组成的可适应产品。将底盘、电动机和转向系统部件作为通用模块应用于不同的流动餐车，这些部件的功能在产品使用阶段不会更改。车身部件的功能模块，如车门和车

窗，可通过制造商为用户定制。车体可以有不同的外形和颜色，机柜、炉台、气罐等功能模块可由不同的供应商提供。通过这些模块的组合形成基于用户偏好的可适应流动餐车，以满足不同用户需求。用户可以通过如下交互操作，在VR系统中查看产品性能。

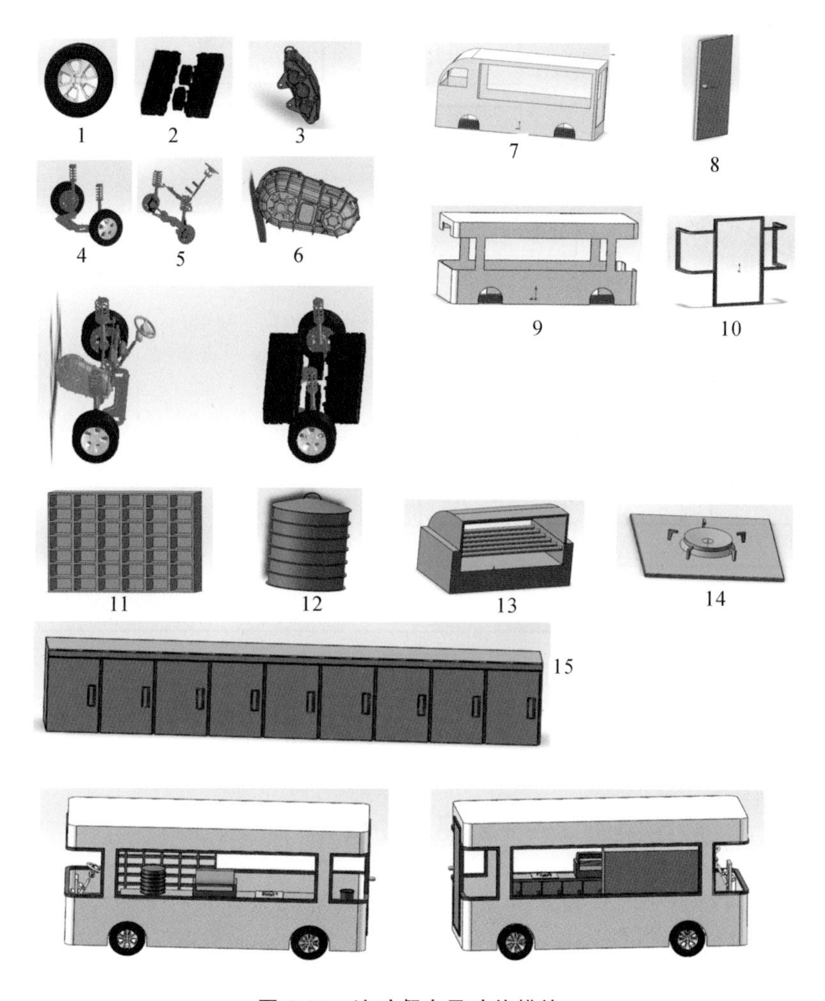

图 5-39 流动餐车及功能模块

1. 选择车身外形和颜色

用户可根据自己的喜好选择流动餐车的外形和颜色。用户在VR系统中可以从不同的距离和角度观察车的形状和颜色，并且可以改变形状和颜色。本案例提供了六种颜色供用户选择，如图5-40所示。

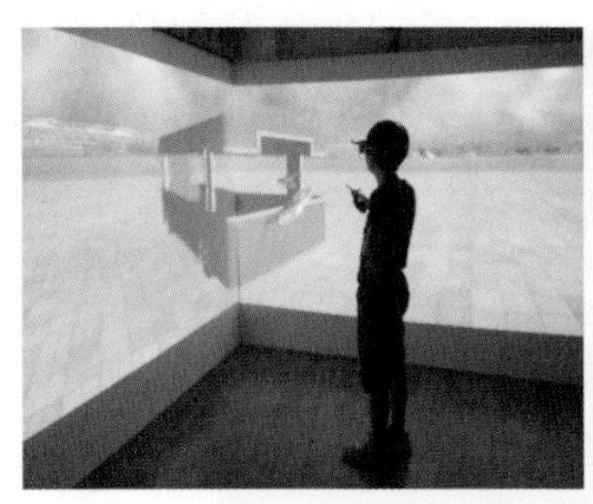

图 5-40 形状和颜色的选择

2. 产品装配和拆卸

本案例可以模拟流动餐车功能模块的装配和拆卸，检查模块升级或操作的可行性，如图 5-41 所示。

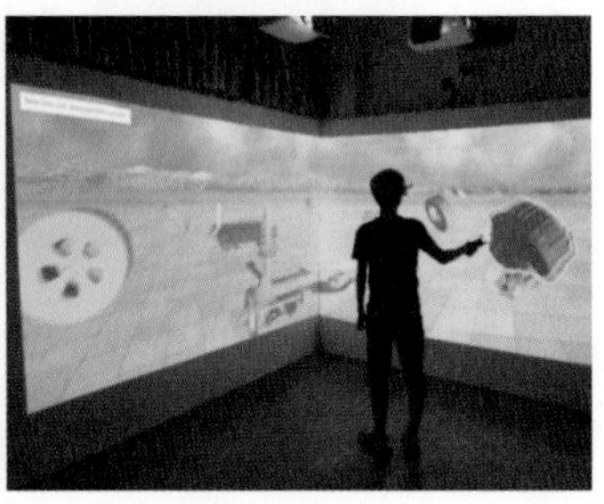

图 5-41 装配和拆卸模拟

3. 结构升级测试

本案例可以模拟产品功能模块升级，用户可根据需求选择所需功能模块。用户用操作手柄操作各类厨具，当虚拟手接近物体时，物体变为浅绿色，当用户按下操作手柄的触发器时，所选择的部件可以用虚拟手移动，当物体到达指定位置时，用户可触发释放键。功能模块的选择和放置如图 5-42 所示。

4. 车辆运行检查

用户可模拟车辆驾驶。用户视角固定在驾驶员位置，但视角可更改。用户通过控制移动方向来模拟驾驶车辆，同时可调整行驶速度。图 5-43 显示了不同行驶速度的模拟情况。

5. 对某些特殊需求性能的体验

对于某些特殊情况的操作体验，如发生碰撞时车的状况，系统可以根据车

图 5-42　功能模块的选择和放置

图 5-43　不同行驶速度下的体验

和载物的质量、密度、摩擦系数、重力加速度等物理量，设置系统参数并模拟不同的碰撞效果，如图 5-44 所示。

图 5-44　碰撞模拟

综上，用户可以使用 VR 系统了解流动餐车的性能，这提高了用户对产品设计和评估的参与度。当用户体验产品时，交互系统会记录相关数据，例如用户对功能模块和颜色的选择以及模块的安装。设计师可以根据这些数据了解用户需求，并对产品进行改进。

5.4.3.2 系统评估

对 VR 系统的评估是通过调查问卷进行的，通过比较用户使用 VR 系统前后的体验来评估所用的 VR 系统。在实验之前，对 15 名不同年龄和性别的参与者进行简单的培训，学习 VR 系统操作。然后要求参与者在系统中操作和体验产品，并完成关于流动餐车的调查问卷。在问卷中，要求参与者给出有关产品体验的评分（从 0（表示“未知”）到 100（表示“全体验”））。此外，还要求参与者对系统的优缺点进行评价。我们通过分析调查问卷的数据来评估系统性能。

用社会科学统计软件包（SPSS）进行统计分析，计算信度系数，评估问卷中数据的可靠性和一致性，用 t-检验分析使用系统前后平均得分的统计学差异。结果发现两类问卷都有较高的信度（0.733）和（0.8233），证明了问卷中数据的可靠性和一致性。其结果之一如图 5-45 所示。

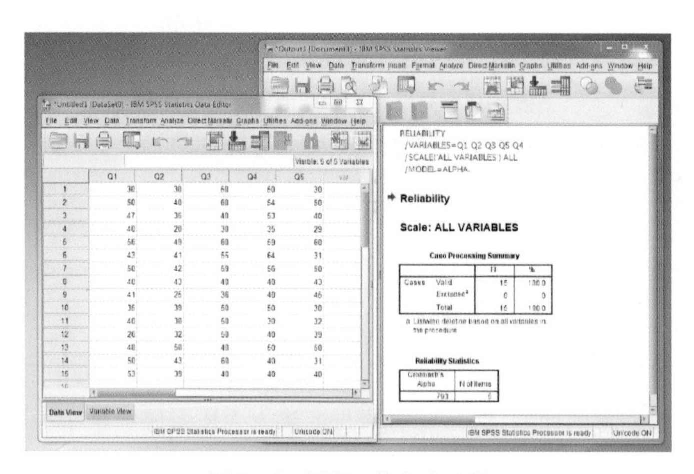

图 5-45　问题 1 的信度系数

图 5-46 显示了问卷中问题 1 的平均分和平均分差别。问题 1 用于测试用户对车形状和颜色的体验。分析体验前后的统计学差异，p 值小于 0.05，说明使用该系统后，用户体验有了显著改善。

表 5-10 给出了问题 2 关于获得流动餐车装拆经验得分，以及问题 3 对车结构了解程度的得分。VR 系统对参与者对车装拆的学习（$p<0.05$）和车配置的了解（$p<0.05$）都有显著影响。参与者应用 VR 系统增加了对车结构的了解并获得了模块装拆经验。

表 5-10 中的问题 4 用于测试参与者对流动餐车操作的了解（$p<0.05$），问

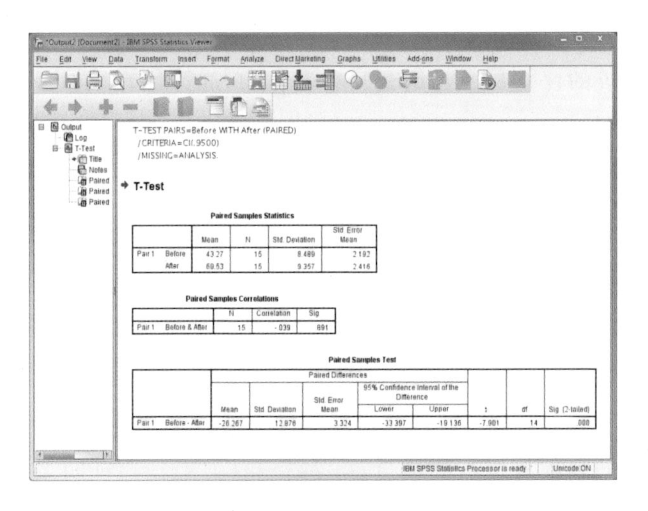

图 5-46 问题 1 的 t-检验结果

题 5 用于测试参与者对车在某些特殊情况下的认知($p<0.05$)。

表 5-10 问题 2、3、4、5 的 t-检验结果

项目	平均值(之前)	平均值(之后)	平均值(不同)	N	p
问题 2	40.27	71.47	31.2	15	<0.05
问题 3	48.00	64.60	16.6	15	<0.05
问题 4	46.73	70.60	23.867	15	<0.05
问题 5	40.00	57.00	17.0	15	<0.05

对于开放回答的问题,80.0%的参与者认为 VR 系统提供了一个友好和接近真实的产品体验环境,对流动餐车进行交互操作在很大程度上增加了参与者学习和体验的兴趣。然而 55.3%的参与者提到在使用 VR 设备进行操作时,不容易准确快速地捕捉某些虚拟部件。

案例分析表明,VR 系统是一个提高用户在产品设计和评估过程中参与度的有效工具。大多数参与者认为 VR 系统提供了一个用户友好、安全和可高度互动的学习与体验产品环境。

5.4.4 应用案例 2——房车设计

房车是一种可定制车辆,用户可以参与从概念设计到最终完成的全部过程,以确保满足用户的要求和偏好。传统方法难以在产品制造之前为用户提供

使用和测试产品的体验。本节介绍用 VR 系统为用户提供体验房车的方案。

我们设计的房车是用可适应设计方法完成的[34]。房车由平台模块和功能模块组成，以满足用户不同的需求。房车平台模块如图 5-47 所示。接口用来连接平台模块和各功能模块。

图 5-47 房车平台模块

房车由不同功能模块构成。图 5-48 展示了一些存储在产品模型库中的功能模块，如床、桌子、椅子、电视、冰箱、浴缸等。模型库中还包括用于连接房车功能模块的接口。

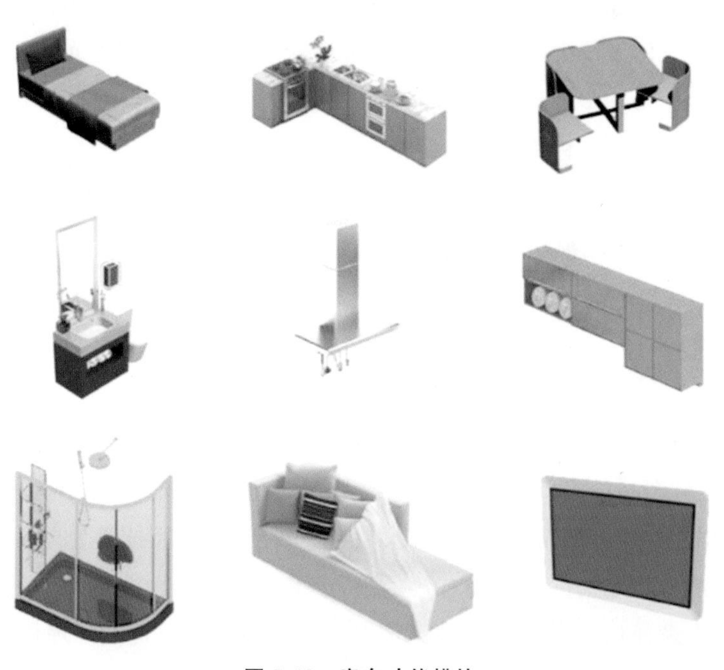

图 5-48 房车功能模块

用户操作 VR 系统对房车进行配置设计。设计完成后,可对结果进行保存、审核和修改。部分设计过程如图 5-49 所示。

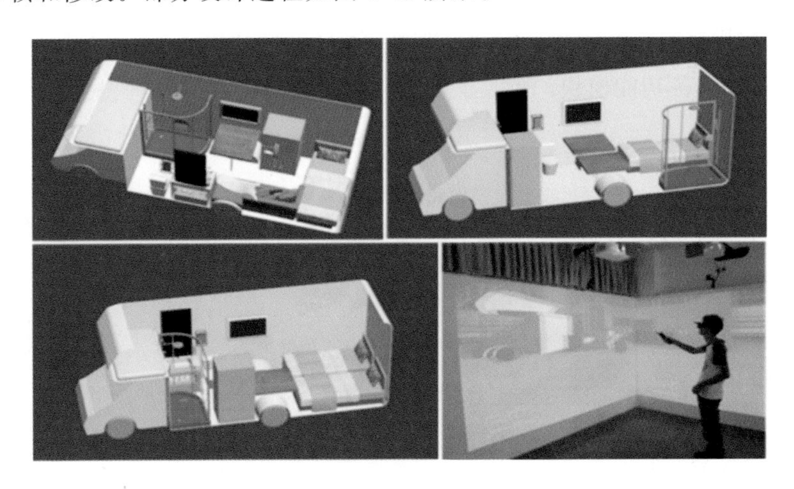

图 5-49　使用 VR 系统进行房车设计

同样,模块的选择和放置是在 VR 系统中使用带有跟踪传感器的操作手柄进行交互操作完成的。用户可以查看并更改设计,直到满意为止。

用户在 VR 系统中参与设计过程时,设计过程和结论都是可视化的,并可验证可行性。每一步的设计评估都为用户提供了更改的机会。基于 VR 的设计系统为用户提供了以下功能:

(1) 设计的可视化;

(2) 增强对产品模块和接口的理解;

(3) 实现与产品的互动,可进行性能测试。

5.4.5　结论

在可适应产品的开发过程中,了解用户需求和需求变化对产品设计至关重要,用户参与产品的设计和改进对于产品在市场上的成功具有重要意义。目前,产品开发主要由产品开发者完成,缺乏用户参与。VR 技术为提高用户在产品开发中的参与度提供了一个有效手段。VR 使用户能够参与设计过程,并根据自己的需求评估产品性能,这为可适应产品设计和改进提供了理想的工具。

本节介绍了基于 VR 的用户交互设计系统,目的是让用户参与可适应产品的开发。系统考虑了用户对产品的体验需求,提供了用户交互操作产品模型、体验过程模拟及数据收集和处理的功能，从中可了解用户参与的细节。系统满足用户和设计者在产品开发中的不同需求，也可用于升级个性化模块的操作模拟。用户调查显示系统实现了既定的目标。

5.5 总结

在第 4 章讨论的可适应设计过程和方法的基础之上，本章介绍了支持可适应设计的工具和技术。

如第 1 章所述，在引入可适应设计之前，已存在许多设计方法，包括模块化设计和优化设计，以创建能更好地满足客户需求的产品。尽管目标不同，这些设计方法在可适应设计中是常用且有效的。本章介绍了支持可适应设计的模块化设计工具，然后给出了可用于可适应设计的多层次、多目标和全局优化算法及工具。此外，案例研究表明，基于网络和 VR 技术的工具可以有效地支持可适应产品设计。

本章参考文献

[1] SUH N P. Axiomatic design：advances and applications [M]. New York：Oxford University Press，2001.

[2] SHI Y L，PENG Q J. A spectral clustering method to improve importance rating accuracy of customer requirements in QFD [J]. The International Journal of Advanced Manufacturing Technology，2020，107：2579-2596.

[3] FAZELI H R，PENG Q J. Efficient extraction of information from correlation matrix for product design using an integrated QFD-DEMATEL method [J]. Computer-Aided Design and Applications，2021，18(5)：1131-1145.

[4] ZHAO C，PENG Q J，GU P H. Development of a paper-bag-folding machine using open architecture for adaptability [J]. Proceedings of the Institution of Mechanical Engineers，Part B：Journal of Engineering Manufacture，2015，229(1_suppl)：155-169.

[5] KAMRANI A K，SALHIEH S M. Product design for modularity [M]. 2nd

ed. New York:Springer,2002.

[6] NEWCOMB P J,BRAS B,ROSEN D W. Implications of modularity on product design for the life cycle [J]. Journal of Mechanical Design,1998,120(3):483-490.

[7] GERSHENSON J K,PRASAD G J,ALLAMNENI S. Modular product design:a life-cycle view [J]. Journal of Integrated Design and Process Science,1999,3(4):13-26.

[8] ZHANG Y,GERSHENSON J K. An initial study of direct relationships between life-cycle modularity and life-cycle cost [J]. Concurrent Engineering:Research and Applications,2003,11(2):121-128.

[9] MARTINEZ M,XUE D Y. A modular design approach for modeling and optimization of adaptable products considering the whole product life-cycle spans [J]. Proceedings of the Institution of Mechanical Engineers,Part C:Journal of Mechanical Engineering Science,2017,232(7):1146-1164.

[10] BEZDEK J C. Pattern recognition with fuzzy objective function algorithms [M]. New York:Springer,1981.

[11] XUE D Y,WANG H,NORRIE D H. A fuzzy mathematics-based optimal delivery scheduling approach [J]. Computers in Industry,2001,45(3):245-259

[12] ARORA J S. Introduction to optimum design [M]. Oxford:Elsevier Academic Press,1989.

[13] XUE D Y,ROUSSEAU J H,DONG Z. Joint optimization of performance and cost in integrated concurrent design: the tolerance synthesis part [J]. Journal of Engineering Design and Automation,1996,2(1):73-89

[14] YANG H,XUE D Y,TU Y L. Modeling of the non-linear relations among different design and manufacturing evaluation measures for multi-objective optimal concurrent design [J]. Concurrent Engineering: Research and Applications,2006,14(1):43-53.

[15] ZHANG J,CHEN Y L,XUE D Y,et al. Robust design of configurations and parameters of adaptable products [J]. Frontiers of Mechanical Engi-

neering,2014,9(1):1-14.

[16] XUE D Y. A multi-level optimization approach considering product realization process alternatives and parameters for improving manufacturability [J]. Journal of Manufacturing Systems,1997,16(5):337-351.

[17] GOLDBERG D E. Genetic algorithms in search, optimization, and machine learning [M]. Boston:Addison-Wesley Longman Publishing Co., Inc.,1989.

[18] KOZA J R. Genetic programming:on the programming of computers by means of natural selection [M]. Cambridge:The MIT Press,1992.

[19] WANG H,XUE D Y. An intelligent zone-based delivery scheduling approach [J]. Computers in Industry,2002,48(2):109-125.

[20] HONG G,HU L,XUE D Y,et al. Identification of the optimal product configuration and parameters based on individual customer requirements on performance and costs in one-of-a-kind production [J]. International Journal of Production Research,2008,46(12):3297-3326.

[21] CHEN Y L,PENG Q J,GU P H. Methods and tools for the optimal adaptable design of open-architecture products [J]. The International Journal of Advanced Manufacturing Technology,2018,94:991-1008.

[22] CHUNG C,PENG Q J. A hybrid approach to selective-disassembly sequence planning for de-manufacturing and its implementation on the Internet [J]. The International Journal of Advanced Manufacturing Technology,2006,30:521-529.

[23] KANG X M,PENG Q J. Tool feasibility analysis for fixture assembly planning [J]. The Journal of Manufacturing Science and Engineering, 2008,130(4):041010.

[24] KANG X M,PENG Q J. Integration of CAD models with product assembly planning in a Web-based 3D visualized environment [J]. International Journal on Interactive Design and Manufacturing (IJIDeM),2014,8:121-131.

[25] PENG Q J. Virtual manufacturing for dynamic product development:

problems and solutions [C] // Proceedings of the Canadian Society for Mechanical Engineering Forum, Victoria, 2010.

[26] PENG Q J, CHUNG C, YU C S, et al. A networked virtual manufacturing system for SMEs [J]. International Journal of Computer Integrated Manufacturing, 2007, 20 (1): 71-79.

[27] XIAO Y, PENG Q J. Body gesture-based user interaction in design review [C] // Proceedings of ASME 2017 International Design Engineering Technical Conferences and Computers and Information in Engineering Conference. New York: ASME, 2017.

[28] PENG Q J, HALL F R, LISTER P M. Application and evaluation of VR-based CAPP system [J]. Journal of Materials Processing Technology, 2000, 107(1-3): 153-159.

[29] PENG Q J, YU C S. A visualised manufacturing information system for mass customization [J]. International Journal of Manufacturing Technology and Management, 2007, 11(3-4): 278-295.

[30] REUDING T, MEIL P. Predictive value of assessing vehicle interior design ergonomics in a virtual environment [J]. Journal of Computing and Information Science in Engineering, 2004, 4(2): 109-113.

[31] ZHAO L, PENG Q J. Development of a CMM training system in virtual environments [C] // Proceedings of ASME 2010 International Design Engineering Technical Conferences and Computers and Information in Engineering Conference. New York: ASME, 2010: 537-544.

[32] CHUNG C, PENG Q J. The selection of tools and machines on web-based manufacturing environments [J]. International Journal of Machine Tools and Manufacture, 2004, 44(2-3): 317-326.

[33] SONG H, CHEN F Y, PENG Q J, et al. Improvement of user experience using virtual reality in open-architecture product design [J]. Proceedings of the Institution of Mechanical Engineers, Part B: Journal of Engineering Manufacture, 2018, 232(13): 2264-2275.

[34] ZHANG J, XUE D Y, GU P H. Adaptable design of open architecture

products with robust performance [J]. Journal of Engineering Design, 2015,26(1-3):1-23.

[35] BACKHAUS K,JASPER J,WESTHOFF K,et al. Virtual reality based conjoint analysis for early customer integration in industrial product development [J]. Procedia CIRP,2014,25:61-68.

[36] CHUNG C,PENG Q J. Tool selection-embedded optimal assembly planning in a dynamic manufacturing environment [J]. Computer-Aided Design,2009,41(7):501-512.

[37] PENG Q J, KANG X M, ZHAO T T. Effective virtual reality based building navigation using dynamic loading and path optimization [J]. International Journal of Automation and Computing,2009,6(4):335-343.

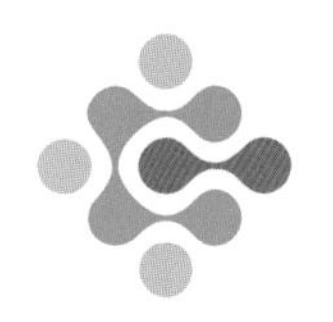

第6章 可适应设计的应用

自可适应设计(AD)的概念于2004年提出以来,有关可适应设计方法和工具的研究取得了许多进展,研究成果也得到了许多应用。本章选择了一些案例来展示如何应用第2～5章中介绍的可适应设计建模、评价、过程和工具来解决工程问题。

6.1 数控机床的可适应设计

本节的应用基于Xu等[1]的研究成果。

采用西门子控制系统的YH60系列螺旋锥齿轮切削机有多个主轴,且所有主轴在运行时都是精确同步的。这些螺旋锥齿轮切削机主要用于切割轻型卡车的斜齿轮。YH60系列机床的结构遵循了数控机床模块化设计的原则。图6-1显示了螺旋锥齿轮切削机的立柱、床身、床鞍和主轴等。

为提高齿轮加工性能和齿轮质量,我们对YH603原始结构进行了改进,提高了整机的静态刚度和动态刚度,减轻了整机重量。原YH603机床的模数范围在4 mm以下,不能用于切割中型卡车的锥齿轮,必须开发模数最高可达12 mm的新一代齿轮切削机。针对新型机械结构对静、动态刚度要求较高的特点,本节采用动态设计方法和可适应设计分析相结合的方法,确定机械模块化结构的最佳设计。

6.1.1 装备结构的重新设计流程

装备结构的重新设计流程如图6-2所示,在此过程中,考虑了可适应模块化设计、静态分析和动态分析。

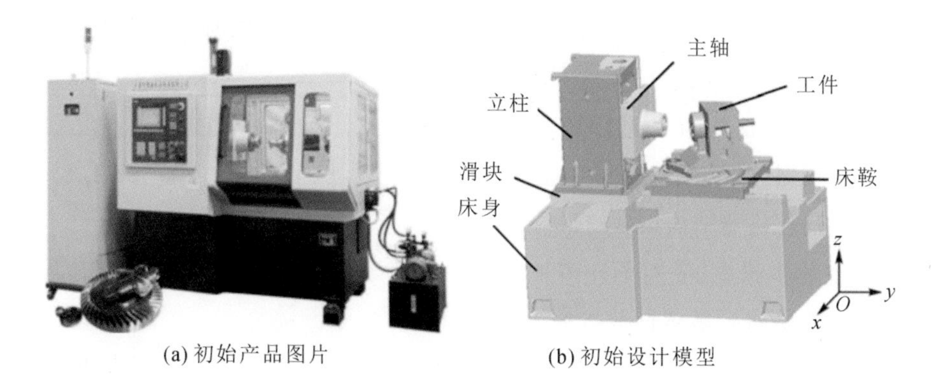

(a) 初始产品图片　(b) 初始设计模型

图 6-1 YH603 **型数控螺旋锥齿轮切削机**

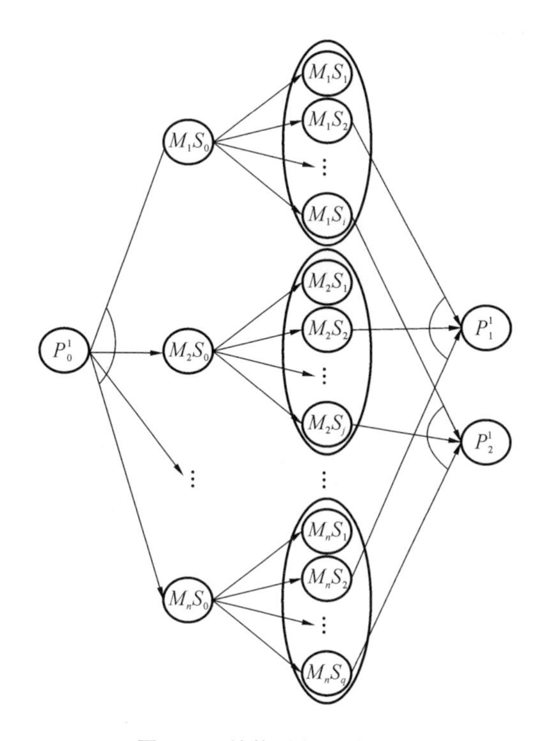

图 6-2　结构重新设计流程

(1) 按设计要求对原机结构(P_0^1)进行模块化。

(2) 对所有模块进行静态和动态分析(M_iS_0)。

(3) 根据分析结果，修改模块的结构，以获得一系列改进的模块结构(M_iS_i)。

(4) 选择最佳模块组合,获得改进的整机,选择最佳模块时需要基于性能进行评估。模块之间的接口保持不变。

(5) 对整机(P_1^1、P_2^1)进行静、动态分析。

(6) 根据分析结果,按照可适应性选择最佳设计。

(7) 优化机器结构以获得最终设计。

在上述步骤中,使用了许多工具来支持设计过程,例如用于对机器及其模块的结构参数进行敏感性分析的工具。

如前所述,可通过更改模型的功能或几何结构来重新定义产品或模块的变量。使用 ANSYS 有限元分析软件对机器结构进行建模和评估。在此过程中,需要考虑静载荷工况(框架上的切削力),假设这些负载情况与机器的实际工况一致,使得设计者能够评估设计并改进设计。

6.1.2 重新设计过程的评估标准

机床结构设计采用一阶固有频率 f_0、最大位移 $d_{\max}$ 和质量 m 作为功能参数。在机器的布局设计过程中,使用有限元模型计算这些功能参数。

功能参数用向量 $\boldsymbol{U}^p=(m^p, d_{\max}^p, f_0^p)^{\mathrm{T}}$ 表示,其权重因子向量为 $\boldsymbol{W}_j^u=(w_1, w_2, w_3)$。

进行有限元分析可以获得质量(m)、前三阶固有频率(f_0, f_1, f_2)、工作台静载荷工况的位移($d_{\max}$),以及所有设计变量相应的灵敏度信息。肋板的有关尺寸包括宽度 b、高度 h 和厚度 t。

结构性能评估的启发式规则(heuristic rule)如下。

规则 1:轻重量标准,降低整机重量和材料成本,降低整机重心。

规则 2:高静刚度标准,减小整机结构的位移,提高加工过程的质量,从而提高所有模块的均匀性。

规则 3:高动刚度标准,提高整机固有频率,提高加工工艺质量,合理布局,提高模块频率。

规则 4:制造标准,提高结构可制造性以降低制造成本。

结构可适应设计标准如下。

标准 1(性能改善标准):选择使性能改进指数(E_i)尽可能大的结构。

标准 2(结构相似性标准):为便于结构修改,使机器结构与原结构的相似性

(s^{p0})尽可能高。

标准 3(可适应性标准):重新设计的结构 AF(S_i)或产品 $A(P)$ 的可适应性尽可能高。

对机床床身、床鞍、工作台和立柱模块进行有限元分析、定量分析和评估,重新设计的模块结构如表 6-1 所示。在表 6-1 中,S_0 表示原始设计,S_i 表示第 i 个重新设计的候选模块。

表 6-1　重新设计的模块结构

机器结构	立柱 M_1	床身 M_2	工作台 M_3	滑板 M_4	床鞍 M_5
原结构 S_0					
拟建结构 S_1					
拟建结构 S_2					
拟建结构 S_3					
拟建结构 S_4					
拟建结构 S_5					
拟建结构 S_6					

本节对机床立柱进行了重新设计。立柱支撑着主轴系统,其刚度是影响加工精度的重要因素。在切割加工过程中,立柱可能沿着 x 和 y 方向振动,从而使加工精度降低。因此,重新设计的目标之一是增加立柱的静态刚度和动态刚度。

重新设计过程的第一步是对关键结构参数进行敏感性分析,分析得到的数据如图 6-3 所示。其中 t_1 表示顶板厚度,t_2 表示筋板厚度,t_3 表示内板厚度,t_4 表示底板厚度,t_5 表示前壁板厚度,t_6 表示后壁板厚度,t_7 表示侧壁板厚度。根据敏感性分析结果,外板、顶板和底板的厚度对动态性能有主要影响,其他参数的影响并不显著。因此，在重新设计立柱时合理选择肋板的厚度，以提高其动态性能。图 6-3 显示了刚度和固有频率的敏感性分析结果。

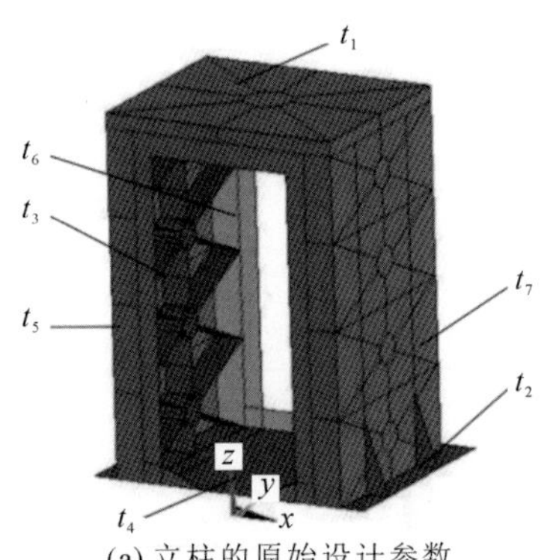

(a) 立柱的原始设计参数

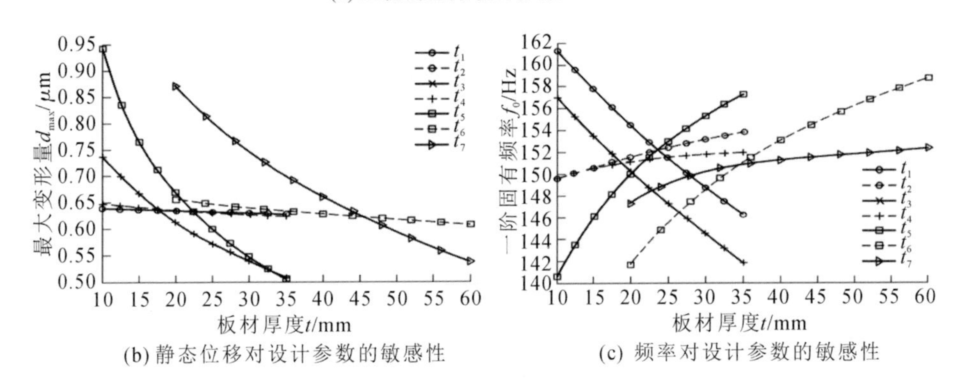

(b) 静态位移对设计参数的敏感性　　(c) 频率对设计参数的敏感性

图 6-3　立柱敏感性分析

重新设计过程的第二步是对关键结构参数进行相似性分析。设计参数的权重定义如下：

$$w_j^x = (1/6, 1/6, 1/6, 1/6, 1/6, 1/6)$$

Xu 等[1]给出了立柱设计参数以及重新设计与原设计之间的相似性，如表 6-2 至表 6-4 所示。

表 6-2　重新设计前后的 YH603 立柱结构参数

设计候选项	顶板厚度 t_1/mm	内板厚度 t_3/mm	底板厚度 t_4/mm	肋板高度 h_1/mm	内部肋板布局	大型圆弧肋板
原设计 S_0	25	18	45	40	星形	否
新设计 S_1	20	12	45	95	井字形	否

续表

设计候选项	顶板厚度 t_1/mm	内板厚度 t_3/mm	底板厚度 t_4/mm	肋板高度 h_1/mm	内部肋板布局	大型圆弧肋板
新设计 S_2	20	12	45	95	井字形	否
新设计 S_3	20	12	45	125	井字形	否
新设计 S_4	20	12	45	125	井字形	是
新设计 S_5	15	12	45	125	井字形	是
新设计 S_6	15	12	45	125	井字形	是

表 6-3　重新设计前后的立柱结构相似性

设计候选项	各结构参数的相似性 $s^{p0}(x_j)$					
	顶板部分	内板	底板	肋板	内部肋板布局	大型圆弧肋板
新设计 S_1	0.8	0.667	0	0.421	0	1
新设计 S_2	0.8	0.667	0	0.421	0	1
新设计 S_3	0.8	0.667	0	0.320	0	1
新设计 S_4	0.8	0.667	0	0.320	0	0
新设计 S_5	0.6	0.667	0	0.320	0	0
新设计 S_6	0.6	0.667	0	0.320	0	0

表 6-4　立柱的可适应性

设计候选项	结构相似性 s^{p0}	性能改进指数 E_i	重新设计的可适应性 $AF(S_i)$
新设计 S_1	0.481	1.448	2.790
新设计 S_2	0.481	1.428	2.751
新设计 S_3	0.465	1.444	2.699
新设计 S_4	0.298	1.476	2.103
新设计 S_5	0.266	1.437	1.958
新设计 S_6	0.266	1.494	2.035

重新设计过程的第三步是对功能参数进行改进和可适应性分析。功能参数的权重定义如下：

$$\boldsymbol{w}^{u}=(0.5,0.25,0.25)$$

Xu 等[1]计算出的立柱结构性能如表 6-5 和表 6-6 所示。

表 6-5 重新设计前后的立柱结构性能

设计候选项	一阶频率 f/Hz	位移 s/μm	质量 w/kg
原设计 S_0	119	14.60	308
新设计 S_1	194	7.64	291
新设计 S_2	191	7.64	300
新设计 S_3	195	7.01	315
新设计 S_4	202	6.72	318
新设计 S_5	193	8.74	276
新设计 S_6	205	6.80	309

表 6-6 重新设计前后的立柱性能改进结果

设计候选项	每项性能的改进参数 r_{ij}		
	一阶频率的变化	位移变化	质量变化
新设计 S_1	−0.630	−0.477	−0.055
新设计 S_2	−0.605	−0.477	−0.026
新设计 S_3	−0.639	−0.520	0.023
新设计 S_4	−0.697	−0.540	0.032
新设计 S_5	−0.622	−0.401	−0.104
新设计 S_6	−0.723	−0.534	0.003

可适应性计算结果如表 6-7 所示。原结构和重新设计结构之间的性能改进结果比较如表 6-6 所示。根据可适应设计标准 1，设计方案 S_6 是最佳选择。

按照相同的步骤，对其他模块进行重新设计和可适应性分析，结果如表 6-8 至表 6-10 所示。各模块的最佳选择如表 6-11 所示。

表 6-7 床身的可适应性

设计候选项	结构相似性 s^{p0}	性能改进指数 E_i	重新设计的可适应性 AF(S_i)
新设计 S_1	0.754	1.446	5.878
新设计 S_2	0.754	1.339	5.443
新设计 S_3	0.733	1.420	5.318
新设计 S_4	0.733	1.292	4.839

表 6-8　工作台的可适应性

设计候选项	结构相似性 s^{p0}	性能改进指数 E_i	重新设计的可适应性 $AF(S_i)$
新设计 S_1	0.838	0.873	5.389
新设计 S_2	0.669	1.039	3.139
新设计 S_3	0.669	1.056	3.191

表 6-9　滑板的可适应性

设计候选项	结构相似性 s^{p0}	性能改进指数 E_i	重新设计的可适应性 $AF(S_i)$
新设计 S_1	0.854	0.784	5.370
新设计 S_2	0.854	0.809	5.541

表 6-10　床鞍的可适应性

设计候选项	结构相似性 s^{p0}	性能改进指数 E_i	重新设计的可适应性 $AF(S_i)$
新设计 S_1	0.780	1.220	5.545
新设计 S_2	0.664	1.243	3.699

表 6-11　YH603 机床的原始和重新设计模块

设计候选项	立柱	床身	工作台	滑板	床鞍
原设计 P_0^1	M_1S_0	M_2S_0	M_3S_0	M_4S_0	M_5S_0
原设计 P_1^1	M_1S_6	M_2S_3	M_3S_3	M_4S_3	M_5S_2
原设计 P_2^1	M_1S_7	M_2S_5	M_2S_4	M_2S_3	M_2S_3

6.1.3　整机改进

整机重新设计过程的第一步是组装模块以获得整机。根据表 6-11，组合最佳模块获得改进的整机。

图 6-4 显示了整机结构和改进方案，在 YH603 整机原结构（P_0^1）模块改进的基础上，确定一种全新的结构（P_1^1）设计方案。考虑到重新设计的制造成本，采用修改版本的重新设计方案（P_2^1），以避免重新生产铸造模具。

整机重新设计过程的第二步是进行相似性分析。如表 6-12 所示，计算原始模块和新设计模块之间每个模块的相似度。

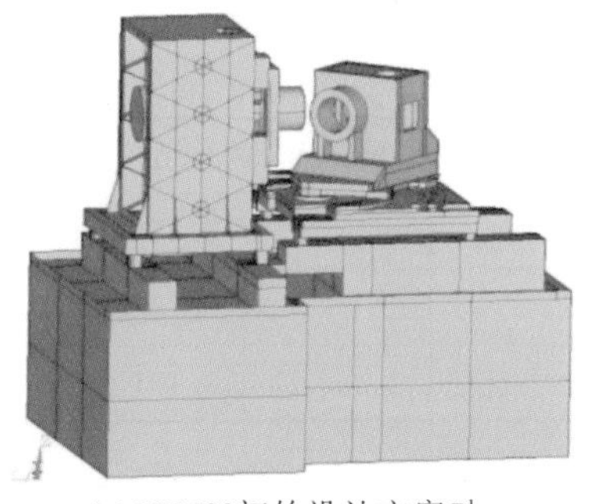

(a) YH603初始设计方案P_0^1

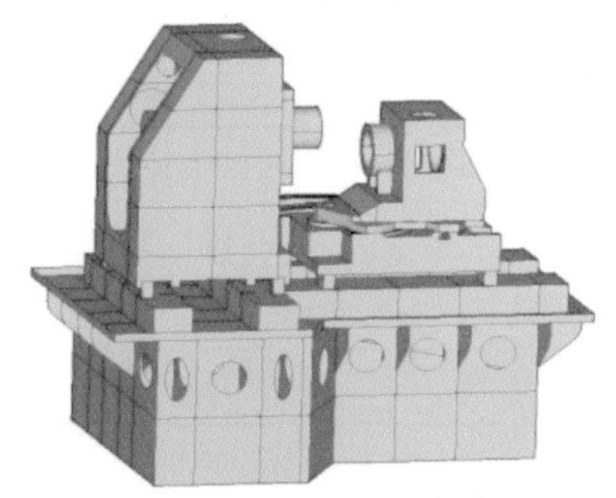

(b) YH603新设计方案P_1^1

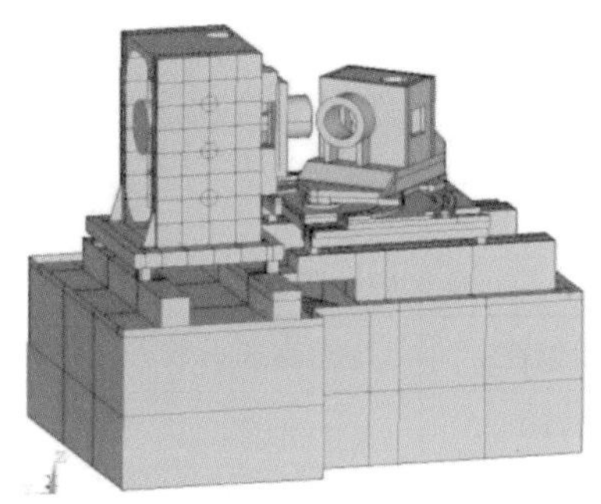

(c) YH603最终设计方案P_2^1

图 6-4 YH603 **的重新设计方案**

表 6-12 YH603 **机床原始模块和新设计模块的结构相似性**

设计候选项	模块的结构相似性 s^{P0}				
	立柱	床身	工件台	滑板	床鞍
新设计 P_1^1	0.266	0.733	0.669	0.854	0.664
新设计 P_2^1	0.850	0.800	1.000	1.000	1.000

重新设计过程的第三步是对功能参数进行改进和可适应性分析。机床结构的静态和动态分析结果如表 6-13 所示。整机性能比原始结构有所提高，计算结果如表 6-14 所示。Xu 等[1]计算了重新设计的可适应性，如表 6-15 所示。

表 6-13 YH603 **机床的原设计和重新设计的性能**

设计候选项	一阶频率的变化 f/Hz	y 轴静态刚度的变化 k/(N/μm)	质量 m/kg
原设计 P_0^1	69.33	57.13	2890
新设计 P_1^1	99.03	145.82	2472
新设计 P_2^1	78.31	106.43	3037

表 6-14　YH603 机床的原设计和重新设计的性能改进

设计候选项	一阶频率变化 f/Hz	y 轴静刚度变化 k/(N/μm)	质量变化 m/kg
新设计 P_1^1	−1.798	−1.552	−0.145
新设计 P_2^1	−0.130	−0.863	0.051

表 6-15　YH603 机床的可适应性

设计候选项	结构相似性 s^{p0}	性能改进指数 E_i	重新设计的可适应性 AF(S_i)
新设计 P_1^1	0.637	2.323	6.400
新设计 P_2^1	0.930	1.268	18.110

根据可适应设计标准，P_2^1 是最佳选择。

由于没有关于可适应任务的具体需求信息，因此，将各任务的概率定义如下：

$$\Pr(S_i)=(0.5,0.5)$$

原产品设计的可适应性是

$$A(P)=12.255$$

在不大幅增加生产成本的情况下，采用重新设计方案 P_2^1 增强了功能性。在现有铸造模型和模型分析的基础上，增加加强筋以加强薄弱结构区域，尖角也被改为圆角。改变铸造壁厚度的这类方案因代价较高而未被采纳。

6.1.4　新一代 YH605 齿轮切削机的研制

为了满足模数可达 12 mm 的齿轮切削机的需求，公司在重新设计的 YH603 机床(P_1^1)的基础上开发了新一代机床 YH605，机床性能得到显著提高。

图 6-5 显示了 YH605 机床的可适应设计过程。本设计对静态刚度和动态刚度提出了特别要求，这些要求可以由该机床结构和元件形状，以及几何尺寸反映。由于该机床被设计用于切割大尺寸的锥齿轮，因此该机床需要有特别高的系统刚度。

通过计算机模拟和物理实验获得 YH605 机床的性能测量结果，如表 6-16 所示。

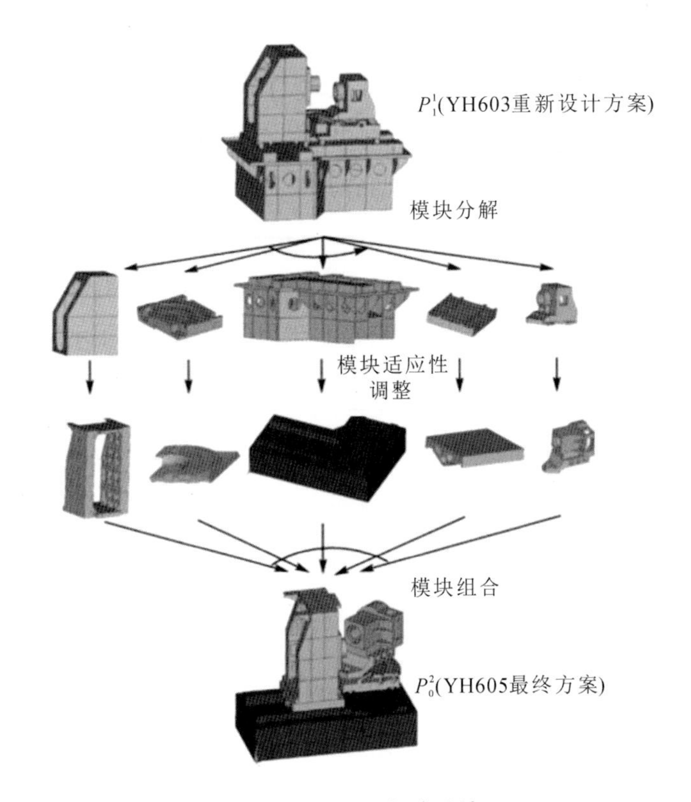

图 6-5　YH603 机床设计

表 6-16　YH605 机床的性能

项目名称	一阶频率 f/Hz	y 轴静态刚度 k/(N/μm)	质量 m/kg
设计结果	53.1	136.02	9 692
实验结果	50.9	116.13	12 000

6.1.5　设计结果分析与讨论

本节通过对机床结构的静态和动态特性进行分析，确定了机床床身、床鞍和工件台的薄弱部件和位置，除了评估重新设计后的机床结构静态和动态性能外，还提高了机床的可适应性。结果表明，采用可适应设计对整机结构进行重新设计，可改善整机的静态和动态特性，减轻整机质量。床鞍的动力学性能有所提高，质量基本不变。工作台的静态刚度保持不变，但质量减轻了 20%。经过重新设计，整机静态和动态性能提高了 30%以上，整机质量减轻了 17%。

在对机床结构进行重新设计的过程中，保持板的厚度不变，以便能够使用相同的制造平台来制造重新设计的机床，从而尽量降低成本。本研究也通过可适应性来评估进行所需更改的难度等级。可适应设计方法为机床的重新设计过程提供了有效的指导。

6.2 重型龙门铣床可适应产品平台的设计

6.2.1 可适应产品平台的设计

本节展示的应用基于 Cheng 等[2]开发的研究结果。

本应用选择一系列现有的重型龙门铣床用于可适应产品平台的设计。本项工作考虑了两类产品的变更。第一类变更是为平台选择不同的参数值。例如，龙门架跨距从 2350 mm 变更为 10500 mm。第二类变更是为不同的功能选择不同的模块。例如，在立柱上增加在垂直方向上可移动的升降梁和在水平方向上可旋转的铣头，以实现 5 轴同时加工功能。

在本项工作中，将可适应产品平台设计方法应用于设计一种新的重型龙门铣床。该龙门铣床的设计基于现有的重型龙门铣床，具有可移动横梁和固定横梁，并考虑了不同龙门架跨距，如表 6-17 所示。

表 6-17 有可移动横梁和固定横梁，并具有不同龙门架跨距的产品系列

类型	系列名称	龙门架跨距/mm
可移动横梁	×××-2840	4800
	×××-2850	5800
	×××-2870	7500
	×××-2880	8500
固定横梁	×××-2740	4800
	×××-2750	5800

对于重型龙门铣床，不同客户的要求不同。在本项工作中，首先将客户需求映射为工程技术指标。表 4-2 描述了客户需求和工程技术指标之间的映射关

系。表4-3给出了工程技术指标中描述的19个客户的需求。为了确定可适应产品平台的模块，本研究采用分类算法将客户需求分为通用需求、定制需求和个性化需求。通用模块用来满足通用需求，附加模块用来满足个性化需求。本研究根据Cheng等[2]提出的方法得到了所需的通用模块和附加模块。定制需求是通过具有可适应参数的可适应模块来实现的。本节将介绍可适应参数和不可适应参数的划分方法。这些工程技术指标由不同单位的不同值表示，需要将这些工程技术指标进行归一化，转换为0～1的无量纲指标。

在本研究中，将每个工程技术指标的最小值映射为0，最大值映射为1来进行归一化处理。通过这种方式，技术指标 A 的原始值 x，可以用下面的公式映射到0和1之间：

$$x'=\frac{x-\min A}{\max A-\min A} \tag{6-1}$$

表6-18给出了归一化后的工程技术指标。

表6-18　归一化后的工程技术指标表示的客户需求

客户	龙门架跨距	龙门架行程	滑动托架行程	滑枕行程	主轴电动机功率	主轴最大转速	工作台最大负载	横梁类型	轴数
X1	0.7015	0.5000	0.6154	1.0000	1.0000	0.1477	1.0000	0.0000	1.0000
X2	0.1493	0.2000	0.1538	0.3333	1.0000	0.0000	1.0000	1.0000	0.0000
X3	1.0000	0.6000	1.0000	1.0000	1.0000	0.1477	1.0000	1.0000	0.0000
X4	0.8507	0.5000	0.7692	0.6667	1.0000	0.1477	1.0000	1.0000	1.0000
X5	0.0000	0.0000	0.0000	0.0000	1.0000	0.4318	1.0000	0.0000	0.0000
X6	0.6269	0.6000	0.4615	0.0000	1.0000	0.1477	1.0000	0.0000	1.0000
X7	0.8507	1.0000	0.7692	0.6667	1.0000	0.4318	1.0000	1.0000	1.0000
X8	0.6269	0.5000	0.5385	0.3333	1.0000	1.0000	1.0000	0.0000	1.0000
X9	0.2985	0.5000	0.3077	0.0000	1.0000	0.1477	1.0000	1.0000	0.0000
X10	0.7015	0.6000	0.7692	0.3333	1.0000	0.4318	1.0000	0.0000	1.0000
X11	0.4478	0.6000	0.4615	1.0000	1.0000	0.1477	1.0000	1.0000	1.0000

续表

客户	龙门架跨距	龙门架行程	滑动托架行程	滑枕行程	主轴电动机功率	主轴最大转速	工作台最大负载	横梁类型	轴数
X12	1.0000	0.5000	1.0000	0.3333	1.0000	0.4318	1.0000	1.0000	1.0000
X13	0.1493	0.0000	0.1538	0.0000	1.0000	0.0000	1.0000	0.0000	0.0000
X14	0.4478	0.5000	0.4615	0.6667	1.0000	0.0000	1.0000	0.0000	1.0000
X15	0.0000	0.0000	0.0000	0.0000	1.0000	0.4318	1.0000	1.0000	1.0000
X16	0.8507	0.5000	0.7692	1.0000	1.0000	0.1477	1.0000	1.0000	0.0000
X17	0.2985	0.6000	0.3077	0.3333	1.0000	0.0000	1.0000	0.0000	1.0000
X18	0.1493	0.6000	0.1538	0.3333	1.0000	0.0000	1.0000	1.0000	0.0000
X19	0.5522	0.5000	0.4615	0.3333	1.0000	0.0000	1.0000	1.0000	1.0000

基于归一化的客户需求，以遗传算法(GA)为优化工具，采用K均值分类方法将19个客户分类成不同的群体。根据重型龙门铣床设计制造经验，本工作将分类的数量K设定为6，分类结果如表6-19所示。

表6-19　基于遗传算法的K均值分类方法的分类结果

客户组	客户数量	客户
1	6	X1、X6、X8、X10、X14、X17
2	3	X2、X9、X18
3	2	X3、X16
4	5	X4、X7、X11、X12、X19
5	2	X5、X13
6	1	X15

通过对6个客户组中不同的客户需求进行比较，发现主轴电动机功率和最大工作台负载是常见的通用需求，横梁类型和轴数为个性化需求，龙门架跨距、最大主轴转速、龙门架行程、滑动托架行程、升降梁行程均为定制需求。

采用基于可适应设计的锯齿形映射方法，对重型龙门铣床的功能需求及其相应的设计参数进行分解，这些功能需求和设计参数分别如表 6-20 和表 6-21 所示。

表 6-20　重型龙门铣床功能需求的分层结构描述(局部)

<table>
<tr><td rowspan="6">FR1:铣削功能</td><td colspan="3">FR11:提供铣削功能</td></tr>
<tr><td colspan="3">FR12:固定铣削刀具</td></tr>
<tr><td rowspan="4">FR13:旋转铣削刀具</td><td colspan="2">FR131:提供动力</td></tr>
<tr><td colspan="2">FR132:支撑电源单元</td></tr>
<tr><td colspan="2">FR133:变换功率</td></tr>
<tr><td colspan="2">FR134:同步进给</td></tr>
<tr><td rowspan="7">FR2:X 轴的支承和进给</td><td colspan="3">FR21:支承托架</td></tr>
<tr><td colspan="3">FR22:支承基础</td></tr>
<tr><td rowspan="5">FR23:X 轴进给</td><td colspan="2">FR231:进给支架</td></tr>
<tr><td colspan="2">FR232:传输动力</td></tr>
<tr><td colspan="2">FR233:进给运动动力</td></tr>
<tr><td colspan="2">FR234:进给运动控制</td></tr>
<tr><td colspan="2">FR235:进给运动路径导向</td></tr>
<tr><td rowspan="6">FR3:Y 轴进给</td><td colspan="3">FR31:进给支架</td></tr>
<tr><td colspan="3">FR32:传输动力</td></tr>
<tr><td rowspan="4">FR33:进给运动</td><td colspan="2">FR331:进给运动动力</td></tr>
<tr><td rowspan="2">FR332:进给控制</td><td>FR3321:运动控制</td></tr>
<tr><td>FR3322:同步进给</td></tr>
<tr><td colspan="2">FR333:进给运动路径导向</td></tr>
<tr><td rowspan="6">FR4:Z 轴进给</td><td colspan="3">FR41:进给支架</td></tr>
<tr><td colspan="3">FR42:传输动力</td></tr>
<tr><td rowspan="4">FR43:进给运动</td><td colspan="2">FR431:进给运动动力</td></tr>
<tr><td rowspan="2">FR432:进给控制</td><td>FR4321:运动控制</td></tr>
<tr><td>FR4322:同步进给</td></tr>
<tr><td colspan="2">FR433:进给运动路径导向</td></tr>
</table>

续表

<table>
<tr><td rowspan="6">FR5:附加功能</td><td rowspan="2">FR51:进给动力及传输</td><td>FR511:提供动力</td></tr>
<tr><td>FR512:传输动力</td></tr>
<tr><td colspan="2">FR52:锁定功能</td></tr>
<tr><td colspan="2">FR53:连接功能</td></tr>
<tr><td colspan="2">FR54:润滑功能</td></tr>
<tr><td colspan="2">FR55:保护功能</td></tr>
</table>

表 6-21　重型龙门铣床设计参数的分层结构描述(局部)

<table>
<tr><td rowspan="6">DP1:铣削设备</td><td colspan="3">DP11:铣刀</td></tr>
<tr><td colspan="3">DP12:工具支架</td></tr>
<tr><td rowspan="4">DP13:刀具旋转
运动装置</td><td colspan="2">DP131:主轴电动机</td></tr>
<tr><td colspan="2">DP132:主轴电动机机架</td></tr>
<tr><td colspan="2">DP133:齿轮箱</td></tr>
<tr><td colspan="2">DP134:同步皮带轮机构</td></tr>
<tr><td rowspan="7">DP2:X 轴的
支承和
进给装置</td><td colspan="3">DP21:托架</td></tr>
<tr><td colspan="3">DP22:基座</td></tr>
<tr><td rowspan="5">DP23:X 轴进给装置</td><td colspan="2">DP231:滑动托架</td></tr>
<tr><td colspan="2">DP232:斜齿轮副</td></tr>
<tr><td colspan="2">DP233:X 轴滚珠丝杠</td></tr>
<tr><td colspan="2">DP234:X 轴进给配件</td></tr>
<tr><td colspan="2">DP235:滑块轨道</td></tr>
<tr><td rowspan="6">DP3:Y 轴
进给装置</td><td colspan="3">DP31:滑动托架</td></tr>
<tr><td colspan="3">DP32:斜齿轮副</td></tr>
<tr><td rowspan="4">DP33:进给装置</td><td colspan="2">DP331:Y 轴滚珠丝杠</td></tr>
<tr><td rowspan="2">DP332:进给控制装置</td><td>DP3321:Y 轴进给配件</td></tr>
<tr><td>DP3322:Y 轴同步
皮带轮机构</td></tr>
<tr><td colspan="2">DP333:滑块轨道</td></tr>
</table>

续表

<table>
<tr><td rowspan="6">DP4:Z 轴进给装置</td><td colspan="3">DP41:升降梁</td></tr>
<tr><td colspan="3">DP42:斜齿轮副</td></tr>
<tr><td rowspan="4">DP43:进给装置</td><td colspan="2">DP431:Z 轴滚珠丝杠</td></tr>
<tr><td rowspan="2">DP432:进给控制装置</td><td>DP4321:Z 轴进给配件</td></tr>
<tr><td>DP4322:Z 轴同步皮带轮机构</td></tr>
<tr><td colspan="2">DP433:升降梁轨道</td></tr>
<tr><td rowspan="6">DP5:其他装置</td><td rowspan="2">DP51:电源设备</td><td colspan="2">DP511:电动机</td></tr>
<tr><td colspan="2">DP512:减速机</td></tr>
<tr><td colspan="3">DP52:压力板</td></tr>
<tr><td colspan="3">DP53:联轴器</td></tr>
<tr><td colspan="3">DP54:油分离器</td></tr>
<tr><td colspan="3">DP55:保护罩</td></tr>
</table>

在不考虑参数的情况下，重型龙门铣床产品系列可适应产品平台中的基本通用模块可从表 6-21 中获得。在本案例研究中，电源模块和用于防止机加工碎屑的保护模块被确定为基本通用模块。虽然最大工作台负载是一个通用需求，但由于不同客户需要的机器尺寸不同，因此将最大工作台负载作为可适应参数。根据横梁类型和轴数的不同要求，将不同的横梁模块、铣头模块、信号控制装置和用户接口作为附加模块。由于本研究专注于求解平台的可适应模块的可适应参数和不可适应模块的不可适应参数，因此不对已选择的平台的基本通用模块和添加到平台的附加模块的细节进行进一步讨论。

根据龙门架跨距、龙门架行程、滑动托架行程、升降梁行程、主轴电动机功率、最大主轴转速等定制要求，基于可适应设计和灵敏性设计结构矩阵(sensitivity design structure matrix，SDSM)确定其相关参数，包括可适应参数。首先，重型龙门铣床的所有关键设计参数与表 6-22 中所示的 21 个 ID 编号相关联。这 21 个设计参数的灵敏性设计结构矩阵如图 6-6 所示。龙门架行程和滑动托架行程分别用字母 W 和 L 表示。应注意的是，由于在本案例研究中设计参数包括零件和模块，因此仅使用 1(即敏感)和 0(即不敏感)的定性敏感性指标。

表 6-22 灵敏性设计结构矩阵中的设计参数的 ID 编号

ID	DP	ID	DP	ID	DP	ID	DP
1	DP21	7	DP235	13	DP333	19	DP433
2	DP22	8	DP31	14	DP41	20	DP511
3	DP231	9	DP32	15	DP42	21	DP512
4	DP232	10	DP331	16	DP431		
5	DP233	11	DP3321	17	DP4321		
6	DP234	12	DP3322	18	DP4322		

		FRs		DPs																				
		W	L	1	2	3	4	5	6	7	8	9	10	11	12	13	14	15	16	17	18	19	20	21
FRs	W																							
	L																							
DPs	1	0	0	1	0	0	0	0	0	0	0	0	0	0	0	0	0	0	0	0	0	0	0	0
	2	0	0	0	1	0	0	1	1	0	0	0	0	0	0	0	0	0	0	0	0	0	0	0
	3	0	0	0	0	1	1	0	0	1	0	0	0	0	0	0	0	0	0	0	0	0	0	0
	4	0	0	0	0	0	1	0	0	1	0	0	0	0	0	0	0	0	0	0	0	0	0	0
	5	0	0	0	1	0	0	1	1	0	0	1	0	0	0	0	0	0	0	0	0	0	0	0
	6	0	0	0	1	0	0	0	1	0	0	1	0	0	0	0	0	0	0	0	0	0	0	0
	7	0	0	0	0	0	0	0	0	1	1	0	0	0	0	0	0	0	0	0	0	0	0	0
	8	0	0	0	0	0	0	0	0	0	1	0	0	0	0	0	0	0	0	0	0	0	0	0
	9	0	0	0	0	0	0	1	1	0	0	1	0	0	0	0	0	0	0	0	0	0	0	0
	10	0	0	0	0	0	0	0	0	0	0	0	1	0	0	1	0	0	0	0	0	0	0	0
	11	0	0	0	0	0	0	0	0	0	0	0	0	1	1	0	0	1	0	0	0	0	0	0
	12	1	0	0	0	0	0	0	0	0	0	0	0	0	1	0	0	0	0	0	0	0	0	0
	13	1	1	0	0	0	0	0	0	0	0	0	1	0	0	1	0	1	0	0	0	0	0	0
	14	1	1	0	0	0	0	0	0	0	0	0	0	0	0	1	1	0	0	0	0	0	0	0
	15	1	0	0	0	0	0	0	0	0	0	0	0	0	0	1	1	1	0	1	1	0	0	0
	16	1	0	0	0	0	0	0	0	0	0	0	0	0	0	0	0	1	1	0	0	0	0	0
	17	1	0	0	0	0	0	0	0	0	0	0	0	0	0	0	0	1	0	1	1	0	0	0
	18	1	0	0	0	0	0	0	0	0	0	0	0	0	0	0	0	0	1	1	1	0	0	0
	19	1	0	0	0	0	0	0	0	0	0	0	0	0	0	0	0	0	1	0	0	1	0	0
	20	1	0	0	0	0	0	0	0	0	0	0	0	0	0	0	0	0	0	0	0	0	1	0
	21	1	0	0	0	0	0	0	0	0	0	0	0	0	0	0	0	0	0	0	0	0	0	1

图 6-6 重型龙门铣床的灵敏性设计结构矩阵(分割前)

然后使用 Cheng 等[2]研究的分割算法将平台设计参数分割为不可适应的

公共平台参数和可适应的参数。分割后的灵敏性设计结构矩阵如图6-7所示。

		FRs		不可适应的公共平台参数												可适应的参数								
		W	L	1	2	5	6	9	11	12	15	17	18	20	21	3	4	7	8	10	13	14	16	19
FRs	W																							
	L																							
不可适应的公共平台参数	1	0	0	1	0	0	0	0	0	0	0	0	0	0	0	0	0	0	0	0	0	0	0	0
	2	0	0	0	1	1	1	0	0	0	0	0	0	0	0	0	0	0	0	0	0	0	0	0
	5	0	0	0	1	1	1	1	0	0	0	0	0	0	0	0	0	0	0	0	0	0	0	0
	6	0	0	0	1	0	1	1	0	0	0	0	0	0	0	0	0	0	0	0	0	0	0	0
	9	0	0	0	1	0	1	1	0	0	0	0	0	0	0	0	0	0	0	0	0	0	0	0
	11	0	0	0	0	0	0	0	1	1	1	0	0	0	0	0	0	0	0	0	0	0	0	0
	12	0	0	0	0	0	0	0	1	1	0	0	0	0	0	0	0	0	0	0	0	0	0	0
	15	0	0	0	0	0	0	0	1	0	1	1	1	0	0	0	0	0	0	0	0	0	0	0
	17	0	0	0	0	0	0	0	0	0	1	1	1	0	0	0	0	0	0	0	0	0	0	0
	18	0	0	0	0	0	0	0	0	0	1	1	1	0	0	0	0	0	0	0	0	0	0	0
	20	0	0	0	0	0	0	0	0	0	0	0	0	1	0	0	0	0	0	0	0	0	0	0
	21	0	0	0	0	0	0	0	0	0	0	0	0	0	1	0	0	0	0	0	0	0	0	0
可适应的参数	3	1	1	0	0	0	0	0	0	0	0	0	0	0	0	1	1	1	0	0	0	0	0	0
	4	1	1	0	0	0	0	0	0	0	0	0	0	0	0	1	1	1	0	0	0	0	0	0
	7	1	0	0	0	0	0	0	0	0	0	0	0	0	0	1	1	1	1	0	0	0	0	0
	8	1	0	0	0	0	0	0	0	0	0	0	0	0	0	0	0	1	1	0	0	0	0	0
	10	1	0	0	0	0	0	0	0	0	0	0	0	0	0	0	0	0	0	1	1	0	0	0
	13	1	0	0	0	0	0	0	0	0	0	0	0	0	0	0	0	0	0	1	1	0	0	0
	14	1	0	0	0	0	0	0	0	0	0	0	0	0	0	0	0	0	0	0	0	1	0	0
	16	1	0	0	0	0	0	0	0	0	0	0	0	0	0	0	0	0	0	0	0	0	1	1
	19	1	0	0	0	0	0	0	0	0	0	0	0	0	0	0	0	0	0	0	0	0	1	1

图6-7　重型龙门铣床的灵敏性设计结构矩阵(分割后)

根据重型龙门铣床的设计经验，具有不同类型参数的平台模块和组件如下。

(1)不可适应的公共模块的不可适应参数：DP21——托架；DP22——基座；DP511——电动机；DP512——减速机；DP232，DP32，DP42——斜齿轮副；DP234，DP3321，DP4321——进给配件；DP3322，DP4322——同步皮带轮机构等。

(2)可适应模块的可适应参数：DP31——滑动托架；DP41——升降梁；DP233，DP331，DP431——滚珠丝杠等。

可适应产品平台设计的结果表明，在不考虑参数的情况下，电源模块和安全保护模块始终相同，因此被选择为基本的通用模块。根据不同的需求，例如不同机器工作台的尺寸不同，选择工作台等模块作为可适应模块。此外，选择诸如旋转铣头之类的模块作为添加到平台的附加模块。

6.2.2 应用可适应产品平台建造重型龙门铣床

根据重型龙门铣床的可适应产品平台，建造了图6-8所示的数控桥式龙门镗铣床×××-2890。该机床被设计用于铣削和镗削尺寸最大为8 m的大型零件，并且需要两个升降梁从两个方向同时加工零件以提高效率。根据这些要求，最终设计建造的×××-2890具有一个跨距为9 m的双柱龙门架、一个移动横梁、两个可垂直运动的升降梁、两个旋转铣头和其他模块，如图6-8所示。

图6-8 数控桥式龙门镗铣床×××-2890

在可适应产品平台的基础上，调整滑动托架行程等可适应参数，定制龙门机床的龙门架跨距为9 m。通过在可适应产品平台中设计符合新要求的可适应模块，×××-2890镗铣床的设计交付周期从12个月缩短至8个月。由于在设计建造中可适应参数和附加模块（如旋转铣头）不同于既有的机床，因此我们还测试了这种新型机床的动态性能和加工精度。在这项工作中，我们进行了基于有限元分析(finite element analysis，FEA)的计算机仿真与物理试验测试。

有限元分析的简化模型如图6-9所示。选用QT600作为此铣镗床的主要材料，这种材料的性能如表6-23所示。本分析选用ANSYS中实体45的单元类型，采用尺寸为100 mm的四面体固定网格单元，总共生成了811196个网格节点和1894571个元素用于有限元分析。

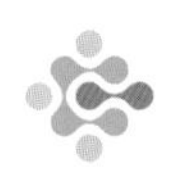

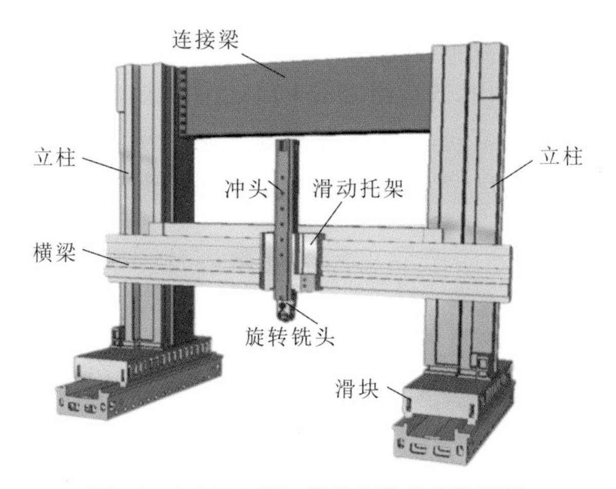

图 6-9 ×××-2890 **镗铣床结构简化模型**

表 6-23 铣镗床使用的 QT600 的材料性能

材料	密度/(kg/m^3)	弹性模量/GPa	泊松比
QT600	7200	174	0.275

本试验通过有限元分析获得了铣床在 120 Hz 下的模态频率。在物理试验过程中,为了确定移动龙门架的动力特性参数,对整个龙门架进行水平和垂直两个方向的外部激励。采用比利时 LMS 公司的信号采集分析仪进行数据采集和处理,可得龙门架在 100 Hz 下的水平和垂直方向的固有频率分别为:水平方向 20.38 Hz、35.00 Hz 和 84.81 Hz,垂直方向 19.89 Hz、49.10 Hz 和 97.56 Hz。对基于有限元分析的仿真和物理试验的固有频率和相应的振动模式进行比较,结果如图 6-10 和表 6-24 所示。

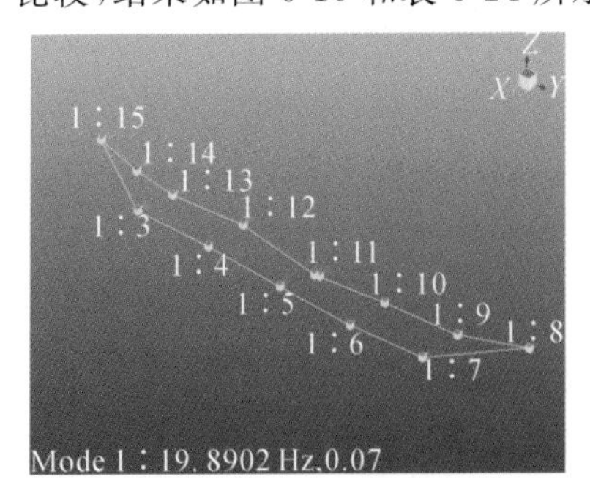

(a) 物理试验分析结果

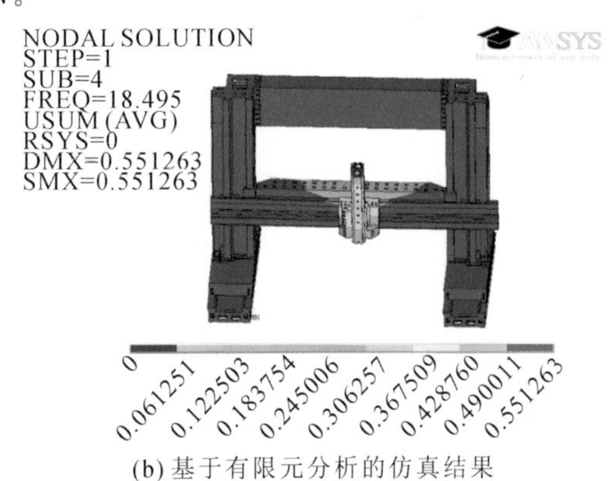

(b) 基于有限元分析的仿真结果

图 6-10 在 19.89 Hz **下,来自物理试验和基于有限元分析的仿真结果**

表 6-24 仿真和试验结果的比较

次序	基于有限元分析的仿真结果/Hz	物理试验结果/Hz	差值/Hz	相对误差
1	18.495	19.89	1.395	7.01%
2	22.932	20.38	2.552	12.52%
3	34.277	35.00	0.723	2.07%
4	47.233	49.10	1.867	3.80%
5	81.306	84.84	3.534	4.17%
6	111.099	97.56	13.539	13.88%

由表 6-24 可知，最大相对误差为 13.88%，这表明对设计的数控机床进行动态分析得到的仿真结果是令人满意的。当主轴的转速为不同于固有频率的值时，能够减小由振动导致的加工误差。

如图 6-11 所示，本试验还通过加工标准铸铁锥体来验证新建造的机床的加工精度。图 6-12所示为使用新建造的机床加工标准铸铁锥体的过程。表 6-25 列出了考虑不同类型公差要求的加工误差。

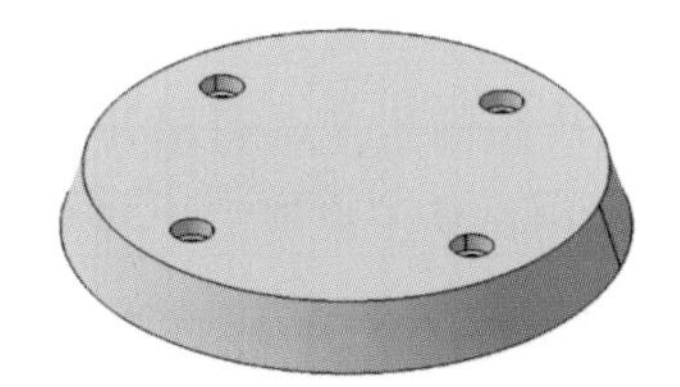

图 6-11 标准铸铁锥体

图 6-12 标准铸铁锥体的加工

表 6-25 机械加工误差

编号	公差类型	公差要求/mm	机械加工误差/mm
T1	圆度	0.10	0.0084
T2	同心度	ϕ0.10	ϕ0.0105

6.3 用可适应设计方法规划大规模个性化产品生产

本节提供的应用基于 Peng 等[3]的研究成果。

6.3.1 简介

能最大限度满足用户需求的产品在市场上具有很强的竞争力。满足用户个性化需求的产品称为个性化产品。利用大规模生产的规模优势制造个性化产品的方式称为大规模个性化产品生产。大规模个性化产品生产可以利用现有生产能力获得最大的效益和市场份额,是工业界追求的目标。

实现产品个性化生产的关键是能够实现用户需求与产品响应之间的交互。因为不同的用户对同一产品的需求不同,运用大规模生产模式提供个性化产品对传统的设计和制造方法有诸多挑战,因而急需一种新的有效的方法来进行大规模个性化产品生产[3]。

产品架构决定产品功能模块的交互模式,并使产品的功能模块相互作用和关联。因此,产品架构通常决定了产品构成细节。采用合理的架构设计有助于实现产品的大规模个性化生产。在产品设计中采用开放式架构而得到的产品称为开放式架构产品(open architecture product,OAP),其可以使得产品开发者和用户紧密连接,从而实现产品的大规模个性化生产。

开放式架构产品由不同功能模块和可适应接口构成,其柔性的产品架构提供了一种特殊的产品制造模式[4]。开放式架构产品可以通过促进用户和第三方供应商参与产品的开发来支持大规模个性化产品的生产。利用开放式架构可以构建支持特定功能需求的个性化产品,并使用户易于根据需求替换原始产品中的个性化模块[5]。这要求实现产品的模块化以及产品接口和结构的兼容性。

可适应设计可以根据用户需求使用模块化方法构建产品功能交互架构。可适应设计使用产品生命周期参数来规划功能需求,在产品生命周期内,用户可以更改产品功能配置,以满足其使用要求。使用可适应设计方法设计的产品具有功能的可扩展性、模块的可升级性和组件的可定制性等特征。

因此,用可适应设计方法来开发开放式架构产品可以实现大规模个性化产品生产。一个开放式架构产品包括三类功能模块:由制造商大批量生产的通用模块、由制造商提供的供用户选择的定制模块,以及由用户或第三方供应商设计和提供的个性化模块[6]。可适应设计使用户能够在开放式架构产品设计及应用阶段选择不同的功能配置,并根据需要更改产品配置。

通过引入开放式的概念来设计产品,可以实现个性化产品的大规模生产。采用开放式架构生产个性化产品,是实现大规模个性化产品生产的一个方向[3]。图 6-13 列出了实现大规模个性化产品生产的要素。下面的讨论首先回顾相关研究背景,然后介绍实现个性化产品生产的具体方法,本节将详细讨论功能模块的规划、设计和模块连接接口,并介绍相关实例。

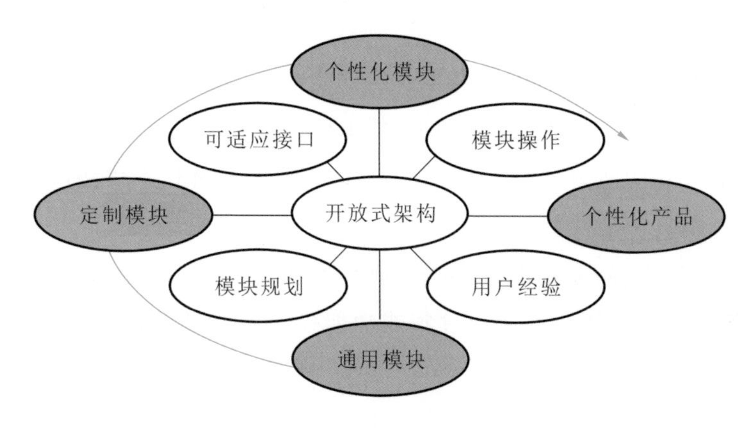

图 6-13 实现大规模个性化产品生产的要素

6.3.2 背景介绍

6.3.2.1 产品架构

产品架构反映了产品功能物理组件的交互模式。常见的产品架构包括集成架构和模块化架构。集成架构将部件集成起来协同实现不同的产品功能,组件之间没有明确的功能边界。集成架构通常用于优化产品的一些关键性能,如与产品尺寸、形状和质量有关的体积和效率要求。

集成架构的设计技术主要有功能共享和几何嵌套。功能共享将多个零件或组件集成到单个物理单元中,从而消除多余的物理零件和组件,实现产品尺寸和质量的最小化。几何嵌套以所需的形状排列产品组件的轮廓以使体积最小。功能共享和几何嵌套有助于形成具有所需功能的高度紧凑的设计,然而几何嵌套会不可避免地导致组件之间的耦合。一体化结构设计难以满足功能变化需求。

模块化架构将产品结构分解为不同的功能模块，使得产品能够通过接口和可互换的模块实现功能变化。模块化架构可以通过更换或升级模块来提高产品的多样性和适应性，模块的更换或升级不影响产品的其他部件。

架构、模块和接口是模块化产品的三个基本特性。架构是功能模块的组合模式。模块是基于物理和功能相似性与功能元件相对应的独立物理单元。这些模块通过接口实现连接。模块的差异可以基于它们对特定功能的实现来识别。接口实现功能交互和模块之间的物理连接，是逻辑或物理模块之间的边界。

与集成架构相比，模块化架构减少了功能共享，会产生额外的成本，如接口费用、更多的零件成本，还会导致空间、能源的次优使用。基于性能的标准化也会导致单独模块的能力过大。简而言之，集成架构具有技术优势，而模块化架构则有利于提升产品性能。

现有大多数产品采用混合架构。研究表明，技术约束会导致架构高度集成，否则产品趋于模块化。可通过集成功能模块对产品性能进行成本效益分析，得出以下结论。

(1) 不存在满足所有需求的理想架构；

(2) 对于可适应的性能需求，模块化架构是最佳选择；

(3) 如果要求结构紧凑，则集成架构是最佳选择。

目前在产品设计中，尚未充分讨论如何在现有的产品基础上实现开放式体系架构。

6.3.2.2 开放式架构产品的可适应设计

可适应设计和公理化设计用相似的概念使产品具有灵活性，以满足不同功能需求，即用功能子集满足不同的需要，从而使系统具有可适应性[7]。现有研究表明，产品的可适应性取决于可适应的架构、模块和接口。

影响产品架构的因素主要有四个，即市场差异、使用差异、技术变化和设计方法。架构与行业的结构标准或要求相关，产品的接口也会影响架构，在利用可适应设计确定产品架构时应该考虑这些因素。

由于可适应设计是基于模块化架构的，因此可适应产品架构应遵循模块化组合的方式。根据模块空间顺序和接口条件，有两种典型的模块组合方式：一个是模块化架构，该架构中每个模块仅连接到其直接相邻模块，另一个是总线架构，该架构中所有模块都连接到一个公共平台。结合两种模块组合方式可形成更复杂的模块架构。

对于可适应设计，一个重要的要求是当调整一个模块时，应该仅影响该模块以下模块的子功能。在开放式架构中，任何向下的功能元件仅与其向上的功能元件交互，而不影响产品的其他部分。开放式架构产品使用公共接口来扩展产品多样性，开放式架构产品由通用模块、定制模块和个性化模块组成，因此，该架构是用结构模块化来实现产品个性化的。

接口在产品模块的连接、转换和交互中起着关键作用，对于开放式架构，接口需要支持产品在生命周期中的模块更换。如果产品个性化内容不足以满足个性化的需求，那么使用有效的接口进行产品个性化也是一种有效方式。适应性强的接口可提高开放式架构产品的模块可替换、可升级和功能可变的能力。

模块之间通过接口连接，形成模块化产品。公理化设计中的独立性公理可以引导模块在功能和物理方面保持独立。研究表明，接口的标准化有利于根据需求变化对产品进行改进。采用图表、标准矩阵和质量屋[8]的方法来表示接口，可以从物理交互方面对接口进行分析并评估产品的总体可适应性。

6.3.2.3 产品个性化

可以根据不同的因素来衡量产品的个性化程度。其中一个因素是考虑产品对个性化需求的可适应性，可把可适应性分为具体可适应性和一般可适应性。具体可适应性可以认为是一个与产品生命周期相关的函数，它可以通过比较对产品进行适应性调整的花费和创造新产品的花费来评估，也可以通过功能的可扩展性、模块的可升级性和组件的可定制性来评估。功能的可扩展性考虑了潜在的功能可扩展性、用于产品改进的模块可升级性以及组件可定制性，以提高产品满足个性化需求的能力。一般可适应性是在设计初期未考虑的产品功能，通过将产品的实际或完整架构与其分离式架构的理想形式进行比较来评估，并根据接口和交互的特征参数进行定量测量。

产品对个性化需求的可适应性也可以用基本可适应性和行为可适应性来定义。基本可适应性反映了修改当前产品以满足新功能需求的能力，如时间、资源和能量。简单的功能修改可以带来良好的产品可适应性。行为可适应性反映了客户对产品的满意程度,它显示可适应活动的成本效益水平。当基本可适应性和行为可适应性都较高时,应对产品实施适应性调整。在三个可适应性层面(产品、模块和部件)上,设计效率均可用于评估实施的可适应性,主要包括产品架构、接口复杂度和操作可行性三个主要因素[9]。在每一层面上,均需对设计方案进行建模和稳健性计算,以便确定最佳的候选设计方案。

总之,产品可采用集成架构或模块化架构进行设计。集成架构利用功能共享和几何嵌套形成高度紧凑的产品。模块化架构采用模块和接口提高产品的可适应性。可适应设计以模块化架构为基础,使用开放式架构、模块和接口实现产品可适应性。开放式架构产品能够有效支持产品个性化的实现。本节接下来介绍个性化产品的设计方法和应用。

6.3.3 大批量个性化产品设计方法

6.3.3.1 基于开放式架构的个性化产品模块规划

个性化产品的模块类型可以综合应用质量功能展开和公理化设计方法,即第 5.1.1 节中介绍的方法进行规划[10]。我们将变化性程度扩展为不同组件的量化评估指标,以确定产品功能模块的差异。将多样化的加权系数用于定量描述,以确定模块类型。

用设计结构矩阵(DSM)对产品零件进行聚类以确定零件的变化性程度。根据其变化性程度,根据变量的两个阈值将零件分为三类模块。阈值是根据变量的技术要求来确定的。从需求变化来看,可以基于制造商的数据和用户需求变化来确定不同的阈值。根据零件和其变化性程度间的关系,可以将零件聚类到开放式架构产品的不同模块中。

6.3.3.2 个性化产品详细设计

我们以电动汽车为例介绍个性化产品的详细设计过程。图 4-26 展示了电动汽车由电力驱动通过能量或力转换实现运行的过程,其能量/力的转换过程如图 4-27 所示,功能零部件的检索实现过程如图 4-28 所示。

6.3.4 案例研究

这里介绍一种针对个性化需求的多用途电动汽车。多用途电动汽车可用于小企业或家庭短途通勤和购物。调查发现,用户需要不同的方向盘选项和不同负载的行李箱,将多用途电动汽车设计为个性化产品以满足不同用户在产品生命周期中的需求[3]。用前面提出的方法开发多用途电动汽车的步骤如下:

(1) 根据用户需求对多用途电动汽车模块进行规划;

(2) 形成各功能模块和接口;

(3) 实现个性化需求解决方案。

6.3.4.1 模块规划

多用途电动汽车的需求由用户调查收集。表6-26列出了从用户需求(CRs)到功能需求(FNs)的映射。

表6-26 用户需求(CRs)到功能需求(FNs)的映射

用户需求	功能需求
承载不同负载	散货集装箱;包装箱平台
易于控制	手柄转向;方向盘;脚加速和脚刹车
使用电力	驱动系统;住宅和公共用电
在不同的道路上行驶	减少道路冲击的弹簧支架
在不同天气条件下使用	防风;防雨
安全性	车身;底盘;框架
驾驶员舒适性	汽车座椅

用扩展的QFD规划多用途电动汽车模块。根据多用途电动汽车的使用寿命确定用户需求变量。在表6-27的最后一列,需求的可能变化被称为预期变化(ECs),是用户需求变化的估计值。考虑到多用途电动汽车的当前功能需求(FNs)和预期变化(ECs),使用式(4-62)至式(4-64)计算技术要求的变化系数(VC)、技术重要性权重(TIW)、技术重要性权重的相对重要性(rTIW)和加权变化系数(wCOV),如表6-27所示,结果用于规划功能模块。

使用式(4-65)至式(4-67)确定变化性程度(DV),以确定功能需求的变化。DV越大,功能需求越有可能用个性化模块实现。通用模块用于满足变化性程度小于60%的功能需求,变化性程度超过70%的功能需求用个性化模块实现,定制模块用于满足变化性程度为60%~70%的功能需求。因此,针对不同的功能需求,可确定7个模块用以构建多用途电动汽车。

表 6-27　用扩展的 QFD 规划多用途电动汽车模块

用户需求	功能需求																
	散货集装箱	包装箱平台	手柄转向	方向盘	脚加速	脚刹车	住宅用电	公共用电	减少道路冲击的弹簧支架	防风	防雨	车身	底盘	框架	汽车座椅	用户需求质量	预期变化
承载不同负载	6	6	1	1	0	0	0	0	1	0	0	3	3	1	0	5	3
易于控制	0	0	6	6	6	6	1	1	0	1	1	0	0	0	0	5	1
使用电力	0	0	0	0	0	0	6	6	0	0	0	0	0	0	0	5	1
在不同的道路上行驶	3	3	1	1	1	1	1	1	6	1	1	1	1	1	3	3	1
在不同天气条件下使用	3	3	1	1	1	1	1	1	1	6	6	1	1	1	1	3	3
安全性	1	1	3	3	1	1	3	3	1	3	3	3	3	6	3	5	1
驾驶员舒适性	0	0	3	3	1	1	0	0	3	6	6	3	3	3	6	3	2
变化系数	31	31	22	22	13	13	14	14	19	35	35	22	22	19	21		
技术重要性权重	53	53	65	65	44	44	56	56	40	59	59	45	45	50	45		
技术重要性权重的相对重要性	6.8%	6.8%	8.3%	8.3%	5.6%	5.6%	7.2%	7.2%	5.1%	7.6%	7.6%	5.8%	5.8%	6.4%	5.8%		
加权变化系数	2.11	2.11	1.84	1.84	0.73	0.73	1.01	1.01	0.98	2.65	2.65	1.27	1.27	1.22	1.21		
确定设计功能变化值	79.59%	79.59%	69.27%	69.27%	27.71%	27.71%	37.98%	37.98%	36.82%	100%	100%	47.96%	47.96%	46.02%	45.78%		
模型类别	V_P	V_P	V_C	V_C	C	C	C	C	C	V_P	V_P	C	C	C	C		

注　相关系数(强对应 6,中对应 3,弱对应 1,无对应 0),用户需求的预期变化分为三种:高(H=3),中(M=2),低(L=1)。
表中第一列的内容对应表 6-28 的用户需求(CRs),第一行的内容对应表 6-28 的功能需求(FNs)。

6.3.4.2 模块详细设计

使用前面提出的方法，将产品概念转换为物理组件，从零件数据库中查找机械零部件，结合车辆设计经验，可确定由35个机械零部件组成7个功能模块的物理结构，如表6-28和图6-14所示。零部件和模块的关系如表6-29所示。

表6-28 电动汽车的零部件

编号	零部件名称	编号	零部件名称
1	车身底框架	19	制动面板和制动缸
2	中央转向臂	20	转速控制器
3	主轴(左、右)	21	安全框架
4	轮毂	22	蓄电池组
5	横拉杆和球头接头	23	挡风玻璃框架
6	前弹簧和安装支架	24	挡风玻璃
7	前悬架臂	25	手柄
8	后弹簧和安装支架	26	转向轴
9	悬架连接件	27	支撑构件
10	电动机和差速器	28	万向节组套
11	主动轴和万向组	29	方向盘
12	后悬架框架	30	转向轴和减速器
13	后制动鼓和驱动桥	31	支撑构件
14	前车身部分	32	万向节组套
15	喷涂罩	33	散货集装箱
16	保险杠和灯具	34	载物平台
17	车轮	35	车顶
18	驾驶员座椅		

下面以通用模块为例介绍详细设计。通过通用模块执行转向、驱动操作，并实现底盘、车身、安全框架和车轮的功能。其是7个模块中最复杂的结构，模块的详细设计如下。

转向系统中，旋转运动由花键转向轴输入，使得车轮偏转以实现转向。采用横拉杆和一个中央转向臂来形成阿克曼(Ackermann)转向几何结构，实现对两车轮的连接并使得旋转运动向两车轮传递，如图 6-15(a)所示。转向系统的其他机械元件包括球形接头和主轴。

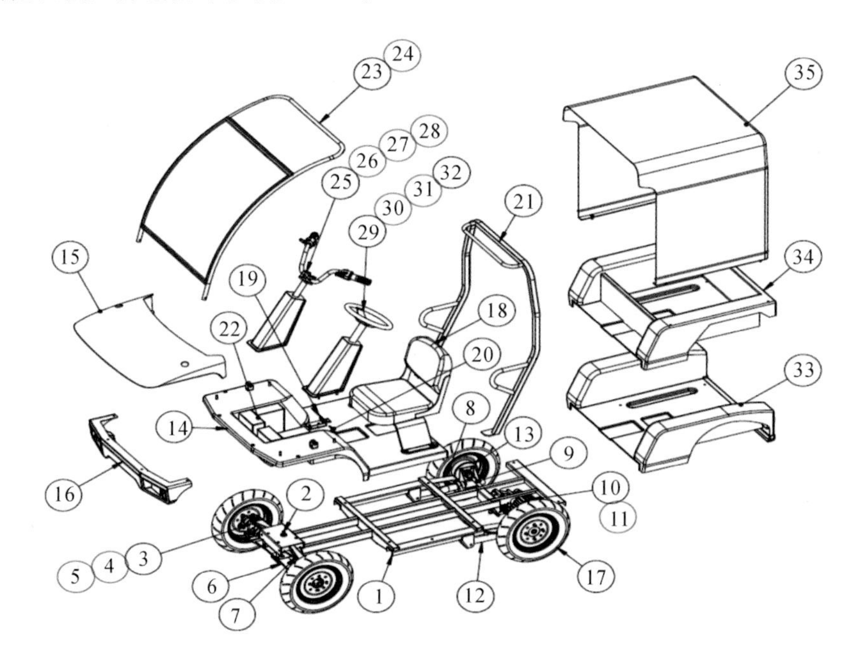

图 6-14　电动汽车的组成

表 6-29　电动汽车模块和零部件

零部件	模块	类型
1～22	1——多用途电动汽车平台	通用模块
23、24	6——挡风玻璃	个性化模块
25～28	2——手柄转向	定制模块
29～32	3——方向盘转向	定制模块
33	4——装载箱	个性化模块
34	5——装载平台	个性化模块
35	7——车顶	个性化模块

驱动装置是一个能量转换系统，由蓄电池、用脚操作的速度控制器、用脚制动的面板单元以及用于驱动和制动的两个车轮组成，如图 6-15(b)所示。电动机、差速器单元用于电-运动转换和运动分配。

通过比较不同汽车结构的技术可行性和实现成本，在底盘框架设计中使用

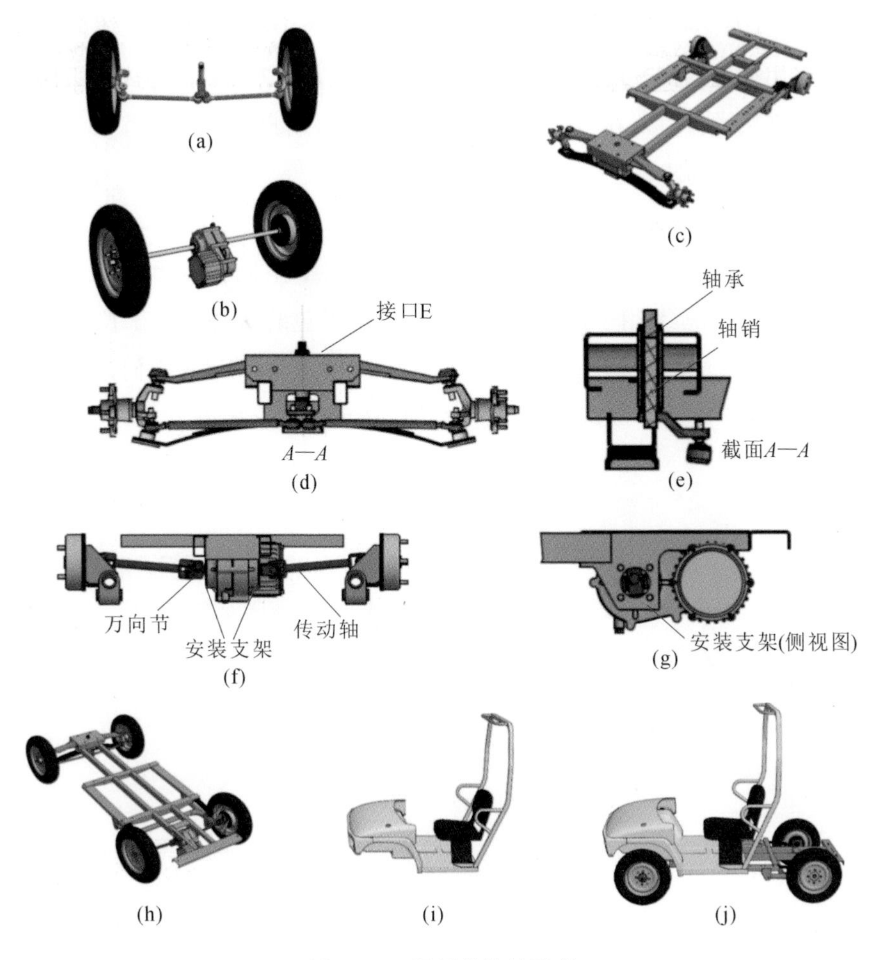

图 6-15　通用模块的形成

摆臂和钢板弹簧悬架，如图 6-15(c)所示。转向子系统与底盘的组合如图 6-15(d)(e)所示。底盘通过接口 E 连接转向系统，转向由转向轴和轴承实现。

驱动系统和底盘的组合如图 6-15(f)(g)所示。为避免固定式电动机/差速器与两个振动轮之间的传动冲突，将直线旋转变速器调整为两个万向节变速器，使用两个安装支架。两个万向节变速器是用两个驱动轴和万向节实现的。电动机和差速器固定在底盘上，将动力传输至车轮。

将上述部件组合成一个完整的模块，即底盘，以支承转向和驱动系统，如图 6-15(h)所示。图 6-15(i)中增加了前车身和座椅单元，图 6-15(j)所示是最后形成的通用模块。

因此，针对多用途电动汽车不同需求设计了 7 个模块，以满足不同的用户需求。多用途电动汽车的所有机型都需要通用模块，以及用于连接通用模块和其他功能模块的接口。在多用途电动汽车应用中，用户可方便地替换个性化模块来满足自己的需求。

6.3.4.3 接口设计

对于散装和包装货物，接口 A 的设计考虑了空间需求和装载质量，如图 6-16所示。工况 A 用于散装货物，工况 B 用于包装货物。对于挡风玻璃和车顶模块，为了防止气流和雨滴，设计了接口 B、C 和 D，用以将它们连接到通用模块，如图 6-17 所示。接口 E 用于连接转向选项的两个模块。

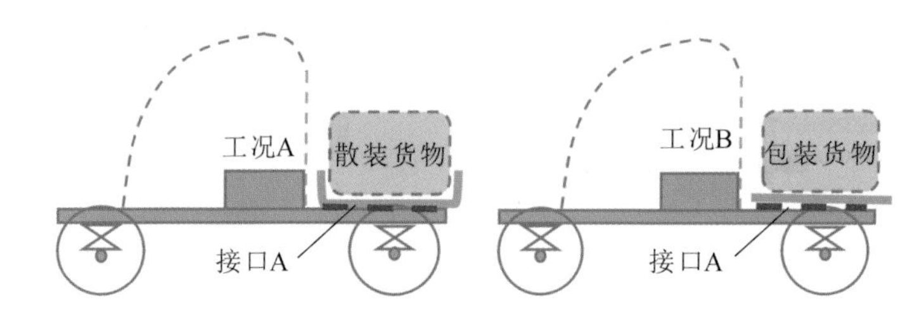

图 6-16　接口 A

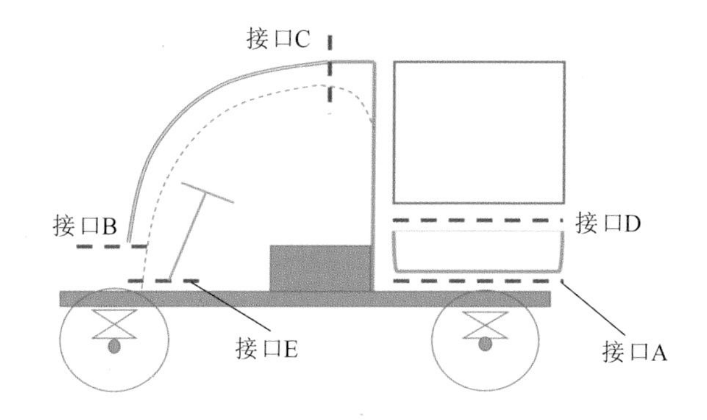

图 6-17　接口 A、B、C、D、E

由于模块功能是独立考虑的，以满足开放式架构的要求，这些模块可以在产品生命周期内由用户添加或替换。考虑接口的排列、紧固、相互作用、装配以及拆卸，接口的机械结构设计如下。

(1) 接口 A 用于连接装运散装货物或包装货物的模块。首选方案是一组具有侧面轮廓约束的平面，以限制六个自由度。这使模块可用底部支撑负载。

(2) 接口 B 和 C 用于连接挡风玻璃模块。每个连接点采用两个紧固点,总共有四个紧固点,以限制模块的六个自由度。

(3) 接口 D 连接模块 7。优选方案是一组具有侧面轮廓约束的平面。

(4) 接口 E 用于将模块 2 或 3 连接到模块 1。优选方案是一组用于连接/断开的平面。

(5) 接口中使用的螺钉和螺母的类型与尺寸相同,用户可使用相同螺丝刀和扳手进行装配和拆卸。

最后这七个模块可以通过接口进行不同组合,形成十多个不同的电动汽车车型。图 6-18 展示了这些模块以及由平台与所选择的定制模块和个性化模块形成的两种车型(A 型车和 B 型车)。

图 6-18　多用途电动汽车模块和车型

6.3.5　个性化分析

产品个性化源于开放式架构产品可以支持产品功能变化的优势。可通过在产品通用模块中增加或更换个性化模块来满足个性化需求。因此，开放式架构是产品个性化的一个重要特征。开放式架构允许产品接受个性化功能模块。产品是否满足开放性要求分为以下三种情况。

(1) 产品有足够的空间，允许在没有任何障碍物的情况下添加或更换模块。用户可以方便地进行模块的添加和更换。

(2) 产品有增加模块的空间，增加或更换模块可能导致产品原有模块的拆装。虽然如此，用户仍能进行模块的添加和更换。

(3) 产品中没有足够的空间，用户不能添加和更换模块。

多用途电动汽车的开放式架构是采用前面介绍的方法实现的。模块化结构确保了产品的个性化。汽车产品可通过功能模块组合形成不同的类型，以满足个性化需求。未来的需求可以通过增加更多由用户提供或由第三方开发的个性化模块来满足。

6.3.6 总结

开放式架构在以下两个方面具有支持大规模个性化产品生产的潜力。

(1) 不同的用户和行业可以参与产品开发，因此可以开发新的设计来满足细分市场需求，从而有助于生产大规模个性化产品。

(2) 通过可适应设计集成不同来源的技术用于产品模块开发，可以在技术集成中实现大规模个性化产品生产。

因此，利用开放式架构实现大规模个性化产品生产具有下列优点。

(1) 更好的功能：结合新的技术来改进产品设计。

(2) 高品质：利用经过实践验证的模块和相关的知识。

(3) 低成本：可重复使用设计和模块。

(4) 交付时间短：重复利用已有的设计和制造工艺。

(5) 个性化：采用个性化模块满足变化的需求。

(6) 环保：延长产品使用寿命，减少废弃物。

然而，大规模个性化产品生产还处于早期研究阶段。作为一个概念，它具有明显的优势。作为一种方法，虽然不完整，但它已经用于各种产品开发。要想把它发展成一种具有成本效益的生产方法，还需要付出巨大的努力。为了将开放式架构应用到工业界，需要开发一个软件工具，以便工程师在日常设计过程中使用。

6.4 工业涂布机的可适应设计

本节提供的应用基于 Chen 等[11]的研究成果。

工业涂布机是典型的印刷设备,用于在基材上涂布某些液体以改善表面性能。市场上客户需求多样化,生产商需要开发能够适应客户需求变化的产品。由于传统的涂布机不能满足不同的功能需求,因此需要一种可适应性强的涂布机。下面介绍采用开放式架构来构建具有不同功能的可适应涂布机。

涂布机结构包括六个功能模块:M_1 退卷模块、M_2 进料模块、M_3 涂敷模块、M_4 干燥机模块、M_5 出料模块和 M_6 复卷模块,如图 6-19 所示。

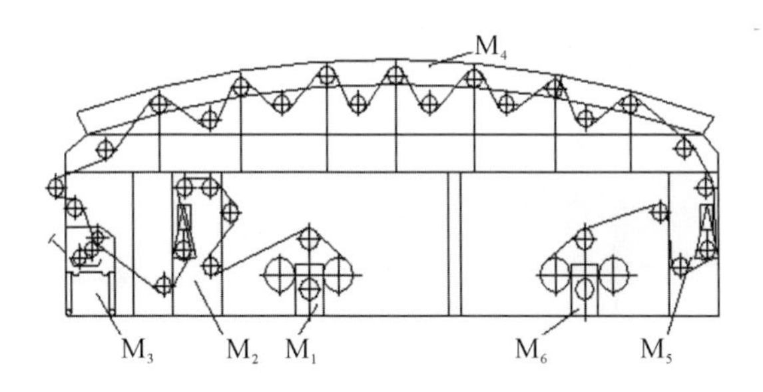

图 6-19 工业涂布机模块结构

M_1—退卷模块;M_2—进料模块;M_3—涂敷模块;M_4—干燥机模块;M_5—出料模块;M_6—复卷模块

图 6-20 所示为构成可适应涂布机的通用模块、接口和不同模块的连接关系。可采用不同的模块来满足不同的客户需求。模块 M_1、M_2、M_5 和 M_6 用于构建通用模块,而模块 M_3 和 M_4 是定制模块或个性化模块,用来满足特殊的需求。通用模块是大规模生产模块。M_2 包括进料柱子模块($M_{2.1}$)和进料张力子模块($M_{2.2}$)。M_5 包括出料柱子模块($M_{5.1}$)和出料张力子模块($M_{5.2}$)。通用模块为其他模块的控制、定位和能量供应提供支持。

M_3 为涂敷模块,由涂敷柱子模块($M_{3.1}$)、涂敷头子模块($M_{3.2}$)和涂敷台车子模块($M_{3.3}$)组成,涂敷头子模块通过涂敷台车子模块的接口与涂敷柱子模块连接,如图 6-21 所示。M_4 是干燥机模块,由干燥机框架子模块($M_{4.1}$)和干燥机盒子模块($M_{4.2}$)组成,接口将基准面和定位导轨连接起来,实现涂敷台车与主机的精确可靠对接。

每种模块都可以有不同的变化。例如,$M_{3.2}$ 为一套用于不同涂敷工艺的涂

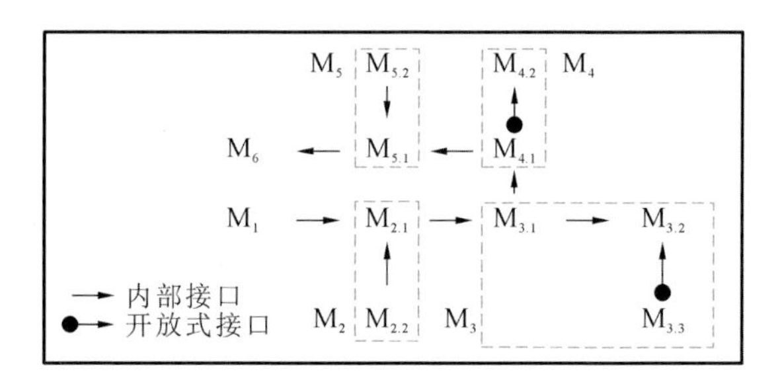

图 6-20　可适应涂布机中的模块连接

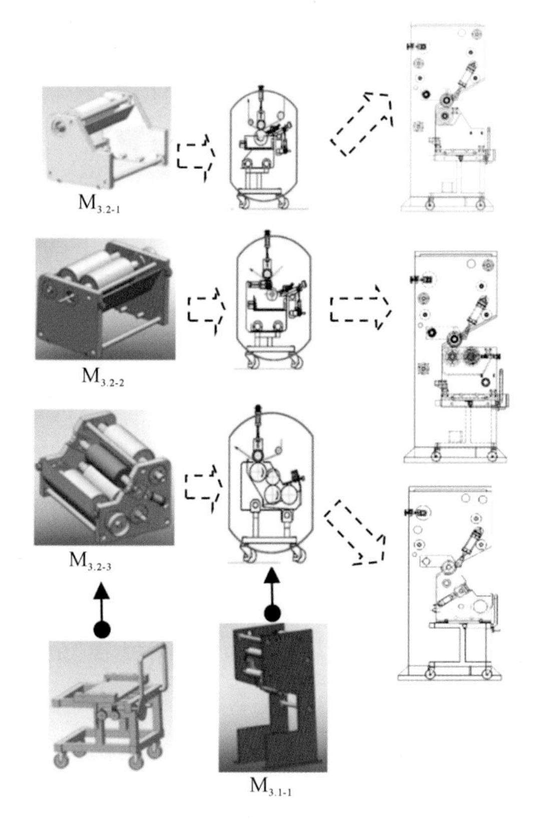

图 6-21　涂敷模块的连接

敷头子模块，包括直接式凹版涂敷头（$M_{3.2\text{-}1}$）、三辊转印涂敷头（$M_{3.2\text{-}2}$）和五辊无溶剂涂敷头（$M_{3.2\text{-}3}$）；干燥机盒子模块（$M_{4.2}$）包括电加热干燥炉（$M_{4.2\text{-}1}$）、微波干燥炉（$M_{4.2\text{-}2}$）和天然干燥炉（$M_{4.2\text{-}3}$）。

根据以上分析，涂敷模块和干燥机模块可以作为个性化模块，通过接口连接到涂布机通用模块。基于该涂布机具体的机械结构，通过与立柱模块的连接，将涂敷模块连接到通用模块。

由于可适应涂布机采用模块化架构，可准备不同功能的个性化模块，即多种类型的涂敷台车和干燥机，以适应不同的产品功能变化。为了满足从排放有害挥发物的溶剂涂层到几乎不排放有害挥发物的无溶剂涂层的个性化需求，制造商基于上述架构开发了三种不同类型的涂布机，以满足三个不同阶段的功能要求，如图 6-22 所示。

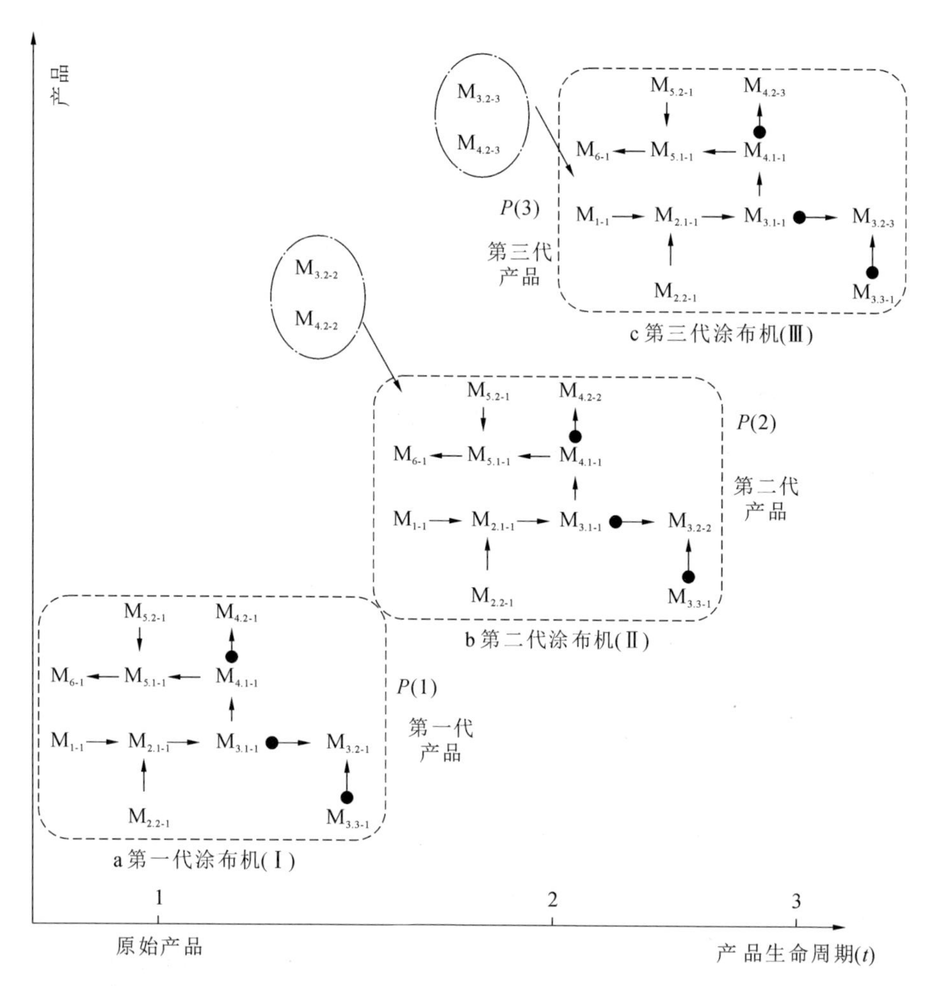

图 6-22　三种涂布机配置

实现产品可适应性 c_a 和开放性 c_I 的成本的计算公式如下：

$$c_a(P_t) = \frac{c(P_t)}{A(P_t)} \tag{6-2}$$

$$c_1(P_t) = \frac{c(P_t)}{A(P_t)}(1 + I(P_t)) \tag{6-3}$$

式中：$c(P_t)$为产品配置 P_t 中所有模块的成本之和；$A(P_t)$为产品配置的可适应性；$I(P_t)$为产品配置 P_t 的开放性。

表 6-30 和表 6-31 总结了涂布机产品的模块及其配置。为了满足客户新需求，还准备了一些不同成本的个性化模块以供选用，如表 6-32 所示。现有涂布机的成本、可适应性和开放性如表 6-33 所示。

表 6-30　涂布机产品的模块

模块	类型	阶段	模型例子	成本/美元
个性化模块	涂敷头($M_{3.2}$)	Ⅰ	直接式凹版涂敷头($M_{3.2\text{-}1}$)	5046
		Ⅱ	三辊转印涂敷头($M_{3.2\text{-}2}$)	13308
		Ⅲ	五辊无溶剂涂敷头($M_{3.2\text{-}3}$)	31128
	干燥机(M_4)	Ⅰ	电加热滚筒式干燥箱($M_{4\text{-}1}$)	17347
		Ⅱ	微波加热浮动炉($M_{4\text{-}2}$)	19386
		Ⅲ	天然干燥炉($M_{4\text{-}3}$)	9885
功能模块	退卷 (M_1)	Ⅰ，Ⅱ，Ⅲ	放线装置($M_{1\text{-}1}$)	6623
	进料柱 ($M_{2.1}$)	Ⅰ，Ⅱ，Ⅲ	进料柱($M_{2.1\text{-}1}$)	5000
	进料张力($M_{2.2}$)	Ⅰ，Ⅱ，Ⅲ	进料张力装置($M_{2.2\text{-}1}$)	10723
	涂敷柱($M_{3.1}$)	Ⅰ，Ⅱ，Ⅲ	涂敷柱($M_{3.1\text{-}1}$)	4000
	涂敷台车($M_{3.3}$)	Ⅰ，Ⅱ，Ⅲ	涂敷台车($M_{3.3\text{-}1}$)	1500
	出料柱 ($M_{5.1}$)	Ⅰ，Ⅱ，Ⅲ	出料柱($M_{5.1\text{-}1}$)	3000
	出料张力($M_{5.2}$)	Ⅰ，Ⅱ，Ⅲ	出料张力装置($M_{5.2\text{-}1}$)	6308
	复卷(M_6)		复卷装置($M_{6\text{-}1}$)	7885

表 6-31　涂布机产品模块配置

阶段	常见模块	个性化模块	总成本/美元
阶段一	$M_{1\text{-}1}$，$M_{2.1\text{-}1}$，$M_{2.2\text{-}1}$，$M_{3.1\text{-}1}$，$M_{3.3\text{-}1}$，$M_{5.1\text{-}1}$，$M_{5.2\text{-}1}$，$M_{6\text{-}1}$	$M_{3.2\text{-}1}$，$M_{4\text{-}1}$	67432
阶段二	$M_{1\text{-}1}$，$M_{2.1\text{-}1}$，$M_{2.2\text{-}1}$，$M_{3.1\text{-}1}$，$M_{3.3\text{-}1}$，$M_{5.1\text{-}1}$，$M_{5.2\text{-}1}$，$M_{6\text{-}1}$	$M_{3.2\text{-}2}$，$M_{4\text{-}2}$	77733
阶段三	$M_{1\text{-}1}$，$M_{2.1\text{-}1}$，$M_{2.2\text{-}1}$，$M_{3.1\text{-}1}$，$M_{3.3\text{-}1}$，$M_{5.1\text{-}1}$，$M_{5.2\text{-}1}$，$M_{6\text{-}1}$	$M_{3.2\text{-}3}$，$M_{4\text{-}3}$	86052

表 6-32　用于满足未来需求的模块

模块类型	模块实例	成本/美元
涂敷头($M_{3.2}$)	直接式凹版涂敷头($M_{3.2\text{-}5}$)	4500
	五辊无溶剂涂敷头($M_{3.2\text{-}4}$)	30020
干燥机(M_4)	—	—
退卷(M_1)	退绕装置($M_{1\text{-}2}$)	6520
	退绕装置($M_{1\text{-}3}$)	6800
进料柱($M_{2.1}$)	进料柱($M_{2.1\text{-}2}$)	4500
	进料柱($M_{2.1\text{-}3}$)	5500
进料张力($M_{2.2}$)	进料张力装置($M_{2.2\text{-}1}$)	9725
	进料张力装置($M_{2.2\text{-}3}$)	11720
涂敷柱($M_{3.1}$)	涂敷柱($M_{3.1\text{-}2}$)	3500
	涂敷柱($M_{3.1\text{-}3}$)	4200
涂敷台车($M_{3.3}$)	涂敷台车($M_{3.3\text{-}2}$)	1400
	涂敷台车($M_{3.3\text{-}3}$)	1600
出料柱($M_{5.1}$)	出料柱($M_{5.1\text{-}2}$)	2900
	出料柱($M_{5.1\text{-}3}$)	3150
出料张力($M_{5.2}$)	出料张力装置($M_{5.2\text{-}2}$)	6100
	出料张力装置($M_{5.2\text{-}3}$)	6500
复卷(M_6)	复卷装置($M_{6\text{-}2}$)	7500
	复卷装置($M_{6\text{-}3}$)	8000

表 6-33　现有涂布机的成本、可适应性和开放性

配置	$c(P_t)$/美元	$A(P_t)$	$I(P_t)$	$c_a(P_t)$/美元	$c_I(P_t)$/美元
Ⅰ	67432	1	2	67432	202296
Ⅱ	77733	1.579	1.421	49229	119184
Ⅲ	86052	2.047	1.477	42036	104128

6.5 开放式架构纸袋折叠机

本节提供的应用基于 Zhang 等[12]的研究成果。

纸袋折叠机(简称折袋机)用于将包装纸折叠成所需的形状。现有的折袋机是为满足用户对包装袋的具体折叠要求而设计的。虽然制造商可以更改各种功能模块以满足不同的用户需要,但所有功能都在设备制造完成时固定了。在机器运行过程中,用户可能需要对纸袋的类型和形状进行改变。但现有折袋机难以满足这些个性化要求。

本应用开发了一种开放式架构折袋机,以满足不同的个性化要求。通常,折袋机中的包装模块是根据纸袋类型或形状方面的具体要求开发的。如图 6-23 所示,本设计将在运行阶段需要更改的包装模块作为个性化附加模块设计。根据需求,本设计开发了相应的开放式接口,以将客户或第三方厂商提供的包装模块连接到机器平台。根据折袋机的操作流程,开放式架构折袋机需要 6 个包装模块和 6 个开放式接口。由于这些模块和开放式接口相似,这里只介绍一个包装模块和一个开放式接口的设计。

图 6-23 纸袋折叠机(汕头轻工装备研究院提供)

6.5.1 开放式接口的初步设计

1. 开放式接口建模

折袋机的包装模块(即个性化附加模块)是根据包装袋的具体形状设计的。

本案例中设计了一个开放式接口，用于连接包装模块和平台。折袋机中开放式接口的初始设计如图 6-24 所示，开放式接口的组件汇总在表 6-34 中。

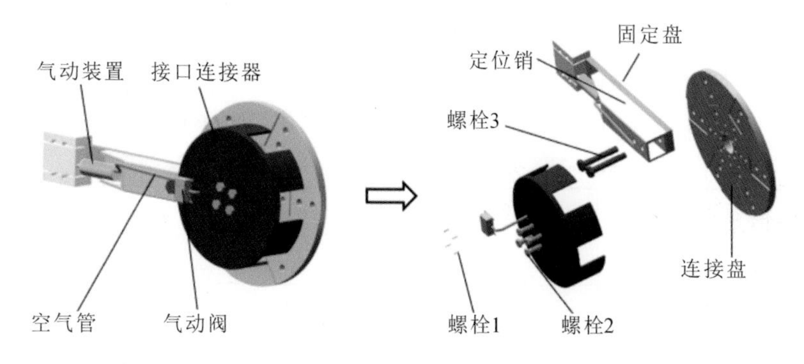

图 6-24　初始设计的包装模块

表 6-34　开放式接口组件列表

<table>
<tr><td rowspan="8">平台接口</td><td rowspan="5">零部件</td><td>P_1^I</td><td>连接盘</td></tr>
<tr><td>P_2^I</td><td>接口锁紧部件</td></tr>
<tr><td>P_3^I</td><td>螺栓 1 个</td></tr>
<tr><td>P_4^I</td><td>气动阀</td></tr>
<tr><td>P_5^I</td><td>螺栓 2 个</td></tr>
<tr><td rowspan="3">零件装配关系</td><td>R_1^I</td><td>P_1^I 和 P_2^I 之间的组合关系</td></tr>
<tr><td>R_2^I</td><td>P_1^I、P_2^I 和 P_5^I 之间的装配关系</td></tr>
<tr><td>R_3^I</td><td>P_2^I 和 P_4^I 之间的组合关系</td></tr>
<tr><td rowspan="6">接口连接器</td><td rowspan="4">零部件</td><td>P_1^{IC}</td><td>螺栓 3 个</td></tr>
<tr><td>P_2^{IC}</td><td>固定板</td></tr>
<tr><td>P_3^{IC}</td><td>固定式电杆</td></tr>
<tr><td>P_4^{IC}</td><td>空气管</td></tr>
<tr><td rowspan="2">零件装配关系</td><td>R_1^C</td><td>P_2^{IC} 和 P_3^{IC} 之间的装配关系</td></tr>
<tr><td>R_2^C</td><td>P_2^{IC}、P_3^{IC} 和 P_1^{IC} 之间的装配关系</td></tr>
<tr><td rowspan="4" colspan="2">接口与连接器装配关系</td><td>R_1^{IC}</td><td>P_2^{IC} 和 P_1^I 之间的装配关系</td></tr>
<tr><td>R_2^{IC}</td><td>P_2^I 和 P_3^{IC} 之间的装配关系</td></tr>
<tr><td>R_3^{IC}</td><td>P_1^{IC} 和 P_1^I、P_2^I 之间的装配关系</td></tr>
<tr><td>R_4^{IC}</td><td>P_4^I 和 P_4^{IC} 之间的装配关系</td></tr>
</table>

2. 开放式接口功能可适应性量化

开放式接口的输入和输出用于量化开放式接口功能的可适应性。包装模块接口的理想输入和输出变化范围表示为

$$R_R=(I_1, I_2, O_1) \tag{6-4}$$

式中：I_1、I_2、O_1 表示开放式接口的理想输入和输出，如表 6-35 所示。

表 6-35　开放式接口的理想输入和输出范围

输入/输出参数	符号	范围	单位
气压	I_1	[0.4,0.7]	MPa
预加载	I_2	[2.0,10.0]	kN
压力	O_1	[100,150]	N

由于开放式接口中零件的约束，开放式接口设计的输入和输出存在一个可行变化范围，可表示为

$$R_{O1}=(I_1^{S1}, I_2^{S1}, O_1^{S1}) \tag{6-5}$$

式中：I_1^{S1}、I_2^{S1}、O_1^{S1} 表示开放式接口的可行输入和输出，如表 6-36 所示。

表 6-36　开放式接口的可行输入和输出范围

输入/输出参数	符号	范围	单位
气压	I_1^{S1}	[0.4,0.7]	MPa
预加载	I_2^{S1}	[2.0,7.5]	kN
压力	O_1^{S1}	[100,140]	N

根据表 6-35 和表 6-36 以及式(6-4)和式(6-5)，得出该开放式接口的功能可适应性为[12]

$$A_F=0.55 \tag{6-6}$$

3. 开放式接口结构可适应性量化

表 6-34 和图 6-24 所示的零件 P_3^I、P_4^I、P_5^I、P_1^{IC} 和 P_4^{IC} 是按照国际标准进行选择的，相应的可适应性评估因子为 1。零件 P_1^I、P_2^I、P_2^{IC} 和 P_3^{IC} 按企业标准设计，可适应性评价因子设定为 0.2。开放式接口结构可适应性为[12]

$$A_S=(5\times1+4\times0.2)/9=0.64 \tag{6-7}$$

4. 开放式接口制造可适应性量化

如表 6-34 所示，平台接口和接口连接器由螺栓、固定板、电杆、气动阀、接口

锁紧部件和连接盘组成。根据制造现场收集的数据，接口连接器的零部件制造成本 $C_{M(P^C)}$ 为200元，接口连接器部件的组装成本 $C_{A(R^C)}$ 是30元。因此，接口连接器的制造成本 $C_M = C_{M(P^C)} + C_{A(R^C)} = 230$ 元，即0.023万元。开放式接口的制造可适应性为[12]

$$A_M = e^{-0.23} = 0.79 \tag{6-8}$$

5.开放式接口操作可适应性量化

对于开放式接口，平台接口与接口连接器的装配关系如表6-34所示。根据制造现场收集的数据，平台接口和接口连接器的装配成本 C_A 为90元，平台接口和接口连接器的拆卸成本 C_D 为30元。因此，平台接口和接口连接器的拆装费用可按 $C_O = C_A + C_D = 120$ 元计算，也可按0.012万元计算。开放式接口操作适应性 A_O 可计算为[12]

$$A_O = e^{-0.12} = 0.89 \tag{6-9}$$

6.敏感性分析

在本设计中，考虑功能、结构、制造和操作可适应性，计算开放式接口的总体可适应性。敏感性分析如表6-37所示。从表6-37的分析结果来看，将开放式接口的 P_2^I、P_2^{IC} 和 P_3^{IC} 确定为对接口可适应性影响最大的部分。此外，R_1^I、R_2^I、R_2^C 和 R_2^{IC} 被确定为对接口可适应性影响最大的装配关系。

表6-37 接口可适应能力的敏感性分析

组件			功能级别的敏感度(DS_F)	结构面敏感度(DS_S)	制造水平的敏感度(DS_M)	操作级别的敏感度(DS_O)
平台接口	零部件	P_1^I	0.05	0.08	0	0
		P_2^I	0.05	0.1	0	0
		P_3^I	0.05	0.05	0	0
		P_4^I	0.1	0.05	0	0
		P_5^I	0.1	0.05	0	0
	零件装配关系	R_1^I	0.03	0.1	0	0
		R_2^I	0.1	0.1	0	0
		R_3^I	0.05	0.05	0	0

续表

组件			功能级别的敏感度(DS_F)	结构面敏感度(DS_S)	制造水平的敏感度(DS_M)	操作级别的敏感度(DS_O)
接口连接器	零部件	P_1^{IC}	0.08	0.05	0.1	3
		P_2^{IC}	0.05	0.08	0.1	0
		P_3^{IC}	0.08	0.08	0.25	0
		P_4^{IC}	0.15	0.08	0.25	0
	零件装配关系	R_1^C	0.08	0.1	0.15	0
		R_2^C	0.15	0.1	0.15	0
接口与连接器装配关系	R_1^{IC}		0	0	0	0
	R_2^{IC}		0	0	0	0
	R_3^{IC}		0	0	0	0
	R_4^{IC}		0	0	0	0

6.5.2 纸袋折叠机开放式接口的改进设计

1. 重新设计后的开放式接口建模

根据敏感性分析结果(见表 6-37),对开放式接口进行重新设计,如图 6-25 所示。与图 6-24 相比,表 6-34 中的接口锁紧部件、螺栓、固定式电杆以及部件之间的装配关系 R_1^I 和 R_2^I 被修改。重新设计的开放式接口如表 6-38 所示。

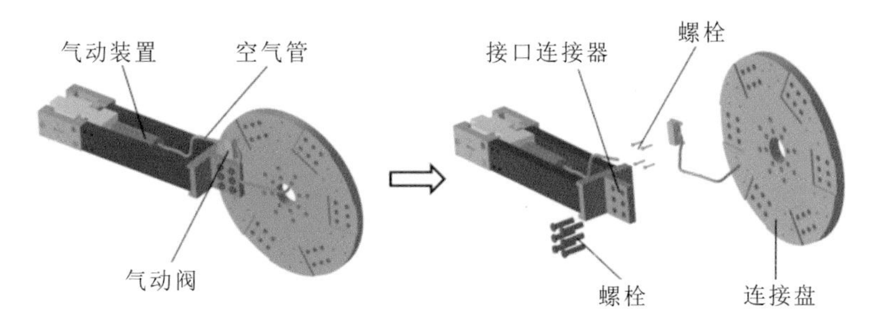

图 6-25 重新设计的开放式接口

表 6-38　重新设计的开放式接口建模

平台接口	零部件	$\mathrm{P}_1^{\mathrm{I}}$	连接盘
		$\mathrm{P}_2^{\mathrm{I}}$	气动阀
		$\mathrm{P}_3^{\mathrm{I}}$	螺栓 4 个
	零件装配关系	$\mathrm{R}_1^{\mathrm{I}}$	$\mathrm{P}_1^{\mathrm{I}}$ 和 $\mathrm{P}_2^{\mathrm{I}}$ 之间的装配关系
		$\mathrm{R}_2^{\mathrm{I}}$	$\mathrm{P}_1^{\mathrm{I}}$、$\mathrm{P}_2^{\mathrm{I}}$ 和 $\mathrm{P}_3^{\mathrm{I}}$ 之间的装配关系
接口连接器	零部件	$\mathrm{P}_1^{\mathrm{IC}}$	螺栓 5 个
		$\mathrm{P}_2^{\mathrm{IC}}$	接口连接器
		$\mathrm{P}_3^{\mathrm{IC}}$	空气管
	零件装配关系	$\mathrm{R}_1^{\mathrm{C}}$	$\mathrm{P}_1^{\mathrm{IC}}$ 和 $\mathrm{P}_2^{\mathrm{IC}}$ 之间的装配关系
接口与连接器的装配关系		$\mathrm{R}_1^{\mathrm{IC}}$	$\mathrm{P}_1^{\mathrm{IC}}$、$\mathrm{P}_2^{\mathrm{IC}}$ 和 $\mathrm{P}_1^{\mathrm{I}}$ 之间的装配关系
		$\mathrm{R}_2^{\mathrm{IC}}$	$\mathrm{P}_2^{\mathrm{I}}$ 和 $\mathrm{P}_3^{\mathrm{IC}}$ 之间的装配关系

2. 重新设计的开放式接口功能可适应性量化

对于重新设计的开放式接口，接口的输入和输出的可行变化范围 R_{O2} 可表示为

$$R_{\mathrm{O2}} = (I_1^{\mathrm{S2}}, I_2^{\mathrm{S2}}, O_1^{\mathrm{S2}}) \tag{6-10}$$

式中：I_1^{S2}、I_2^{S2}、O_1^{S2} 表示重新设计的开放式接口的输入和输出，如表 6-39 所示。

表 6-39　重新设计的开放式接口的输入和输出范围

输入/输出参数	符号	范围	单位
气压	I_1^{S2}	[0.4,0.7]	MPa
预加载	I_2^{S2}	[2.0,8.5]	kN
压力	O_1^{S2}	[100,145]	N

根据表 6-35 和表 6-39，可得出开放式接口的功能可适应性[12]：

$$A_{\mathrm{F}} = 0.88 \tag{6-11}$$

3. 重新设计的开放式接口结构可适应性量化

新的设计按照国际标准选用了表 6-38 和图 6-25 所示的零件 $\mathrm{P}_2^{\mathrm{I}}$、$\mathrm{P}_3^{\mathrm{I}}$、$\mathrm{P}_1^{\mathrm{IC}}$ 和 $\mathrm{P}_3^{\mathrm{IC}}$，相应的可适应性评价因子为 1，零件 $\mathrm{P}_1^{\mathrm{I}}$ 和 $\mathrm{P}_2^{\mathrm{IC}}$ 采用企业标准，相应的可适应性评价因子为 0.2。重新设计的开放式接口结构可适应性为[12]

$$A_S = \frac{4.4}{6} = 0.73 \tag{6-12}$$

4. 重新设计的开放式接口制造可适应性量化

如图 6-25 所示，重新设计的开放式接口由螺栓、连接盘和接口连接器部分组成。接口连接器零部件制造成本 $C_{M(P^C)}$ 为 50 元，接口连接器零部件装配成本 $C_{A(R^C)}$ 为 25 元。因此，接口连接器的制造成本 $C_M = C_{M(P^C)} + C_{A(R^C)} = 75$ 元，即 0.0075 万元。重新设计的开放式接口的制造可适应性为[12]

$$A_M = e^{-0.075} = 0.93 \tag{6-13}$$

5. 重新设计的开放式接口操作可适应性量化

开放式接口与连接器的装配关系如表 6-38 所示。根据制造现场收集的数据，平台接口和接口连接器的装配成本 C_A 为 50 元，平台接口和接口连接器的拆卸成本 C_D 为 20 元。因此，平台接口和接口连接器的拆装费用为 $C_O = C_A + C_D = 70$ 元，即 0.007 万元。重新设计的开放式接口 A_O 的操作可适应性为[12]

$$A_O = e^{-0.07} = 0.93 \tag{6-14}$$

与初始设计的开放式接口相比，重新设计的开放式接口的可适应性有所提高。案例研究结果表明，开放式接口可适应性评价方法可用于：

(1) 量化开放式接口的四类可适应性；

(2) 识别对所述接口可适应性具有高度影响的特定接口组件；

(3) 有效提高开放式接口的可适应性。

6.6 发电机测试可适应设备的设计

本节中提供的应用基于 Xue 等[13]的研究结果。

6.6.1 设计问题

本案例的问题是设计一个设备来测试水平风力发电机。这些水平风力发电机在未来的 9 年内将由一家公司制造。测试设备的开发分为 3 个阶段，如表 6-40 所示。第一阶段将测试 4 种类型的风力发电机。用电机产生所需的动能，以代替风力发电机所需的风力动能。由于功率输出水平低，不考虑风力引起的振动和摩擦引起的磨损。在此期间，每种类型的风力发电机组将进行 700～

780 h的测试。每个阶段中所有四类风力发电机的最低测试时间为 3000 h。在第二阶段，由于所需动能的增加，选择更大功率的电机。此外，还需考虑风力引起的振动。在第三阶段，除了增加电机功率和振动外力外，还应考虑摩擦引起的高温的影响。

表 6-40　测试设备开发

阶段	第一阶段	第二阶段	第三阶段
时间	第 1～3 年	第 4～6 年	第 7～9 年
风力发电机系列	600 kW，750 kW，850 kW，1000 kW	1200 kW，1300 kW，1500 kW，1800 kW	2000 kW，2500 kW，3000 kW，5000 kW
外力引起的振动	未考虑	考虑轻度外力	考虑重度外力
高温引起的磨损	未考虑	未考虑	考虑
各系列测试时间	700～780 h	700～780 h	700～780 h
最低测试时间	3000 h	3000 h	3000 h

表 6-41 给出了 3 个阶段的普通电机最小功率和振动外力的需求。在这项工作中，电机和传动机构的总效率被假定为 90%。因此，第一阶段所需电机的最小功率按 1000 kW/90%＝1111 kW 计算。第二阶段和第三阶段的最小功率以相同的方式获得。正弦波形式的外力用于模拟由风力引起的振动外力。第二阶段和第三阶段的正弦波形式外力峰值如表 6-41 所示。

表 6-41　三个阶段的两项要求

阶段	第一阶段	第二阶段	第三阶段
时间	第 1～3 年	第 4～6 年	第 7～9 年
最小功率	1111 kW	2000 kW	5556 kW
最大外力	0 N	12000 N	17500 N

6.6.2　最佳可适应设计

针对 3 个阶段使用的测试设备，设计 3 种配置，如图 6-26 所示。第一阶段的设备配置由电机、风机、齿轮箱、2 个连接装置、1 个可适应工作平台、数个模块化夹具等组成。工作平台具有接口，以便在后期安装振动外力产生器和温度

控制装置。在第二阶段，在工作平台的两端增装了 2 个振动外力产生器以产生振动外力。在第三阶段，温度控制装置被安装在工作平台上，以降低发电机组的温度。此外，对振动外力产生器也进行了升级，以便在第三阶段提供更大的外力。

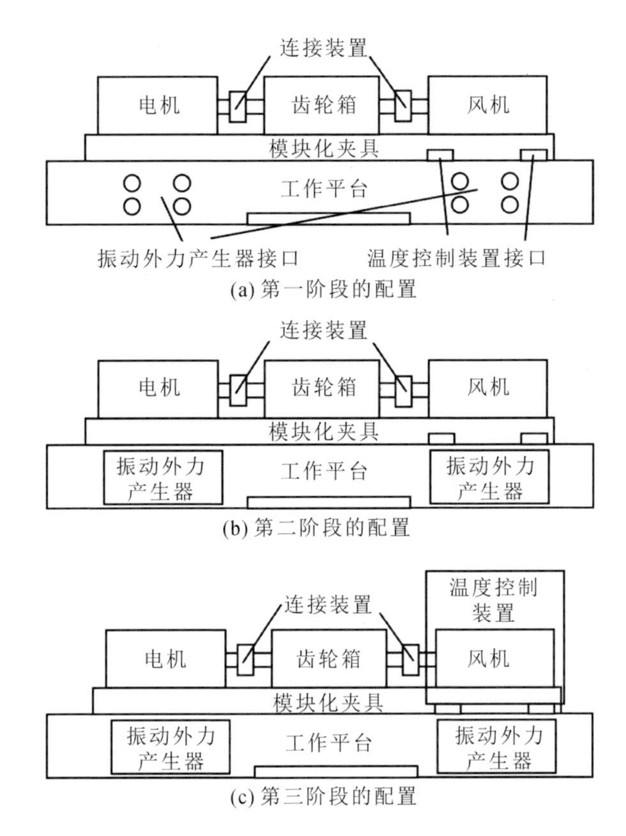

图 6-26　三个阶段的可适应设备的三种配置[13]

在该测试设备的所有模块中，工作平台、振动外力产生器和模块化夹具被设计为可适应模块。图 6-27 展示了本应用中设计的可适应工作平台和可适应振动外力产生器。工作平台上设计了专用接口，用于连接第二阶段和第三阶段使用的振动外力产生器和温度控制装置，如图 6-27(a)所示。工作平台上还设计了许多槽和孔，用于在不同阶段固定不同类型的齿轮箱、电机和风力发电机。模块化夹具由许多零部件和模块组成，可以通过重新配置这些模块来定位和夹紧其他装置。可适应振动外力产生器利用电磁线圈将电能转换为磁力(图 6-27

(b))。在振动外力产生器中,电磁线圈模块由多个电磁线圈单元组成。当需要峰值更大的力时,可将更多的电磁线圈单元安装到振动外力产生器中。

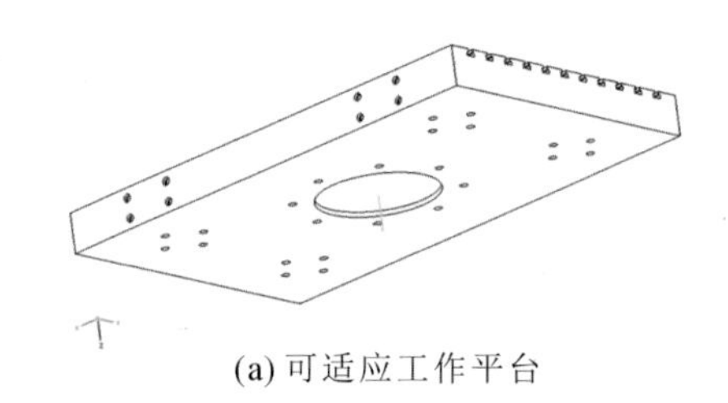

(a) 可适应工作平台

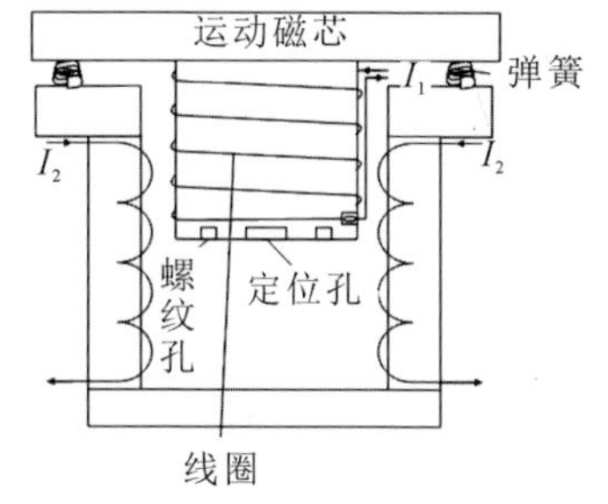

(b) 第二阶段的可适应振动外力产生器

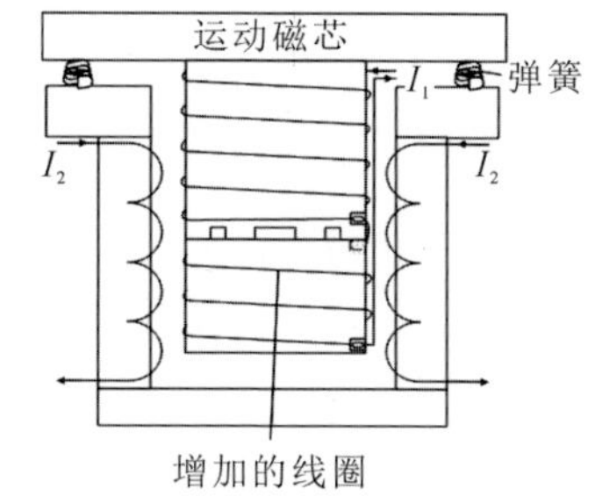

(c) 第三阶段的可适应振动外力产生器

图 6-27 可适应模块[13]

在本案例研究中,可适应风力发电机测试设备可用成本来评估。本案例中考虑两类成本:设备成本和运营成本。

设备成本通过将三个阶段所需的所有模块的成本相加来计算。假设考虑 N 个阶段,C_{ij} 是第 i 个阶段中的第 j 个模块的成本,并且该模块在可适应产品中第一次被使用,则可适应设备的成本可以通过以下公式计算:

$$C_{\text{equipment}} = \sum_{i=1}^{N} \sum_{j=1}^{M_i} C_{ij} \tag{6-15}$$

式中:M_i 为第 i 个阶段使用的新模块的数量。

不同阶段可使用的模块及其成本如表 6-42 所示。在本案例研究中,最大功率为 1200 kW 的电机 1 仅可用于第一阶段,最大功率为 2000 kW 的电机 2 可用于第一阶段和第二阶段,最大功率为 5600 kW 的电机 3 可用于三个阶段。具有不同功能的齿轮箱和连接装置也可用于不同的阶段,如表 6-42 所示。

表 6-42　可适用设备中使用的模块及其成本

类别	阶段	模块	成本/美元
电机	Ⅰ	电机 1（1200 kW，1500 r/min）	105000
	Ⅰ，Ⅱ	电机 2（2000 kW，750 r/min）	180000
	Ⅰ，Ⅱ，Ⅲ	电机 3（5600 kW，600 r/min）	500000
齿轮箱	Ⅰ	齿轮箱 1	4000
	Ⅰ，Ⅱ	齿轮箱 2	6000
	Ⅰ，Ⅱ，Ⅲ	齿轮箱 3	8000
连接装置	Ⅰ	联轴器组件 1	1000
	Ⅰ，Ⅱ	联轴器组件 2	1500
	Ⅰ，Ⅱ，Ⅲ	联轴器组件 3	2000
固定用夹具	Ⅰ，Ⅱ，Ⅲ	模块化夹具	15000
平台	Ⅰ，Ⅱ，Ⅲ	可适应工作平台	30000
振动外力产生器	Ⅱ，Ⅲ	可适应振动外力产生器	30000
	Ⅲ	额外的电磁线圈	10000
温度控制装置	Ⅲ	温度控制装置	8000

运营成本是通过将电机运行的所有电力成本相加来计算的。电力成本率由负载因子确定，负载因子是所需功率和最大可用功率之间的比值。负载因子和电力成本率之间的关系如图 6-28 所示。在本案例中，测试风力发电机所需的功率与电机功率之间的比值被称为负载因子。可适应设备的总运营成本通过以下公式计算：

$$C_{\text{operation}} = \sum_{i=1}^{N}\sum_{j=1}^{L_i}\left[f\left(\frac{P_{ij}}{P_i}\right)\frac{P_{ij}}{P_i}(1+\alpha T_i)t_{ij}\right] \tag{6-16}$$

式中：N 为阶段数；L_i 为第 i 个阶段中待测试的风力发电机类型的数量；P_{ij} 为第 i 个阶段中第 j 个类型的风力发电机所需的功率；P_i 为第 i 个阶段中使用的风力发电机的最大可用功率；$f()$ 为根据图 6-28 所示的关系由负载因子得到电力成本率的函数；α 为通货膨胀率，每年为 2%；T_i 为第 i 个阶段的生命周期时间；t_{ij} 为第 i 个阶段中测试第 j 类风力发电机的时间。另外，电机和传动机构的总效率 E 为 90%。

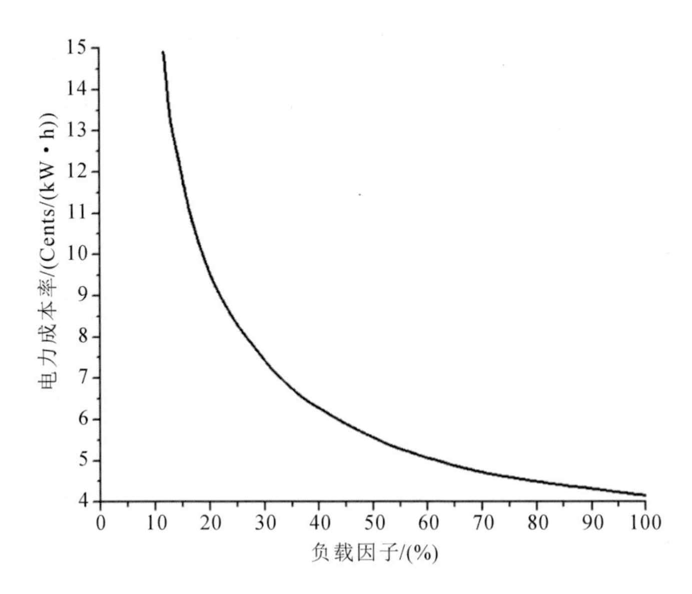

图 6-28 负载因子和电力成本率之间的关系

(田纳西河谷管理局(TVA)和 TVA 电力经销商提供)

考虑到所有三个阶段的设备成本和运营成本,总成本通过以下公式计算:

$$\begin{aligned} C_{\text{total}} &= C_{\text{equipment}} + C_{\text{operation}} \\ &= \sum_{i=1}^{N}\sum_{j=1}^{M_i} C_{ij} + \sum_{i=1}^{N}\sum_{j=1}^{L_i}\left[f\left(\frac{P_{ij}}{P_i}\right)\frac{P_{ij}}{P_i}(1+\alpha T_i)t_{ij}\right] \end{aligned} \tag{6-17}$$

在本案例研究中,许多候选设计方案能够满足设计要求。例如,3 个电机都可以用于第一阶段。当电机 1 用于第一阶段时,需要在第二阶段采用电机 2 或电机 3,因为电机 1 仅能满足第一阶段的要求。虽然在早期阶段使用大功率的电机可以减少所需电机的总数量,但大功率电机的负载因子较低,会增加电力成本率。同理,所有 3 个齿轮箱和 3 套连接装置均可用于第一阶段。考虑到 3 个电机、3 个齿轮箱和 3 套连接装置的互替性,第一阶段的配置数量为 3×3×3=27。对于第二阶段,配置数量为 2×2×2=8。对于第三阶段,只能选择 1 种配置。因此,3 个阶段的设计配置候选方案总数为 27×8×1=216。

对于每个设计配置候选方案,都可为不同阶段的不同风力发电机选择测试时间。在这项工作中,进行参数优化以确定最佳测试时间参数,使总成本最低。例如,对于以下设计配置候选方案 $C_i(T)$ $(1\leqslant i\leqslant 216)$:

第一阶段:电机 1、齿轮箱 1、联轴器组件 1、模块化夹具、可适应工作平台。

第二阶段:电机 2、齿轮箱 2、联轴器组件 2、模块化夹具、可适应工作平台、可适应振动外力发生器。

第三阶段:电机 3、齿轮箱 3、联轴器组件 3、模块化夹具、可适应工作平台、可适应振动外力发生器、额外的电磁线圈、温度控制装置。

选择测试时间参数作为变量。

$$P_i(T)=(t_{11},t_{12},t_{13},t_{14},t_{21},t_{22},t_{23},t_{24},t_{31},t_{32},t_{33},t_{34}) \tag{6-18}$$

式中:t_{jk}是在第 j 个阶段测试第 k 类风力发电机的时间。

该设计配置候选方案的参数优化通过以下方式建模:

$$\min_{\text{w.r.t. } P_i(T)} C_{\text{total}} \tag{6-19}$$

$$\text{s.t.}\quad 700\ \text{h} \leqslant t_{jk} \leqslant 780\ \text{h},\quad j=1,2,3;k=1,2,3,4$$

$$\sum_{k=1}^{4} t_{jk} \geqslant 3000\ \text{h},\quad j=1,2,3$$

求得最佳测试时间参数值如下。

第一阶段:$t_{11}=780$ h,$t_{12}=780$ h,$t_{13}=740$ h,$t_{14}=700$ h。

第二阶段:$t_{21}=780$ h,$t_{22}=780$ h,$t_{23}=740$ h,$t_{24}=700$ h。

第三阶段:$t_{31}=780$ h,$t_{32}=780$ h,$t_{33}=740$ h,$t_{34}=700$ h。

该设计配置候选方案的最低总成本可通过以下公式得出:

$$O_i(T)=1897500\ \$$$

在所有 216 个设计配置候选方案中,最佳的设计配置候选方案 $C^*(T)$是通过配置优化实现的。

$$\min_{\text{w.r.t. } C_i(T)} \{O_1(T),O_2(T),\cdots,O_{216}(T)\} \tag{6-20}$$

最佳设计配置候选方案 $C^*(T)$如下。

第一阶段:电机 2、齿轮箱 3、联轴器组件 3、模块化夹具、可适应工作平台。

第二阶段:电机 2、齿轮箱 3、联轴器组件 3、模块化夹具、可适应工作平台、可适应振动外力发生器。

第三阶段:电机 3、齿轮箱 3、联轴器组件 3、模块化夹具、可适应工作平台、可适应振动外力发生器、额外的电磁线圈、温度控制装置。

最低总成本如下:

$$C_{\text{total}}=C_{\text{equipment}}+C_{\text{operation}}=783000\ \$+1035900\ \$=1818900\ \$ \tag{6-21}$$

需要注意的是，第一阶段使用的不是电机 1，而是电机 2。尽管较低的负载因子会导致较高的电力成本率，电机 2 在第一阶段的运行成本较高，但由于电机 2 可以满足第一阶段和第二阶段的要求，因此在第二阶段不需要升级电机。

6.6.3 比较研究

本节将获得的最佳可适应设计方案与使用其他设计方法生成的解决方案进行比较。在本案例研究中，考虑以下 3 种用其他设计方法生成的解决方案：

（1）传统设计，在 3 个阶段使用不同的设备；

（2）传统设计，在 3 个阶段使用最好的设备；

（3）未优化的可适应设计。

1. 传统设计，在 3 个阶段使用不同的设备

在本设计中，不同的夹具、工作平台和振动外力产生器用于不同的阶段，可适应模块没有被选用。因此，为 3 个阶段设计了 3 个测试设备。这些不可适应模块的成本如表 6-43 所示。此外，在这 3 个阶段中使用能满足要求的成本最低的电机、齿轮箱和连接装置。电机、齿轮箱和连接装置的模块与表 6-42 中给出的相同。

表 6-43　3 个设备的模块及其成本

类别	阶段	模块	成本/美元
夹具	Ⅰ	固定装置 1	5000
	Ⅱ	夹具 2	8000
	Ⅲ	夹具 3	10000
工作平台	Ⅰ	工作平台 1	15000
	Ⅱ	工作平台 2	20000
	Ⅲ	工作平台 3	25000
振动外力产生器	Ⅱ	振动外力产生器 2	20000
	Ⅲ	振动外力产生器 3	35000

如图 6-29 所示，通过 3 种配置对这 3 个阶段的设备进行建模。

第一阶段：电机 1、齿轮箱 1、联轴器 1、夹具 1、工作平台 1。

第二阶段：电机 2、齿轮箱 2、联轴器 2、夹具 2、工作平台 2、振动外力产生

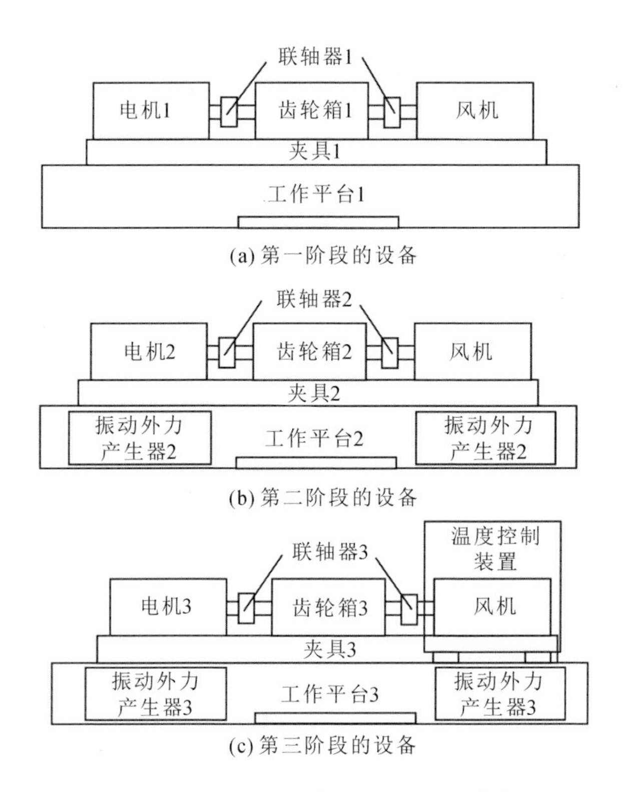

图 6-29　3 个阶段的 3 种设备配置[13]

器 2。

第三阶段：电机 3、齿轮箱 3、联轴器 3、夹具 3、工作平台 3、振动外力产生器 3、温度控制装置。

在本设计中，3 个阶段所有类型的风力发电机选择相同的测试时间。

第一阶段：$t_{11}=750$ h，$t_{12}=750$ h，$t_{13}=750$ h，$t_{14}=750$ h。

第二阶段：$t_{21}=750$ h，$t_{22}=750$ h，$t_{23}=750$ h，$t_{24}=750$ h。

第三阶段：$t_{31}=750$ h，$t_{32}=750$ h，$t_{33}=750$ h，$t_{34}=750$ h。

设备成本、运营成本和最低总成本如下：

$$C_{\text{total}}^{(1)}=C_{\text{equipment}}^{(1)}+C_{\text{operation}}^{(1)}=953500\,\$+1003500\,\$=1957000\,\$ \tag{6-22}$$

与本设计的成本相比，最佳可适应设计的成本降低了：

$$\eta^{(1)}=\frac{C_{\text{total}}^{(1)}-C_{\text{total}}}{C_{\text{total}}^{(1)}}=\frac{1957000\,\$-1818900\,\$}{1957000\,\$}\times 100\%=7.1\% \tag{6-23}$$

3 个阶段的设备成本、运营成本和总成本的比较如表 6-44 所示。从该表中我们可以看出，与在 3 个阶段使用不同的设备的传统设计相比，最佳可适应设计的设备成本大大降低了。

表 6-44　比较研究结果

不同设计		阶段Ⅰ	阶段Ⅱ	阶段Ⅲ	总成本	总成本降低比例
最佳可适应设计	设备成本/$	235000	30000	518000	783000	—
	运营成本/$	170900	244100	620900	1035900	
	总成本/$	405900	274100	1138900	**1818900**	
传统设计，在 3 个阶段使用不同的设备	设备成本/$	130000	235500	588000	953500	7.1%
	运营成本/$	132600	245100	625800	1003500	
	总成本/$	262600	480600	1213800	**1957000**	
传统设计，在 3 个阶段使用最好的设备	设备成本/$	588000	0	0	588000	8.0%
	运营成本/$	336500	426100	625800	1388400	
	总成本/$	924500	426100	625800	**1976400**	
未优化的可适应设计	设备成本/$	155000	217500	528000	900500	4.5%
	运营成本/$	132600	245100	625800	1003500	
	总成本/$	287600	462600	1153800	**1904000**	

2. 传统设计，在 3 个阶段使用最好的设备

这种设计基于在传统设计中满足第三阶段需求所生成的配置 3 也能够满足第一阶段和第二阶段的需求。所有阶段都使用第三阶段设备，而不是 3 个不同的设备。设计配置通过以下方式建模：

电机 3、齿轮箱 3、联轴器 3、夹具 3、工作平台 3、振动外力发生器 3、温度控制装置。

在本设计中，为 3 个阶段所有类型的风力发电机选择相同的测试时间。

$$t_{i1}=750\ \text{h}, t_{i2}=750\ \text{h}, t_{i3}=750\ \text{h}, t_{i4}=750\ \text{h},\quad i=1,2,3$$

最低总成本如下：

$$\begin{aligned} C_{\text{total}}^{(2)} &= C_{\text{equipment}}^{(2)} + C_{\text{operation}}^{(2)} \\ &= 588000\,\$ + 1388400\,\$ = 1976400\,\$ \end{aligned} \tag{6-24}$$

与本设计的成本相比，最佳可适应设计的成本降低了：

$$\eta^{(2)}=\frac{C_{\text{total}}^{(2)}-C_{\text{total}}}{C_{\text{total}}^{(2)}}=\frac{1976400\,\$-1818900\,\$}{1976400\,\$}=8.0\% \tag{6-25}$$

3个阶段的设备成本、运营成本和总成本的比较如表6-44所示。从该表中可以看出，尽管最佳可适应设计的设备成本高于第三阶段的单个设备成本，但由于可适应设计的灵活性，可在早期阶段使用更便宜的模块和更小功率的电机，因此最佳可适应设备的运行成本可大大降低。

3. 未优化的可适应设计

在本设计中，夹具、工作台和振动外力产生器被设计为可适应模块，与最佳可适应设计中给出的模块相同。这里不使用参数优化来实现最佳的配置和参数，而使用一些启发式规则来确定用于3个阶段的可适应设备的配置和参数。因为电力成本率是由电机的负载因子确定的，所以在3个阶段中使用满足最低要求的电机以降低本设计的运行成本。此外，在3个阶段中使用满足要求的成本最低的齿轮箱和连接装置。3个阶段的配置通过以下方式建模。

第一阶段：电机1、齿轮箱1、联轴器1、模块化夹具、可适应工作平台。

第二阶段：电机2、齿轮箱2、联轴器2、模块化夹具、可适应工作平台、可适应振动外力发生器。

第三阶段：电机3、齿轮箱3、联轴器3、模块化夹具、可适应工作平台、可适应振动外力发生器、额外的电磁线圈、温度控制装置。

3个阶段所有类型的风力发电机选择相同的测试时间。

第一阶段：$t_{11}=750$ h，$t_{12}=750$ h，$t_{13}=750$ h，$t_{14}=750$ h。

第二阶段：$t_{21}=750$ h，$t_{22}=750$ h，$t_{23}=750$ h，$t_{24}=750$ h。

第三阶段：$t_{31}=750$ h，$t_{32}=750$ h，$t_{33}=750$ h，$t_{34}=750$ h。

最低总成本如下：

$$C_{\text{total}}^{(3)}=C_{\text{equipment}}^{(3)}+C_{\text{operation}}^{(3)}=900500\,\$+1003500\,\$=1904000\,\$ \tag{6-26}$$

与这种设计的成本相比，最佳可适应设计的成本降低了：

$$\eta^{(3)}=\frac{C_{\text{total}}^{(3)}-C_{\text{total}}}{C_{\text{total}}^{(3)}}=\frac{1904000\,\$-1818900\,\$}{1904000\,\$}\times100\%=4.5\% \tag{6-27}$$

在风力发电机测试设备的所有模块中，只有工作平台、夹具和振动外力产生器被设计为可适应模块。在仅考虑3个可适应模块的情况下，针对3个阶段的设备成本，对最佳可适应设计和具有 3 个设备的传统设计进行比较研究，结果如表 6-45 所示。与传统设计相比，可适应设计的成本降低了：

$$\eta=\frac{C_{\text{traditional}}-C_{\text{adaptable}}}{C_{\text{traditional}}}=\frac{138000\,\$-85000\,\$}{138000\,\$}\times100\%=38.4\% \quad (6\text{-}28)$$

从表 6-45 中可以看出，开发可适应设备可以大大降低设备成本。该可适应设备可取代使用传统设计方法制造的 3 种设备。

表 6-45　仅考虑可适应模块的设备成本比较

模块	可适应设计成本/$	传统设计成本/$
工作平台	30000	60000
夹具	15000	23000
振动外力产生器	40000	55000
总成本	85000	138000
成本降低情况	—	38.4%

6.7　工业折袋机旋转工作台的可适应设计

本节提供的应用基于 Ma 等[14]的研究成果。本例展示用可适应设计方法实现工业折袋机旋转工作台的装配规划。其主框架模块 M_1 的三维模型如图 6-30 所示，图 6-31 所示为旋转工作台模块 M_2 的三维模型。

图 6-30　主框架模块 M_1

图 6-31　旋转工作台模块 M_2

旋转工作台模块共有 8 个纸袋夹紧装置，它们具有相同的零件数量和形状，因此是相似模块组件，可以从 M_2 中分离出来。$M_{2\text{-}1}$ 是一种夹袋装置，$M_{2\text{-}2}$

独立于总转盘模块，其余部分由 M_{2-3} 表示。选择 M_1 作为通用模块，P_{14} 作为基础部件。M_{2-3} 的细节如图 6-32 所示。

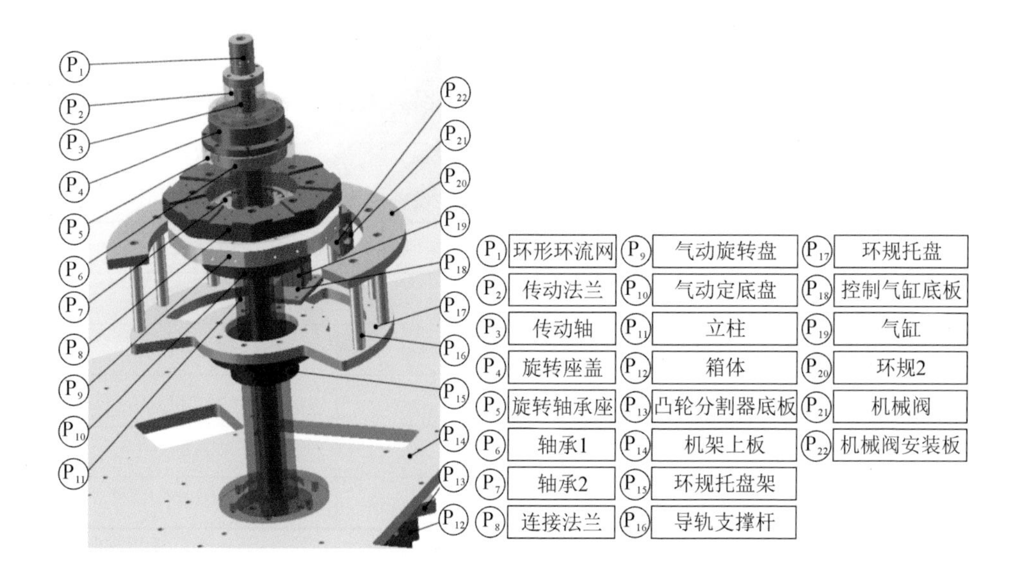

图 6-32　旋转盘 M_{2-3} 的细节

6.7.1　装配建模

折袋机的物料清单如图 6-33 所示。图 6-34 所示为旋转工作台结构关系示意图。图 6-35 所示为旋转工作台的装配约束矩阵 **WS**1。

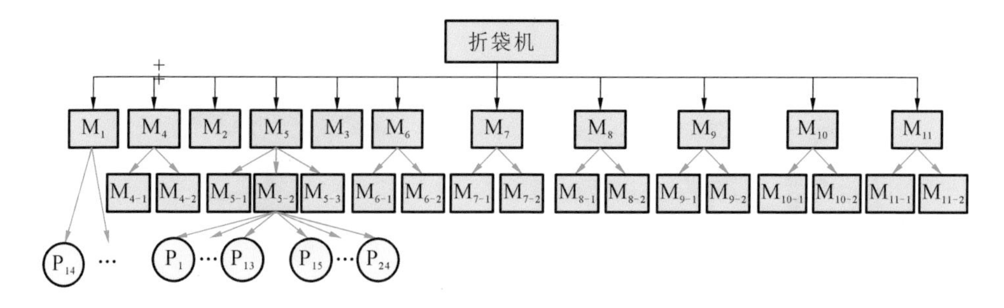

图 6-33　折袋机的物料清单

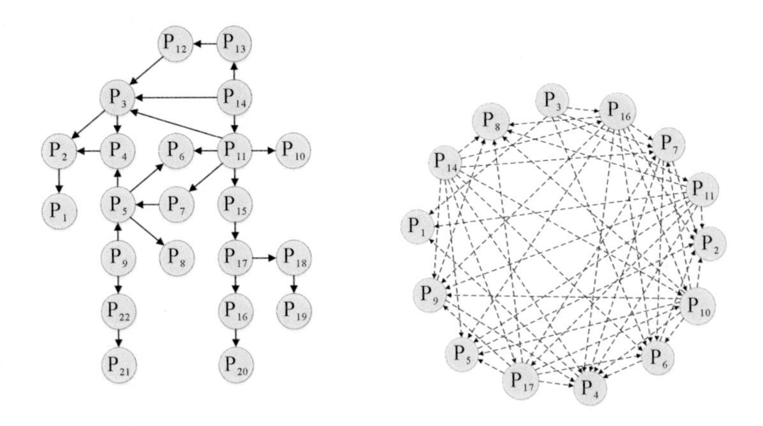

图 6-34　旋转工作台结构关系示意图

	1	2	3	4	5	6	7	8	9	10	11	12	13	14	15	16	17	18	19	20	21	22
1	0	−1	−9	−9							−9											
2	1	0	−1	−1	−9	−9	−9			−9	−9				−9							
3	9	1	0	1		9	9				9	−1			9							
4	9	1	−1	0	−1	−9	−9		−9	−9	−9			−9	−9		−9					
5		9		1	0	1	−1	1	−1	−9	−9			−9	−9		−9					
6		9	−9	9	−1	0	−9			−9	−1			−9	−9		−9					
7		9	−9	9	1	9	0			−9	−1			−9	−9		−9					
8					−1			0	−9	−9	−9			−9	−9		−9					
9				9	1			9	0	−9	−9			−9	−9		−9					1
10		9		9	9	9	9	9	9	0	−1			−9	−9		−9					
11	9	9	−9	9	9	1	1	9	9	1	0			−1	1		9					
12			1									0	−1									
13												1	0	−1								
14				9	9	9	9	9	9	9	1		1	0	9		9					
15		9	−9	9	9	9	9	9	9	9	−1			−9	0		1					
16																0	−1			1		
17				9	9	9	9	9	9	9	−9			−9	−1	1	0	1				
18																	−1	0	1			
19																		−1	0			
20																−1				0		
21																					0	−1
22										−1											1	0

图 6-35　旋转工作台的装配约束矩阵 WS1

6.7.2 模块的装配顺序规划

旋转工作台的方向矩阵如图 6-36 所示。由于在各方向上有元素 0,因此所有这些零件不能在一个方向上装配成模块,需要对模块进行划分:一部分包括 P_{12}、P_{13},以 $M_{2\text{-}3\text{-}1}$ 表示,另一部分以 $M_{2\text{-}3\text{-}2}$ 表示。但 $M_{2\text{-}3\text{-}2}$ 的 P_3 被 P_1、P_2、P_4、P_{11}、P_{14} 和 P_{12} 围绕,P_1、P_2、P_4、P_{11} 和 P_{12} 属于 $M_{2\text{-}3}$,而 P_{14} 属于 M_1,这些零件属于不同的模块,因此 $M_{2\text{-}3}$ 不能装配为单个组件,P_3 和其他零件必须从模块 $M_{2\text{-}3}$ 中分离后进行装配。重复此过程,直到所有零件都可以装配为子组件为止。调整后的物料清单如图 6-37 所示。

0	1	2	3	4	5	6	7	8	9	10	11	12	13	14	15	16	17	18	19	20	21	22
x	1	0	0	0	0	0	0	0	0	0	0	1	0	1	0	1	1	1	1	0	1	1
y	0	0	0	0	0	0	0	0	0	0	0	1	1	0	0	0	0	0	0	0	1	1
z	1	0	0	0	0	0	0	0	0	0	0	1	0	1	0	1	1	1	1	0	1	1
$-x$	1	0	0	0	0	0	0	0	0	0	0	1	0	1	0	1	1	1	1	1	0	0
$-y$	1	1	1	1	1	1	1	1	1	1	1	0	0	1	1	1	1	1	1	1	1	1

图 6-36 旋转工作台的方向矩阵

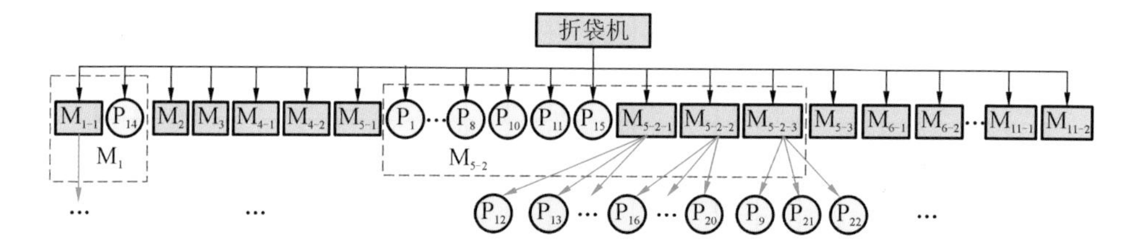

图 6-37 调整后的物料清单

6.7.3 模块内零件装配顺序规划

选择 P_{14} 为平台部件,搜索可以平行装配的零件,然后选择 P_{23} 作为 P_3 的支撑部分。如图 6-38 所示,生成装配约束矩阵 **WSk**23,将 **WSk**23 中的元素设置为 0,形成组装序列矩阵 **WSk**23-1。

6.7.4 模块装配顺序规划

模块的装配约束矩阵 **WT** 是基于物料清单中的模块层形成的,如图 6-39 所

23	14	13	12	3	11	15	17	16	20	18	19	10	7	9	22	21	5	8	6	4	2	1
14	0	1			1	9	9					9	9	9			9	9	9	9		
13	-1	0	1																			
12		-1	0	1																		
3			-1	0	9	9							9						9	1	1	9
11	-1			-9	0	1	9					1	1	9			9	9	1	9	9	9
15	-9			-9	-1	0	1					9	9	9			9	9	9	9	9	
17	-9				-9	-1	0	1		1		9	9	9			9	9	9	9		
16							-1	0	1													
20								-1	0													
18							-1			0	1											
19										-1	0											
10	-9				-1	-9	-9					0	9	9			9	9	9	9	9	9
7	-9			-9	-1	-9	-9					-9	0				1		9	9	9	
9	-9				-9	-9	-9					-9		0	1		1	9		9		
22														-1	0	1						
21															-1	0						
5	-9				-9	-9	-9					-9	-1	-1			0	1	1	1	9	
8	-9				-9	-9	-9					-9		-9			-1	0				
6	-9			-9	-1	-9	-9					-9	-9				-1		0	9	9	
4	-9			-1	-9	-9	-9					-9	-9	-9			-1		-9	0	1	-9
2				-1	-9	-9						-9	-9				-9		-9	-1	0	1
1				-9	-9															9	-1	0

图 6-38　零件装配约束矩阵

示，最终装配顺序可按以下方式进行规划。

只有 P_{14} 列在第一级中，其通过分析 **WT**0 连接到 $M_{1\text{-}1}$，也就是 Mh1＝Mb2＝{P_{14}}。**WT**0 中 P_{14} 的对应行和列元素与第二行和第二列元素交换以形成 **WT**1，然后将它们设置为 0 以获得 **WT**1-1。所有能够被装配的剩余模块被放入第二层中作为 $M_{2\text{-}3\text{-}1}$ 和 $M_{2\text{-}2}$，Mh2＝{$M_{2\text{-}3\text{-}1}$，$M_{2\text{-}2}$}。而 Mb2＝{$M_{2\text{-}3\text{-}1}$，$M_{2\text{-}2}$}，$M_{2\text{-}3\text{-}1}$ 属于定制模块，$M_{2\text{-}2}$ 是平台模块。因此，$M_{2\text{-}2}$ 在这一步中首先进行装配。这个过程一直持续到所有模块按照图 6-37 装配完毕为止。

在此步骤之后，H＝{Mh1，…，Mh17}，A＝{Ma1，…，Ma17}。最终装配顺序有如下两种。

（1）$M_{1\text{-}1}$，P_{14}，$M_{2\text{-}2}$，$M_{2\text{-}3\text{-}1}$，P_3，P_{11}，P_{15}，$M_{2\text{-}3\text{-}2}$，P_{10}，P_7，$M_{2\text{-}3\text{-}3}$，P_5，P_6，P_8，P_4，P_2，P_1。

		1	2	3	4	5	6	7	8	9	10	11	12	13	14	15	16	17	18
		P_1	P_2	P_3	P_4	P_5	P_6	P_7	P_8	M_{2-3-3}	P_{10}	P_{11}	M_{2-3-1}	M_{1-1}	P_{14}	P_{15}	M_{2-3-2}	M_{2-1}	M_{2-2}
1	P_1	0	−1	−9	−9							−9							
2	P_2	1	0	−1	−1	−9	−9	−9			−9	−9				−9			
3	P_3	9	1	0	1		9	9				9	−1			9			
4	P_4	9	1	−1	0	−1	−9	−9		−9	−9	−9			−9	−9	−9		
5	P_5		9		1	0	1	−1	1	−1	−9	−9			−9	−9	−9		
6	P_6		9	−9	9	−1	0	−9	1		−9	−1			−9	−9	−9		
7	P_7		9	−9	9	1	9	0			−9	−1			−9	−9	−9		
8	P_8					−1			0	−9	−9	−9			−9	−9	−9	1	
9	M_{2-3-3}				9	1			9	0	−9	−9			−9	−9	−9		
10	P_{10}		9		9	9	9	9	9	9	0	−1			−9	−9	−9		
11	P_{11}	9	9	−9	9	9	1	1	9	9	1	0			−1	1	9		
12	M_{2-3-1}			1									0						
13	M_{1-1}													0	1				
14	P_{14}				9	9	9	9	9	9	9	1		−1	0	9	9		1
15	P_{15}		9	−9	9	9	9	9	9	9	9	−1			−9	0	1		
16	M_{2-3-2}				9	9	9	9	9	9	9	−9			−9	−1	0		
17	M_{2-1}								−1									0	
18	M_{2-2}														−1				0

图 6-39 模块装配约束矩阵 WT

（2）M_{1-1}，P_{14}，M_{2-2}，M_{2-3-1}，P_3，P_{11}，P_{15}，M_{2-3-2}，P_{10}，M_{2-3-3}，P_7，P_5，P_6，P_8，P_4，P_2，P_1。

6.8 总结

可适应产品允许在使用阶段进行适应性调整，以适应不同的需求变化。开发可适应性强的产品，既能提升经济效益，又能改善环境效益。可适应设计为构建可适应产品提供了思路方法和有效工具。

自可适应设计方法被提出以来，许多实际工业应用证明了其有效性。本章用各种工业应用实例说明了可适应设计的概念、方法和工具。

本章参考文献

[1] XU Y S,CHEN Y L,ZHANG G J,et al. Adaptable design of machine tools structures [J]. Chinese Journal of Mechanical Engineering,2008,21(3):7-15.

[2] CHENG Q,LI W S,XUE D Y,et al. Design of adaptable product platform for heavy-duty gantry milling machines based on sensitivity design structure matrix [J]. Proceedings of the Institution of Mechanical Engineers, Part C: Journal of Mechanical Engineering Science, 2017, 231 (24): 4495-4511.

[3] PENG Q J,LIU Y H,ZHANG J,et al. Personalization for massive product innovation using open architecture [J]. Chinese Journal of Mechanical Engineering,2018,31(2):12-24.

[4] KOREN Y,HU S J,GU P H. Open-architecture products [J]. CIRP Annals, 2013,62(2):719-729.

[5] HU C L,PENG Q J,GU P H. Adaptable interface design for open-architecture products [J]. Computer-Aided Design and Applications,2015,12(2):156-165.

[6] PENG Q J,LIU Y L,GU P H,et al. Development of an open-architecture electric vehicle using adaptable design [C]// Advances in Sustainable and Competitive Manufacturing Systems. Heidelberg:Springer,2013:79-90.

[7] SUH N P. Axiomatic design:advances and applications [M]. New York: Oxford University Press,2001.

[8] HU C L,PENG Q J,GU P H. Interface adaptability for an industrial painting machine [J]. Computer-Aided Design and Applications,2014,11(2):182-192.

[9] PENG Q J,LIU Y,GU P H. Improvement of product adaptability by efficient module interactions [C]// ASME 2014 International Design Engineering Technical Conferences and Computers and Information in Engi-

neering Conference. New York:ASME,2014:1-9.

[10] ZHAO C,PENG Q J,GU P H. Development of a paper-bag-folding machine using open architecture for adaptability [J]. Proceedings of the Institution of Mechanical Engineers,Part B:Journal of Engineering Manufacture,2015,29 (1_suppl):155-169.

[11] CHEN Y L,PENG Q J,GU P H. Methods and tools for the optimal adaptable design of open-architecture products [J]. The International Journal of Advanced Manufacturing Technology,2018,94:991-1008.

[12] ZHANG J,XUE G,DU H L,et al. Enhancing interface adaptability of open architecture products [J]. Research in Engineering Design,2017,28 (4):545-560.

[13] XUE D Y,HUA G,MEHRAD V,et al. Optimal adaptable design for creating the changeable product based on changeable requirements considering the whole product life-cycle [J]. Journal of Manufacturing Systems, 2012,31(1):59-68.

[14] MA H,PENG Q,ZHANG J,et al. Precedence constraint knowledge-based assembly sequence planning for open-architecture products [J]. Procedia CIRP,2016, 56:7-12.

第7章 结束语和发展趋势

7.1 结束语

对更好的产品功能、质量、特色、环境友好性、更低的成本和更短的交付时间的不懈追求，使得产品之间的竞争日益激烈，仅靠先进的制造技术无法完全应对制造业面临的挑战，因为其中一些挑战源于产品设计。为了满足这些多重和冲突的需求目标，本书提出了一种名为可适应设计的新方法。本书讨论了可适应设计的关键问题，包括可适应设计建模、评价，可适应设计过程和设计工具，还提供了可适应设计的部分典型应用案例。

可适应设计考虑了市场需求、新产品创新开发等的动态变化，使得设计创新过程比传统设计更容易。本书所提出的可适应设计架构、平台、模块和可适应接口以及功能和物理结构的独立性侧重于产品开发、制造和相关业务流程，为维持和提高产品质量提供了机会。具备较强可适应能力的系统架构允许在现有产品中定制化添加或更改功能，这些功能可以通过某些已有模块或模块变体实现，从而将成本保持在有竞争力的水平。由于具备可适应性，新设计所需要的制造和业务流程大多通过了以往的实践验证，因此可以缩短开发新产品的时间。可以通过在设计过程中纳入生命周期环境目标，来进一步增强环境友好性。通过使产品与设计具备可适应性，能够重复使用现有的机器、模块或组件以满足新的功能需求，从而确保设计和产品满足环境要求。

为了使设计更具可适应性，产品架构至关重要。可以通过平台、模块和可适应接口实现分离式系统架构，为可适应设计奠定基础。

为了让产品具有强的可适应性，其平台和模块应具有强的可适应性，接口也应具有较好的灵活性以促进可适应性的实现。实现常规模块化设计方面面临不少挑战，除了缺乏可适应平台、模块化和接口方面的基本理论和方法外，还需要考虑设计的复杂性、数据的可靠性和聚类技术的有效性。相较于收集数据进行聚类分析，寻求专业领域的知识更有助于解决上述挑战。

为了在产品和设计中实现所需的可适应性，功能独立性至关重要。功能独立性不仅有利于对现有设计进行适应性调整以满足新的需求，也使现有适应性调整过程更易进行。因此，建议将物理功能需求与其他设计需求分开处理，以最大限度保障功能独立。公理化设计中，Suh[1,2]提供了大量方法以实现功能独立性。

尽管本书提供了可适应设计的概念、方法和应用案例，但仍有许多问题有待进一步研究，包括可适应平台、模块、可适应接口、功能独立性以及实现可适应设计的相关技术。以下几点结论可以表明可适应设计的特点与重要性。

(1) 可适应设计的优点主要与经济和环境方面相关。相较于购买新的产品，用户可以通过可适应设计调整现有的产品以满足新的功能需求。与再制造和循环利用相比，可适应性强的产品的使用寿命可以进一步延长，以减小环境影响。

(2) 可适应设计的关键问题包括功能建模、设计建模、设计评估和设计过程建模。现有的许多设计方法，如模块化设计、产品平台设计、产品族设计和大规模定制设计都可用于可适应设计。一般认为，可适应设计更为基础，而模块化和平台化设计可被认为是可适应设计的特殊情形。

(3) 可适应设计不仅在开发可适应机械产品方面有效，而且可用于其他工程领域，以设计具备可适应能力的系统与工程。

7.2 发展趋势

可适应设计是一种既有经济效益又有环境效益的设计范式。可适应设计的基本原理是在环境变化时通过重复使用已有产品和设计来满足新需求，例如通过模块的更换实现一个可适应产品对多个产品的替代。虽然本书介绍了可适应设计的基本概念、方法和工具，但还需要进行更深入的理论研究和应用案例研究。

1. 可适应产品架构的潜在意义

如图7-1所示，可适应性强的产品架构允许添加新的功能或更改现有的功能以进行定制化设计，这些功能可以被定位到某些模块或变化模块中，以使成本更具市场竞争力。为了支持开发具备市场竞争力的产品，需要进一步研究可适应架构的潜在意义，以研究可适应架构对产品生命周期方面的影响。一般而言，可适应架构的潜在影响包括但不限于以下方面。

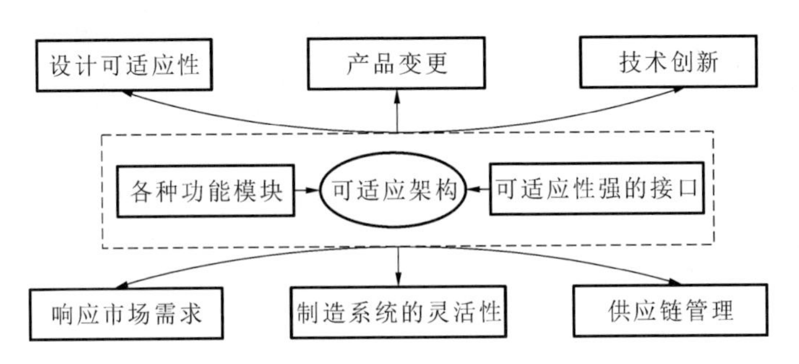

图7-1 可适应架构及其潜在意义

对市场需求的响应速度：各种功能模块通过可适应接口进行简单连接与更换，以快速响应市场需求。

设计的可适应性：由于可适应产品架构能够实现模块和接口的重复使用，以满足不断变化的需求，因此使用可适应产品架构能够增加设计的可适应性。

制造系统的灵活性：确定不同类型模块及其接口可以促进柔性制造系统的开发，因为不同功能模块的制造需求与潜在变化是不同的。

产品变更与多样化：具有可适应架构的产品可以通过重新配置不同类型的模块而易于满足多样化需求。

供应链管理：不同类型功能模块及其组件的变更概率各不相同，因此可以对这些组件和模块的供应链进行区别管理。

技术创新：可适应架构中的部分模块更易于进行创新，以开发更具竞争力的产品，因此需要注重对这些模块进行技术创新。

2. 产品演化机制

多种多样的技术(如网络、信息、数字孪生和智能技术)带来了越来越激烈的行业竞争，因为客户可以很容易地获得产品特征和生命周期性能信息并进行比较。同类产品的竞争结果可以通过销售数量或市场占有率来反映。

为了提高产品竞争力和市场份额，设计师需要进行设计调整与创新，从而导致产品不断演变。为了支持有竞争力的产品设计和开发，需要考虑客户、功能和物理领域，运用博弈论来研究产品演化机制。

在客户域，客户对产品指标及其组合进行比较，以进行产品购买决策。产品销售数据和市场份额表明了产品在市场中的竞争力。可以构建具有不同指标及其组合的产品博弈模型，用于对产品之间的竞争关系进行建模。在产品博弈模型的基础上，可以制定基于指标比较的产品博弈规则。

在功能域，可以进行产品指标的博弈分析，并进行变异、交叉和复制操作来提高产品竞争力。

在物理域，考虑到指标和零部件之间的依赖关系，可以针对所需的指标组合对零部件进行优化。考虑多变的市场需求和潜在的技术进步，还可以通过对产品指标的动态博弈分析来实现可适应产品架构设计。

3.利用信息熵进行可适应性评价

可适应设计是一个充满信息流的过程。这些信息流包含在设计需求定义、设计解决方案生成，以及需求和设计解决方案之间的信息映射、设计评价和基于评价结果的设计迭代过程中。在可适应设计中，上述每一项任务都需要额外的信息并进行分析，以便准确预估需要进行的适应性调整任务。例如，在考虑当前设计需求的同时，应考虑未来设计和产品的潜在变化。另一项重要的任务是评估。可适应设计的目的是提高设计和产品的可适应性。对于不同的设计方案，在满足其他评价标准的情况下，可适应性评价可用于选择最具可适应能力的设计方案。为了对可适应性进行定量评估，需要开发一种基于信息熵的、精确的评价方法[3]，并配套相关的计算软件，以便该方法可以用于大型和复杂的工程系统设计。

4.人工智能技术应用

人工智能(AI)技术已经被用于许多工程过程，例如工程设计、制造、装配、检验和控制，以提高这些过程的自动化水平。正如前面章节所讨论，设计是一个从定义设计需求到评估设计解决方案的迭代过程。在这个过程中，综合和分析被反复用于产生设计决策依据。人工智能技术可用于设计综合和分析过程。人工智能在设计中的主要应用之一是学习数据集中嵌入的隐性知识。随着大数据技术、云技术、高性能计算技术、传感技术和物联网(IoT)技术的发展，机器学习(ML)等人工智能技术显著加强了生成知识和推理规则的能力,为复杂工程设计问题的解决提供了工具。机器学习是数据科学领域中的一个重要组成部分,其使用统计方法,利用数据集训练算法进行分类或预测。在数据挖掘领域,它被用于在数据中发现新的规律与知识。深度学习(DL)是一种利用可用数据集和计算能力的特殊的机器学习类型。机器学习使得机器和系统能够自动学习,并且能够在没有明确指令的情况下改进系统操作[4]。机器学习可分为四大类:监督学习(SL)、非监督学习(UL)、半监督学习(SSL)和强化学习(RL)。

这些机器学习技术可以在产品设计中为设计师提供帮助,包括从产品特征识别、工程指标确定、概念设计方案选择到最终细节设计优化,例如运用销售大数据驱动的方法获得客户对产品特征的偏好[5]以开发新产品。利用相关框架和方法,可以基于在线产品销售数据和机器学习技术预测产品特征和客户偏好。分析产品的指标和组件,可以建立产品指标和组件之间的关系以进行特征表征,进而预测客户偏好的指标、功能及其组合,以开发新产品。

在产品开发过程中经常发生设计更改,某些设计更改可能使得需要对产品指标和设计参数进行重大修改,从而影响产品的生命周期性能[6]。考虑到产品指标和参数之间的复杂性和可能的未知关系,必须仔细评估设计更改决策。基于机器学习的回归方法可以用于建立产品指标和设计参数之间的模型关系,通过基于相关系数的聚类对这些关系进行测试,使用由设计参数表示的输入向量和由包含在聚类中的产品指标数据表示的输出向量来训练回归模型,使用新的关键设计参数和与目标差异最小的相关产品指标数据集来测试训练模型,以获得最佳的设计方案。

通用人工智能的实现,特别是最近 ChatGPT 的发展,使得设计方案的自动生成成为可能。

5. 数字孪生技术

在产品设计和制造过程中,数字孪生是物理对象(产品、过程或系统)的动态虚拟副本或数字表示。它不仅看起来与物理对象相似,而且表现与真实世界中的同类产品相同。数字孪生将真实世界中的对象与虚拟世界中的数据连接起来,这样人们就可以更好地将对象可视化。数字孪生使得跨职能团队能够以沉浸式和交互的方式参与复杂对象的设计、实现和操作。

对于产品设计中不存在的对象,可以使用 CAD 系统创建其数字孪生。对于没有数字表示的现有物体,可以先创建它们的3D模型。通过对真实世界对象的数字表示,可以进行可视化和分析。当数字孪生由实时3D和计算机图形系统呈现时,它可以对多种数据源进行组织和呈现,以支持实时交互与可视化。

数字孪生还可以表示物体的动态特性,例如在真实世界中的运动和相互作用。开发人员和用户可以动态参与虚拟环境,在虚拟环境中,他们能够有效地模拟真实世界的条件、假设场景和任何想象中的情况,并在任何平台上对结果进行即时可视化,包括移动设备、计算机,以及增强、混合和虚拟现实设备。因此,不断变化的数据依赖于物理对象,需要基于数据动态地更新和调整模型[7-9]。

6. 未来元宇宙与工业元宇宙环境中的设计

1) 元宇宙介绍

元宇宙被看作下一代或第三代互联网。它是一个共享的、沉浸式的、持续存在的3D虚拟空间,允许用户以超越物理世界限制的方式体验生活。当Facebook在2021年10月将其名称改为Meta时,"元宇宙"这一概念变得广为人知,该公司还在那一年宣布了至少100亿美元的投资计划。除了Meta之外,包括谷歌、微软、英伟达和高通在内的科技巨头也在元宇宙的开发上投入数十亿美元。随着元宇宙的发展,各个行业都开始将其作为重要组成部分[10]。

虽然元宇宙的概念并不新鲜,但它仍然令普通大众产生了广泛的兴趣。对元宇宙的反应主要有以下两种。

(1) 它是继移动网络之后的新一代互联网技术。

(2) 虽然其包罗万象,但实际没有人知道元宇宙到底是什么。

元宇宙可以被认为是一个虚拟环境,其物理和数字世界与社会和经济系统全面融合。"元宇宙"这个词描述了一个完全构建的数字世界,它独立于我们现实生活的空间存在[11]。针对元宇宙[10],一个包含7条规则的框架被提出来。

元宇宙有7大主要功能,包括区块链、VR、AR、数字孪生、用户生成内容创造、经济学和人工智能[12]。元宇宙最终将虚拟世界和物理世界相融合,并完成比单独在真实世界中所能做的更多的事情。

2) 工业元宇宙与可适应设计

当前关于元宇宙的讨论主要集中在游戏、在线零售、体育和社交媒体等领域。虽然这些应用已经吸引了公众和市场的大多数兴趣,但元宇宙应用的巨大潜在市场实际上是工业领域，工业是发达国家和发展中国家的经济支柱。元宇宙技术在工业中的应用构成了工业元宇宙。工业元宇宙虽然还未被充分探索，但正在兴起，它将改变我们建造和运营飞机、机器人和车辆等物理系统的方式。尽管本书涉及元宇宙的内容不多，但可以预见的是，工业元宇宙将为产品设计行业提供新的方法和工具。

波音公司希望在元宇宙中建造新的飞机模型，以避免在设计和建造过程中出现代价高昂的错误。如果波音公司能够建立并与喷气式飞机及其生产系统的虚拟3D数字孪生模型进行连接以进行模拟，那么在进入真实的开发环境之前，大多数潜在的设计更改以及产品的后续制造、装配、操作、维护和寿命结束后的处理，都能够通过模型和数据进行模拟和测试。在工业元宇宙中，数字孪生将发挥举足轻重的作用，提供物理系统的虚拟副本和行为上的精确预测功能，以在设计人员采取实际行动之前对复杂操作进行模拟。

据悉，英伟达Omniverse可被用于建造未来工厂、自动驾驶汽车和机器人。Unity已经将其在游戏行业的技术扩展到制造业。我们期待在工业元宇宙的基础和应用层面有更多来自学术界、研究界和工业界的成果。

基于本书中讨论的可适应设计，工业元宇宙对可适应设计将产生如下积极影响。

（1）新工程系统的快速设计。

基于数字孪生技术以及从物理产品到可适应设计系统的数字孪生的动态更新与实时数据反馈，可以利用更新后的现有设计来创建新的设计。这种设计可以真实模拟，以确定整个产品生命周期从制造到淘汰的后续过程。当设计交付生产时，由于在模拟阶段已经解决了潜在的问题，预计生产制造过程会更加顺利。

（2）维护、升级等主要服务工作。

工业元宇宙的一个主要优势是，除了制造过程之外，还可以用完整的细节来模拟主要的运营服务情况。为了对发电站和重型燃气轮机等大型设施和设备进行升级，可在工业元宇宙软件中模拟完整的运行过程，包括真实数据和运行细节的可视化，潜在问题可在实际操作之前解决。工业元宇宙也可用于对服务人员进行培训，以确保操作顺利进行。

7.3 总结

本章对可适应设计发展现状进行了总结，并对未来发展趋势做了讨论。随着技术的快速发展，可以预期新技术将对设计能力产生深刻的影响。这些发展和技术包括可适应产品架构、演化机制和可适应评价方法，以及人工智能在可适应设计中的应用等方面，将为可适应设计提供更坚实的理论基础。此外，本章还讨论了元宇宙尤其是工业元宇宙和数字孪生方面的研究。可以肯定的是，具有相关技术(包括数字孪生)的工业元宇宙将对产品设计和制造的研究与应用产生显著的影响。

本章参考文献

[1] SUH N P. The principles of design [M]. New York: Oxford University Press, 1990.

[2] SUH N P. Axiomatic design: advances and applications [M]. New York: Oxford University Press, 2001.

[3] SUN Z L, WANG K F, CHEN Y L, et al. Information entropy method for adaptable design evaluation [J]. Chinese Journal of Engineering Design, 2012, 28(1): 1-13.

[4] NTI I K, ADEKOYA A F, WEYORI B A, et al. Applications of artificial intelligence in engineering and manufacturing: a systematic review [J]. Journal of Intelligent Manufacturing, 2022, 33(6): 1581-1601.

[5] ZHANG J, SIMEONE A, GU P H, et al. Product features characterization and customers' preferences prediction based on purchasing data [J]. CIRP Annals, 2018, 67(1): 149-152.

[6] ZHANG J, SIMEONE A, PENG Q J, et al. Dependency and correlation analysis of specifications and parameters of products for supporting design decisions [J]. CIRP Annals, 2020, 69(1): 133-136.

[7] TAO F, ZHANG H, LIU A, et al. Digital twin in industry: state-of-the-art

[J]. IEEE Transactions on Industrial Informatics,2019,15(4):2405-2415.

[8] LIM K Y H,ZHENG P,CHEN C H. A state-of-the-art survey of digital twin:techniques,engineering product lifecycle management and business innovation perspectives [J]. Journal of Intelligent Manufacturing,2020,31:1317-1337.

[9] HU W F,ZHANG T Z,DENG X Y,et al. Digital twin:a state-of-the-art review of its enabling technologies,applications and challenges [J]. Journal of Intelligent Manufacturing and Special Equipment,2021,2(1):1-34.

[10] Metamandrill. Metaverse Devices; The Best Gear To Enter the Metaverse [EB/OL]. [2023-6-20]. https://metamandrill.com/metaverse-devices.

[11] STEPHENSON N. Snow crash [M]. New York:Bantam Books,1992.

[12] DUAN H H,LI J Y,FAN S Z,et al. Metaverse for social good:a university campus prototype [C]//Proceedings of the 29th ACM International Conference On Multimedia,2021:153-161.